移动开发技术丛书

Kotlin 移动和服务器端应用开发

[美] 布雷特·麦克劳克林(Brett McLaughlin) 著

任 强 译

U0378682

清華大學出版社

北 京

北京市版权局著作权合同登记号　图字：01-2021-3640

图书在版编目(CIP)数据

Kotlin移动和服务器端应用开发 / (美)布雷特·麦克劳克林(Brett McLaughlin) 著；任强译. —北京：清华大学出版社，2022.8
(移动开发技术丛书)
书名原文：Programming Kotlin Applications，Building Mobile and Server-Side Applications with Kotlin
ISBN 978-7-302-61405-0

I. ①K… II. ①布… ②任… III. ①JAVA 语言—程序设计 IV. ①TP312.8

中国版本图书馆 CIP 数据核字(2022)第 136596 号

责任编辑：王　军
装帧设计：孔祥峰
责任校对：成凤进
责任印制：朱雨萌

出版发行：清华大学出版社
　　　　　网　　址：http://www.tup.com.cn，http://www.wqbook.com
　　　　　地　　址：北京清华大学学研大厦 A 座　　　　邮　　编：100084
　　　　　社 总 机：010-83470000　　　　　　　　　　邮　　购：010-62786544
　　　　　投稿与读者服务：010-62776969，c-service@tup.tsinghua.edu.cn
　　　　　质 量 反 馈：010-62772015，zhiliang@tup.tsinghua.edu.cn
印 装 者：小森印刷霸州有限公司
经　　销：全国新华书店
开　　本：170mm×240mm　　　　印　张：23.5　　　字　数：487 千字
版　　次：2022 年 10 月第 1 版　　　印　次：2022 年 10 月第 1 次印刷
定　　价：99.80 元

产品编号：091911-01

译 者 序

Kotlin 自 2011 年发布以来，备受关注并持续发展，时至今日已形成了强大的生态环境。在大家逐渐接受 Kotlin 的同时，Kotlin 能否取代 Java 也成为了饱受争议的话题。在 GoogleI/O 2019 会议上，Google 宣布将 Kotlin 作为 Android 开发的首选语言，这在 Android 移动开发领域再度掀起了学习 Kotlin 的热潮。

目前市面上关于 Kotlin 的书籍很多，相信广大读者都想在其中找到适合自己的入门书籍，但这并非易事。本书作者 Brett McLaughlin 在技术领域从业超过 20 年，近 10 年来出版了许多计算机编程书籍。《Kotlin 移动和服务器端应用开发》采用了一种全新的方式来教你如何学习 Kotlin 开发，着重于 Kotlin 语言的基础知识，带你进入 Kotlin 的世界；还教你如何在 Kotlin 中处理泛型、Lambda 表达式和作用域函数等，让你领略到 Kotlin 所带来的快乐与高效。

翻译本书的过程也是我重新审视并巩固 Kotlin 知识的过程。如果这是你的第一本 Kotlin 书，可以按照作者安排的章节顺序阅读；如果你对 Kotlin 已有所了解，那么可以完全自主选择感兴趣的章节阅读。无论你是 Kotlin 新手还是多年的老手，相信本书都会成为你的良师益友。

在这里要感谢清华大学出版社给我这个翻译本书的机会。编辑们为本书的翻译投入了巨大的热情并付出了很多心血，没有他们的帮助和鼓励，本书不可能顺利付梓。

在本书的翻译过程中虽力求"信、达、雅"，但鉴于本人水平，失误在所难免，如有任何意见和建议，请不吝指正。

最后，希望读者通过阅读本书能早日步入 Kotlin 的世界，领略 Kotlin 之美。

任　强

作者简介

    Brett McLaughlin 在技术工作和技术写作方面拥有超过 20 年的经验。目前，Brett 专注于云计算和企业计算。他是一名值得信赖的知名人士，能将繁杂的云概念转化为清晰的执行层愿景从而帮助公司实现云迁移，尤其是 Amazon Web Services。他的日常工作就是与需要了解云的关键决策者一起，建立并领导开发和运维团队，带领他们与不断变化的云计算空间进行交互。他最近领导了 NASA 的 Earth Science 计划和 RockCreek Group 集团的金融平台的大规模云迁移。Brett 目前还是电子商务平台提供商 Volusion 的首席技术官。

技术编辑简介

Jason Lee 是一位软件开发者，他精通各种编程语言，拥有超过 23 年的程序开发经验，主要编写从移动设备到大型计算机上的软件。在过去的 15 年里，他一直从事 Java/Jakarta EE 领域的工作，致力于应用服务器、框架以及面向用户的应用程序。最近，他作为后端工程师主要使用 Kotlin 语言通过 Quarkus 和 Spring Boot 等框架构建系统。他是 *Java 9 Programming Blueprints* 的作者、前 Java User Group 的主席、会议发言人和博客作者。业余时间，他喜欢和妻子以及两个儿子一起读书、弹贝司或吉他、跑步等。你可以通过 twitter.com/jasondlee 或他的博客 jasondl.ee 联系他。

致　　谢

过去我经常看电影，并惊讶于最后屏幕上滚动的数百个名字。一部电影怎么会涉及这么多人？

在我写完本书后，我终于明白了其中的原因。

Carole Jelen 是我在 Waterside 的经纪人，她回复了我的邮件并随即帮我联系出版社，在那时我真的需要有人帮助我找到重回出版业的路。我非常感谢她！

在 Wiley，Brad Jones 展现了他前所未有的耐心。谢谢你，Brad！Barath Kumar Rajasekaran 处理了无数个小细节，Pete Gaughan 和 Devon Lewis 则将一切保持在正轨上。Christine O'Connor 负责处理制作，Jason Lee 捕捉到了文本中的技术错误，让本书的质量上了一个台阶。说真的，尤其是 Jason，他用敏锐的眼光使本书的质量更上一层楼。

与往常一样，我的-家庭所付出的代价是最高的。漫长的一天又一天，而不只是几个周末和晚上，家人持续的支持让我继续前进。我的妻子 Leigh 是最棒的，而我的孩子 Dean、Robbie 和 Addie 总是会把我的漫长写作过程变成一种乐趣。

大家一起享用早午餐吧！香槟和玉米卷我请客。

Brett McLaughlin

前　言

数十年来，Java 编程语言一直是编译语言的主导力量。尽管有很多替代方案，但从桌面系统到服务器端再到移动端，Java 仍然是许多应用的核心。对于 Android 移动开发来说尤其如此。

不过最终出现了一位真正的竞争者：Kotlin。它是由 JetBrains (www.jetbrains.com) 设计并开发的一门现代编程语言。它不是 Java，但可以完全与之交互操作。Kotlin 十分类似于 Java，但它对 Java 进行了一些很好的改进，对于已经熟悉 Java 语言的开发者来说它很容易学习。

此外，Kotlin 是一门成熟的编程语言。它并不仅限于移动应用的开发，也并非专注于某个特定应用的可视化语言。Kotlin 支持：

- 继承、接口、实现以及类的层次结构
- 简单和复杂的控制及流程结构
- Lambda 和作用域函数
- 对泛型提供丰富支持的同时仍然保持强类型
- 惯用的开发方法，让 Kotlin 有了自己的"风格"

虽然 Kotlin 是一门新语言，但它并不让人感到陌生。这在很大程度上是因为它构建在 Java 之上，它反思并吸取了成千上万用 Java(和其他语言)编写代码的程序员所经历的教训，并使它们成为语言的一部分，强制执行强类型和严格的编译器也许会让用户需要一些时间才能适应，但通常会生成更干净、更安全的代码。

对继承的理解是学习 Kotlin 的一个重点，因此也是本书要讲解的一个重点。无论你是使用第三方的包，采用标准的 Kotlin 库，还是构建自己的程序，都需要对类之间的相互关系、子类化的工作方式以及如何使用抽象类和接口来定义行为并确保实现行为等主题有相当透彻的理解。当你读完本书后，将非常熟悉类、对象以及继承树的构建。

Kotlin 网站(kotlinlang.org)将 Kotlin 描述为"一门让开发者更快乐的现代编程语言"。有了 Kotlin 和本书，你将在 Kotlin 开发中更快乐、更高效。

本书内容

本书采用一种全面的方法来教你学习 Kotlin 编程语言，让你从一个初学者成长为自信、成熟的 Kotlin 开发者。当阅读完本书后，你将能在各种环境下(从桌面系统到服务器端再到移动端)编写 Kotlin 应用。

本书会教我如何用 Kotlin 编写移动应用吗

会的，但要想用 Kotlin 构建丰富的移动应用，仅靠本书还不够。Kotlin 是一门丰富的语言，有许多图书主要介绍构建移动应用所需的各种包，但本书基本上是学习 Kotlin 的入门级图书。你将了解 Kotlin 如何处理泛型、继承和 Lambda，这些都是移动开发的关键概念。

然后，你可以将这些概念扩展到移动应用开发中。可以轻松地将 Android 相关软件包的细节补充到你的 Kotlin 基础知识中，具备 Kotlin 的基础知识后你将能更有效地使用这些移动软件包。

如果你渴望更迅速地开始你的移动应用开发旅程，不妨再选择一本专注于 Kotlin 移动应用开发的书，然后在这两本书之间来回切换。阅读完本书的第 1 章后，你可以对侧重移动应用开发的书重复同样的过程。你将多次切换上下文，但这样做能够同时学到基础知识和特定的移动开发技术。

本书涵盖以下内容。

第 1 章　对象的世界

本章介绍如何安装 Kotlin，以及如何编写第一个 Kotlin 程序。你将从一开始就了解函数，以及如何通过"Hello, World!"应用与命令行交互。还将立即了解 Kotlin 中对象和类的作用，并进一步了解类、对象，以及对象实例的概念。

第 2 章　Kotlin 很难出错

本章深入探讨 Kotlin 的一个显著特点：对类型安全的严格立场。你将了解 Kotlin 的类型，并学习如何为正确的任务选择正确的类型。还将熟悉 val 和 var，以及 Kotlin 是如何允许更改的。

第 3 章　Kotlin 非常优雅

像任何面向对象的语言一样，使用 Kotlin 编程的大部分工作都是编写类。本章深入研究 Kotlin 中的类，并查看所有 Kotlin 对象的基本构建块。还将覆盖一些函数，并深入了解一些最基本的 Kotlin 函数：equals()和 hashCode()。

第 4 章　继承很重要

本章开启学习 Kotlin 中的继承之旅。你将了解 Kotlin 的构造函数以及相对独特的次构造函数的概念。还将了解更多关于 Any 类的知识，知道继承对于所有 Kotlin 开发来说确实是必不可少的，并理解为什么编写好的超类是你要培养的最重要的技能之一。

第 5 章　List、Set 和 Map

本章(简要地)从类和继承转移到 Kotlin 集合。你将在开发中反复使用这些集合类，因此了解 Set 与 Map 的区别以及它们与 List 的区别非常重要。你还将深入研究 Kotlin 的可变性和不可变性(数据可以更改或不能更改)，以及迭代所有类型集合的各种方法。

第 6 章　Kotlin 的未来是泛型

泛型在大多数编程语言中都是一个难点。了解它们需要对语言的构建方式有深刻的理解。本章将深入探讨这些问题，了解为什么使用泛型为你构建可以在各种上下文中使用的类提供了更大的灵活性。本章还将介绍协变、逆变和不变。这些可能不是热门话题，但它们将是正确使用泛型构建程序的关键，也将加深你对继承以及子类的理解。

第 7 章　控制结构

控制结构是大多数编程语言的基础。本章将详细介绍 if/else、when、while 和 do 控制结构。在这一过程中，你将重点控制应用程序或应用程序集的流程，同时学会处理这些结构的语义和机制。

第 8 章　数据类

本章将介绍数据类，这是另一个非常酷的 Kotlin 概念。虽然不仅仅针对 Kotlin，但是你会发现数据类提供了一个快速而灵活的选项，比老旧的语言更能有效地表示数据。你还将真正推进数据类，超越简单的数据对象，探究构造函数、重写属性，以及使用数据类进行子类化和扩展。

第 9 章　枚举和密封类，以及更多专业类

本章将介绍枚举，这是一种远胜于字符串常量的方法。你将了解为什么将字符串用于常量值是非常糟糕的，以及枚举如何为你提供更大的灵活性和类型安全性，以及如何使代码更易于编写。你还将从枚举转而学习密封类，这是 Kotlin 的一个特别炫酷的特性，它可以进一步增强你对枚举概念的理解。你还将深入研究相关的对象和工厂，所有这些都有助于你使用一种健壮的类型安全的编程方法，而以往只能使用字符串类型。

第 10 章　函数

本书到此才用一章篇幅重点讨论函数，这似乎有些奇怪。然而，与任何学科中的大多数基础知识一样，你必须一次又一次地重温基础知识，弥补弱点，了解细微差别。本章仅通过函数来实现这一点。你将更深入地了解参数的工作方式，以及 Kotlin 在处理函数的输入输出数据时提供了多少可选项。

第 11 章　编写地道的 Kotlin 代码

像所有编程语言一样，Kotlin 提供了一些经验丰富的程序员能反复使用的固定模

式。本章讨论了这些模式以及 Kotlin 的一些习语。刚开始你会以 Kotlin 规定的样式编写 Kotlin 程序，慢慢地你会了解你可灵活选择如何让 Kotlin 程序更符合"你的风格"。

第 12 章　再次体会继承

本章实际上又是关于继承的介绍。将介绍你已经了解的抽象类和超类，并介绍接口和实现。还将介绍委托模式，这是一种常见的 Kotlin 模式，它可以帮助你进一步利用继承，能够提供比继承本身更大的灵活性。

第 13 章　学习 Kotlin 的下一步

没有一本书能教会你一切，本书当然也不例外。不过，在你的 Kotlin 开发之旅中，有一些现成的资源可作为你学习的下一站。本章为你提供了一些新的起点，以帮助你继续了解 Kotlin 的特定领域。

如何获取源代码

可以通过扫描本书封底的二维码来下载运行本书中的示例所需的项目文件。

目　录

第1章　对象的世界·············1

1.1　Kotlin：一门新兴的
　　　编程语言·············1

1.2　什么是 Kotlin·············2

1.3　Kotlin 是面向对象的语言·········3

1.4　设置 Kotlin 环境···········4

　1.4.1　安装 Kotlin(及 IDE)·········4

　1.4.2　安装 Kotlin(并使用命令行)·······10

1.5　创建有用的对象··········12

　1.5.1　使用构造函数将值传递给
　　　　对象············13

　1.5.2　使用 toString ()方法打印对象·····14

　1.5.3　覆盖 toString ()方法·······15

　1.5.4　数据并不都是属性值·······17

1.6　初始化对象并更改变量·······18

　1.6.1　使用代码块初始化类·······19

　1.6.2　Kotlin 自动生成 getter 和 setter····20

　1.6.3　常量变量不能改变········21

第2章　Kotlin 很难出错··········25

2.1　继续探究 Kotlin 类·········25

　2.1.1　根据类命名文件·········26

　2.1.2　用包管理类·········27

　2.1.3　将 Person 类放入包中·······28

　2.1.4　类：Kotlin 的终极类型······31

2.2　Kotlin 有很多类型·········31

　2.2.1　Kotlin 中的数字·········31

　2.2.2　字母和事物·········32

　2.2.3　真值或假值·········33

2.2.4　类型不可互换 I ··········33

2.2.5　属性必须初始化·········34

2.2.6　类型不可互换 II ·········35

2.2.7　Kotlin 很容易出错(某种
　　　程度上)············37

2.3　覆盖属性访问器和更改器····38

　2.3.1　自定义设置(custom-set)属性
　　　　不能位于主构造函数中····38

　2.3.2　覆盖某些属性的更改器·······42

2.4　类可以有自定义行为·······44

　2.4.1　在类中定义自定义方法······44

　2.4.2　每个属性都必须初始化······45

　2.4.3　有时并不需要属性········48

2.5　类型安全改变一切·······50

2.6　代码的编写很少是线性的·····50

第3章　Kotlin 非常优雅··········53

3.1　对象、类与 Kotlin·········53

3.2　所有类都需要 equals()方法····54

　3.2.1　equals(x)用于比较两个对象·····54

　3.2.2　覆盖 equals(x)使其有意义·····56

　3.2.3　每个对象都是一个特定的
　　　　类型············58

　3.2.4　空值·············60

3.3　每个对象实例都需要
　　　唯一的 hashCode()········61

　3.3.1　所有类都继承自 Any 类······61

　3.3.2　始终覆盖 hashCode()和
　　　　equals(x)···········64

3.3.3　默认哈希值是基于内存
　　　　位置的·····················65

3.3.4　使用哈希值生成哈希值·····66

3.4　基于有效和快速的 equals(x)
　　和 hashCode()方法的搜索·······67

3.4.1　在 hashCode()中区分多个属性·····67

3.4.2　用==代替 equals(x)··········68

3.4.3　hashCode()的快速检查···········69

3.5　基本的类方法非常重要·······70

第4章　继承很重要·····················71

4.1　好的类并不总是复杂的类·····71

4.1.1　保持简单、直白··········72

4.1.2　保持灵活、直白··········73

4.2　类可以定义属性的默认值·······75

4.2.1　构造函数可以接收默认值·····76

4.2.2　Kotlin 希望参数有序排列·····76

4.2.3　按名称指定参数·············77

4.2.4　更改参数顺序···············77

4.3　次构造函数可以提供额外的
　　构造选项······················78

4.3.1　次构造函数排在主构造函数
　　　　之后·····················79

4.3.2　次构造函数可给属性赋值·····80

4.3.3　有时，可以将 null 值赋给属性··82

4.3.4　null 属性可能会导致问题·········85

4.4　使用自定义更改器处理
　　依赖值························85

4.4.1　在自定义更改器中设置
　　　　依赖值·····················86

4.4.2　所有属性赋值都会使用属性的
　　　　更改器·····················86

4.4.3　可为空的值可以设置为空·······87

4.4.4　限制对依赖值的访问···········90

4.4.5　尽可能地计算依赖值···········91

4.4.6　只读属性可不用括号··········93

4.5　具体应用——子类·············95

4.5.1　Any 是所有 Kotlin 类的基类·····96

4.5.2　{...}是折叠代码的简略表达·····97

4.5.3　类必须是开放的才能有子类·····99

4.5.4　术语：子类、继承、基类等·····100

4.5.5　子类必须遵循其父类的规则·····100

4.5.6　子类拥有其父类的所有行为·····101

4.6　子类应不同于父类············101

4.6.1　子类的构造函数经常添加
　　　　参数·····················101

4.6.2　不要让不可变属性成为
　　　　可变属性·················102

4.6.3　有时，对象并不完全映射
　　　　现实世界·················103

4.6.4　通常，对象应当映射
　　　　现实世界·················104

第5章　List、Set 和 Map············105

5.1　List 只是事物的集合·········105

5.1.1　Kotlin 的 List：一种集合
　　　　类型·····················105

5.1.2　更改可变列表···············109

5.1.3　从可变列表获取属性···········110

5.2　List(集合)的类型············111

5.2.1　给列表定义类型···············111

5.2.2　遍历列表···················113

5.2.3　Kotlin 会揣摩你的意思··········116

5.3　List：有序且可重复·········117

5.3.1　有序可以使你按顺序访问
　　　　列表项·····················117

5.3.2　List 可以包含重复项···········118

5.4　Set：无序但唯一············119

5.4.1　在 Set 中，无法保证顺序·······119

5.4.2　何时顺序至关重要···········120

5.4.3　动态排序 List(和 Set) ············ 121

5.4.4　Set 不允许有重复项 ············ 121

5.4.5　迭代器不(总)是可变的 ············ 125

5.5　Map：当单值不够用时 ············ 125

5.5.1　Map 是由工厂方法创建的 ······ 126

5.5.2　使用键查找值 ············ 126

5.5.3　你希望值是什么 ············ 127

5.6　如何过滤集合 ············ 127

5.6.1　基于特定条件的过滤 ············ 128

5.6.2　更多有用的过滤器变体 ············ 129

5.7　集合：用于基本类型和
自定义类型 ············ 130

5.7.1　向 Person 类添加集合 ············ 130

5.7.2　允许将集合添加到集合属性 ···· 132

5.7.3　Set 和 MutableSet 不一样 ···· 134

5.7.4　集合属性只是集合 ············ 135

第 6 章　Kotlin 的未来是泛型 ···· 137

6.1　泛型允许推迟类型定义 ······· 137

6.1.1　集合是泛型的 ············ 137

6.1.2　参数化类型在整个类中都
可用 ············ 138

6.1.3　泛型到底是什么 ············ 139

6.2　泛型会尽可能地推断类型 ····· 140

6.2.1　Kotlin 会寻找匹配的类型 ······· 140

6.2.2　Kotlin 会寻找最精确匹配的
类型 ············ 141

6.2.3　Kotlin 不会告诉你泛型类型 ····· 142

6.2.4　告诉 Kotlin 你想要什么 ······· 143

6.3　协变：类型与赋值的研究 ····· 143

6.3.1　什么是泛型类型 ············ 143

6.3.2　有些语言需要额外的工作才能
实现协变 ············ 145

6.3.3　Kotlin 实际上也需要额外的
工作才能实现协变 ············ 145

6.3.4　有时必须把显而易见的事情
说清楚 ············ 146

6.3.5　协变类型限制输入类型和
输出类型 ············ 146

6.3.6　协变实际上是使继承按期望的
方式工作 ············ 146

6.4　逆变：从泛型类型构建
消费者 ············ 147

6.4.1　逆变：限制输出而不是输入 ···· 147

6.4.2　逆变从基类一直到子类
都有效 ············ 149

6.4.3　逆变类不能返回泛型类型 ···· 150

6.4.4　这些真的重要吗 ············ 150

6.5　UnsafeVariance：学习规则，
然后打破规则 ············ 151

6.6　类型投影允许你处理基类 ····151

6.6.1　型变可以影响函数，
而不只是类 ············ 152

6.6.2　类型投影告知 Kotlin 可将
子类作为基类的输入 ············ 153

6.6.3　生产者不能消费，消费者也
不能生产 ············ 153

6.6.4　型变不能解决所有问题 ········ 154

第 7 章　控制结构 ············ 155

7.1　控制结构是编程的基础 ········ 155

7.2　if 和 else 控制结构 ············ 156

7.2.1　!!确保非空值 ············ 156

7.2.2　控制结构影响代码的流程 ······· 157

7.2.3　if 和 else 遵循基本结构 ········ 158

7.2.4　表达式和 if 语句 ············ 159

7.3　when 是 Kotlin 版本的
Switch ············ 163

7.3.1　每个比较或条件都是一个
代码块 ············ 163

7.3.2 用 else 代码块处理其他一切······164

7.3.3 每个分支可以支持一定范围······165

7.3.4 每个分支通常会有部分
表达式······166

7.3.5 分支条件按顺序依次检查······168

7.3.6 分支条件只是表达式······169

7.3.7 when 语句也可作为一个整体
来赋值······169

7.4 for 循环······171

7.4.1 Kotlin 中的 for 循环需要一个
迭代器······171

7.4.2 你做得越少，Kotlin 做得
越多······172

7.4.3 for 对迭代有要求······173

7.4.4 可以用 for 获取索引而不是
对象······173

7.5 执行 while 循环直至条件
为假······176

7.5.1 while 与 Boolean 条件有关······176

7.5.2 巧用 while：多个运算符，
一个变量······178

7.5.3 组合控制结构，获得更有趣的
解决方案······179

7.6 do...while 循环至少运行
一次······180

7.6.1 每个 do ... while 循环都可以
改写成一个 while 循环······180

7.6.2 如果必须先执行一定的操作，
那么使用 do ... while······181

7.6.3 选用 do ... while 可能是基于
性能的考虑······186

7.7 break 可以立即跳出循环······186

7.7.1 break 跳过循环中剩余的
部分······186

7.7.2 可以使用带标签的 break······187

7.8 使用 continue 立即进入
下一次迭代······189

7.8.1 continue 也可以使用标签······189

7.8.2 if 和 continue 对比：通常
风格更胜过实质······190

7.9 return 语句用于返回······191

第 8 章 数据类······193

8.1 现实世界中的类是多种多样，
但经过广泛研究的······193

8.1.1 许多类具有共同的特征······193

8.1.2 共同的特征导致共同的
用法······195

8.2 数据类是指专注于数据
的类······195

8.2.1 数据类提供处理数据的
基本功能······195

8.2.2 数据的基本功能包括
hashCode()和 equals(x)方法·····197

8.3 通过解构声明获取数据······199

8.3.1 获取类实例中的属性值······199

8.3.2 解构声明并不十分聪明······200

8.3.3 Kotlin 使用 componentN()方法
使声明生效······201

8.3.4 可以向任何类添加
componentN()方法······202

8.3.5 能使用数据类则尽量使用······202

8.4 可以"复制"一个对象或
创建一个对象副本······203

8.4.1 使用=实际上不会创建副本······203

8.4.2 使用 copy()方法才创建真正的
副本······204

8.5 数据类需要你做几件事······205

8.5.1 数据类需要有参数并指定
val 或 var······205

8.5.2 数据类不能是抽象的、开放的、
密封的或内部的 ·············· 206

8.6 数据类能为生成的代码
添加特殊行为 ················ 207

8.6.1 可以覆盖许多标准方法的
编译器生成版本 ·············· 207

8.6.2 父类函数优先 ·············· 208

8.6.3 数据类仅为构造函数参数
生成代码 ·············· 208

8.6.4 equals()方法仅使用构造函数中
的参数 ·············· 211

8.7 最好单独使用数据类 ······ 212

第9章 枚举和密封类，以及更多
专业类 ················ 215

9.1 字符串是可怕的静态类型
表示法 ·················· 215

9.2 伴生对象为单例 ·········· 219

9.2.1 常量必须只有一个 ········ 220

9.2.2 伴生对象是单例 ·········· 221

9.2.3 伴生对象仍然是对象 ······ 222

9.2.4 可以使用没有名称的伴生
对象 ·············· 224

9.3 枚举定义常量并提供类型
安全 ·················· 228

9.3.1 枚举类提供类型安全值 ····· 229

9.3.2 枚举类仍然是类 ·········· 231

9.4 密封类是类型安全的
类层次结构 ·············· 234

9.4.1 枚举和类层次结构用于
共享行为 ·············· 235

9.4.2 密封类解决了固定选项和
非共享行为 ·············· 236

9.4.3 when 需要处理所有密封子类····· 238

第10章 函数 ················ 247

10.1 重温函数的语法 ·········· 247

10.1.1 函数基本公式 ·········· 247

10.1.2 函数参数也有模式 ······ 249

10.2 函数遵循灵活规则 ········ 257

10.2.1 函数实际上默认返回 Unit 258

10.2.2 函数可以是单一表达式 ···· 259

10.2.3 函数可以有可变数量的
入参 ·············· 264

10.3 Kotlin 的函数具有
作用域 ·················· 267

10.3.1 局部函数是函数内部的
函数 ·············· 267

10.3.2 成员函数在类中定义 ······ 268

10.3.3 扩展函数可以扩展现有行为
而无须继承 ·············· 268

10.4 函数字面量：Lambda 和
匿名函数 ················ 272

10.4.1 匿名函数没有名称 ······· 273

10.4.2 高阶函数接收函数作为
入参 ·············· 276

10.4.3 Lambda 表达式是语法精简的
函数 ·············· 280

10.5 功能越多，出现问题的
可能性就越大 ············ 285

第11章 编写地道的 Kotlin 代码·······287

11.1 作用域函数为代码
提供上下文 ·············· 287

11.2 使用 let 提供对实例的
即时访问 ················ 288

11.2.1 let 提供 it 来访问实例 ········ 289

11.2.2 作用域代码块实际上就是
Lambda ·············· 290

11.2.3 let 和其他作用域函数主要是
为了方便 ·············· 291

11.2.4 链式作用域函数和嵌套
作用域函数不一样 ········ 294

11.2.5 可以通过作用域函数得到
非空结果 ·············· 297

11.3 with 是用于处理实例的
作用域函数 ·············· 304

11.3.1 with 使用 this 作为其对象
引用 ·················· 305

11.3.2 this 引用始终可用 ····· 306

11.3.3 with 返回 Lambda 的结果 ···· 306

11.4 run 是一个代码运行器和
作用域函数 ·············· 307

11.4.1 选择作用域函数是风格和
偏好的问题 ············ 307

11.4.2 run 不必对对象实例进行
操作 ·················· 309

11.5 apply 具有上下文对象但
没有返回值 ·············· 309

11.5.1 apply 对实例进行操作 ········ 310

11.5.2 apply 返回的是上下文对象，
而不是 Lambda 的结果 ······ 310

11.5.3 ?:是 Kotlin 的 Elvis 运算符····· 311

11.6 also 在返回实例前先在
实例上进行操作 ·········· 312

11.6.1 also只是又一个作用域函数···· 313

11.6.2 also 在赋值前执行 ······ 314

11.7 作用域函数总结 ············· 316

第 12 章 再次体会继承 ········ 321

12.1 抽象类需要延迟实现 ········· 321

12.1.1 抽象类无法实例化 ········· 322

12.1.2 抽象类定义了与子类的
契约 ·················· 324

12.1.3 抽象类可以定义具体属性和
函数 ·················· 326

12.1.4 子类履行通过抽象类编写的
契约 ·················· 328

12.2 接口定义行为但没有
主体 ···················· 332

12.2.1 接口和抽象类相似 ······· 333

12.2.2 接口无法保存状态 ······· 335

12.2.3 接口可以定义函数体 ······· 337

12.2.4 接口允许多种实现形式 ····· 338

12.3 "委托"为扩展行为提供了
另一个选项 ·············· 341

12.3.1 抽象类从通用到特定 ······· 341

12.3.2 更多特异性意味着更多的
继承 ·················· 343

12.3.3 委托给属性 ············· 346

12.3.4 委托在实例化时发生 ········ 348

12.4 继承需要事前事后
深思熟虑 ················ 350

第 13 章 学习 Kotlin 的下一步 ········· 351

13.1 用 Kotlin 编写 Android
应用程序 ················ 351

13.1.1 用于 Android 开发的 Kotlin
仍然只是 Kotlin ·············· 351

13.1.2 从概念到示例 ············· 353

13.2 Kotlin 和 Java 是很棒的
伙伴 ···················· 353

13.2.1 IDE 是一个关键组件 ········· 353

13.2.2 Kotlin 被编译为 Java
虚拟机的字节码 ········ 355

13.2.3 使用 Gradle 构建项目 ········ 355

13.3 有关 Kotlin 的问题仍
然存在时 ················ 355

13.4 使用互联网来补充自己的
需求和学习风格 ·············· 356

13.5 接下来怎么办 ············· 357

第1章

对象的世界

本章内容

- 初探 Kotlin 语法
- Kotlin 简史
- Kotlin 与 Java 的异同
- 设置、编写并运行 Kotlin
- 第一个 Kotlin 程序
- 为什么对象很有用且很重要

1.1 Kotlin：一门新兴的编程语言

归根到底，Kotlin 不过是另外一门编程语言。如果你已经在从事程序设计或编写代码的工作，那么你很快就可以学会 Kotlin，因为它和你已经在做的事情有很多共同之处。如果你使用过面向对象的编程语言，并且使用过 Java 编写代码，就会对 Kotlin 非常熟悉。虽然 Java 和 Kotlin 有一些区别，但都非常实用。

如果你刚接触 Kotlin，也没关系，它非常适合成为你的第一门编程语言。该语言非常清晰，没有太多古怪的习惯用法(比如 Ruby 或 LISP)，并且很有条理。你很快就能上手，并对它很满意。

事实上，Kotlin 语言十分简单明了。在此，我们将暂时抛开有关 Kotlin 的大量解释和历史，而是直接跳到基础的 Kotlin 代码(见代码清单 1.1)。

代码清单 1.1　一个使用了类和列表的简单 Kotlin 程序

```
data class User(val firstName: String, val lastName: String)
```

```
fun main() {
  val brian = User("Brian", "Truesby")
  val rose = User("Rose", "Bushnell")

  val attendees: MutableList<User> = mutableListOf(brian, rose)

  attendees.forEach {
    user -> println("$user is attending!")
  }
}
```

请花几分钟的时间仔细阅读这段代码。即使你从来没有见过任何 Kotlin 代码，也能大致了解这段代码的作用。首先，它定义了一个 User 类(实际上这是一种特殊类，即数据类，稍后再详细说明)。然后定义了 main()函数，这是标准内容。接下来定义了两个变量(val)，它们都是之前定义的 User 类的实例。接着创建了一个列表 attendees，其中放入了刚才创建的两个 User 对象。最后是遍历这个列表的循环，用于打印列表中的每一项。

运行该代码，你会获得类似下面的结果：

```
User(firstName=Brian, lastName=Truesby) is attending!
User(firstName=Rose, lastName=Bushnell) is attending!
```

无论你是刚开始编写代码的新手还是经验丰富的 Java 老手，都可能会觉得其中的部分代码看起来有点奇怪。更重要的是，很有可能你不知道如何编译并运行这段代码。没关系，我们稍后会介绍。

> **注意：**
> 不必非得理解代码清单 1.1 中的代码。虽然本书假设你具备一定的编程基础(当然，如果具备 Java 基础就能更快地学会 Kotlin)，但是没有任何编程基础也没关系，通过持续阅读本书并且推敲代码示例也能逐渐理解代码清单 1.1 中的所有内容，甚至更多。努力学习并持之以恒，你很快就能使用 Kotlin 编写程序。

不过，就目前而言，重点是：Kotlin 实为一门易于理解、简洁明了并且使用起来相当有趣的语言。基于这一点，下面我们首先了解一些基础知识，这样就可以开始编写代码了，而不仅仅是阅读代码。

1.2 什么是 Kotlin

Kotlin 是一门开源的编程语言。它是一门非常显著的、静态类型的和面向对象的语言。静态类型是指在你编写代码并编译时变量类型就已确定，并且这些类型是固定不变的。这也意味着 Kotlin 必须被编译。Kotlin 是面向对象的，这意味着该语言具有类和继承特性，使其成为 Java 和 C++开发者熟悉的语言。

Kotlin 实际上是由一群 JetBrains IDE 的开发者创建的，非常像 Java 的自然进化。它诞生自 2011 年，于 2016 年正式发布。这意味着它是一门新兴语言，这既可能是它的优势，也可能是劣势。Kotlin 是一门现代语言，可以在 Java 虚拟机(Java Virtual Machine，JVM)中运行，甚至可以编译为 JavaScript——这是一个很棒的功能，我们稍后介绍。

需要注意的是，Kotlin 也是开发 Android 应用程序的最佳语言。事实上，它对 Java 的许多增强功能都能找到对应的 Android 使用场景。即使你从未打算编写移动应用，也会发现 Kotlin 非常适合你的技术装备库，还非常适合服务器端的开发。

相比于 Java，Kotlin 增加了什么

这是一个非常好的问题，需要很长的篇幅来回答。事实上，我们将占用本书的大部分篇幅以多种形式来回答这个问题。但对大多数人来说，与 Java 相比，Kotlin 增加或更改了以下关键特性。

> **注意：**
> 如果你是 Kotlin 新手，或者没有 Java 背景，请跳过以下部分。

- Kotlin 在几乎所有场景下摒弃了 NullPointerException(以及可为空的变量类型)。
- Kotlin 支持扩展功能，而不必完全覆盖父类。
- Kotlin 不支持检测异常(你可能并不认同这是进步，因此值得一提)。
- Kotlin 增加了函数式编程的部分，例如，广泛使用的 Lambda 支持和惰性评价。
- Kotlin 定义了数据类，无须编写基本的 Getter 和 Setter。

当然，Kotlin 新增的特性远不止这些，你很快就可以了解到 Kotlin 不只是一个略有不同的 Java 版本。它追求不同与更好，在许多方面它都如此。

1.3　Kotlin 是面向对象的语言

至此，大多数书或教程会让你编写一个简单的"Hello, World"程序，但本书假设你想更进一步，因此，不妨从使用 Kotlin 创建一个对象开始。

简单来说，一个对象就是某事物的程序化表现。最理想的情况是，该事物就是一个真实世界中的对象，如一辆车、一个人或者一件产品。例如，可以创建一个对象来描述人，代码如下：

```
class Person {
```

```
/* This class literally does nothing! */

}
```

就是这样。你现在可以新建一个 Person 类型的变量，代码如下：

```
fun main() {
    val jennifer = Person()
}
```

完整的代码如代码清单 1.2 所示。

代码清单 1.2　用 Kotlin 编写的一个空对象(和一个使用此空对象的 main()函数)

```
class Person {

    /* This class literally does nothing! */

}

fun main() {
    val jennifer = Person()
}
```

说真的，现在这段代码毫无用处。虽然它没有任何作用，但它是面向对象的。尽管如此，在我们对它进行改进之前，要先学会如何运行它。

1.4　设置 Kotlin 环境

运行 Kotlin 程序相对而言并不难，如果你是 Java 老手那就更容易。你需要安装 Java 虚拟机以及 Java 开发工具包(Java Development Kit，JDK)。接下来，还需要从众多支持 Kotlin 的 IDE 中选一个来安装。下面快速介绍一下这个安装过程。

1.4.1　安装 Kotlin(及 IDE)

支持 Kotlin 的最简单 IDE 就是 IntelliJ IDEA，从版本 15 开始，IntelliJ 就与 Kotlin 捆绑在一起。另外，由于 IntelliJ 实际上来自于 JetBrains，因此你将得到一个由 Kotlin 设计者开发的 IDE。

1. 安装 IntelliJ

可以从 www.jetbrains.com/idea/download 下载 IntelliJ。该网页会根据你的操作系统

跳转到不同的下载页面，如图 1.1 所示，本书中的多数示例都是基于 Mac OS X 的。下载免费的社区版本不需要任何费用。下载可能需要一些时间，完成下载后就可以进行安装，如图 1.2 所示，安装中包含了 Java 运行环境(Java Runtime Environment，JRE)和 JDK。

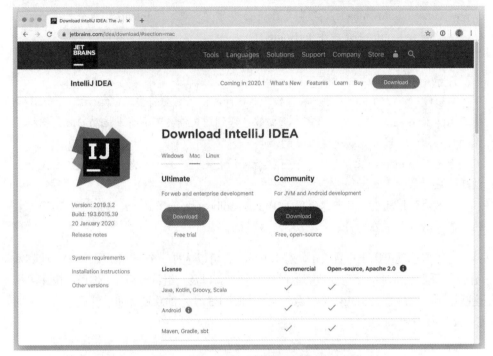

图 1.1　从 JetBrains 下载页面下载 IntelliJ

图 1.2　IntelliJ 预先打包了与系统对应的安装过程

> **注意:**
> IntelliJ 并不是唯一支持 Kotlin 的 IDE,支持 Kotlin 的 IDE 还在不断增加。其中值得一提的是 Android Studio (developer.android.com/studio/preview/index.html)和 Eclipse (www.eclipse.org/downloads)。尤其是 Eclipse 非常受欢迎,但 IntelliJ 仍是一个很好的选择,毕竟它和 Kotlin 都是源于 JetBrains。

> **注意:**
> Mac OS X 上的 IntelliJ "安装流程" 非常简单:只需要将安装包(显示为一个图标)拖到 Applications 文件夹中。你需要将安装包移到该文件夹下运行或拖动安装包图标至你的程序坞(Dock),我就是这么做的。
> 若是在 Windows 上,可以下载可执行文件并运行。如果愿意,可以选择在桌面上创建快捷方式。
> 在这两种情况下,都可以使用 JetBrainsToolbox(随 JetBrains Kotlin 附带)确保安装的是最新版本,并在软件有可用更新时升级。

有很多选项可用于设置 IDE。对于 IntelliJ,可以选择一个 UI 主题、一个启动脚本(建议接受默认选项并让它创建脚本)、默认插件,以及一组特色插件。你可以快速单击这些选项,然后重启 IDE。你将看到一个如图 1.3 所示的欢迎界面,然后单击其中的 Create New Project 选项。

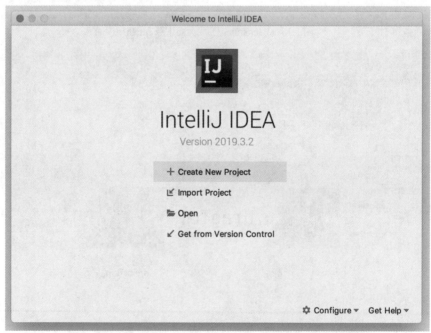

图1.3   通常可以从头创建项目,或者从代码仓库(如 GitHub)导入

警告：

如果你接受了 Mac OS X 上的默认位置，则可能需要使用高级权限来安装 IntelliJ 创建的启动脚本(Launcher Script)。

确保在创建项目时选择了 Kotlin/JVM 选项，如图 1.4 所示。

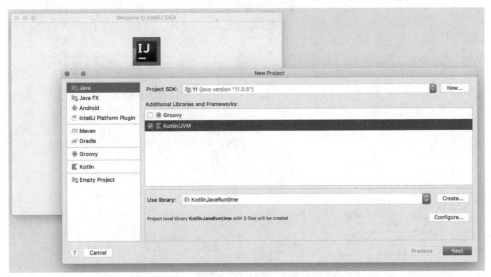

图 1.4　IntelliJ 让 Kotlin 开发变得简单，会提示你创建一个包含 Kotlin 库的新项目

2. 创建 Kotlin 程序

项目创建并运行后，创建一个新的 Kotlin 文件。在左侧导航窗格中找到 src/文件夹，右击，然后选择 New | Kotlin File/Class，如图 1.5 所示。你可以输入代码清单 1.2 所示的代码，IntelliJ 会自动格式化代码并添加合理的语法高亮显示，如图 1.6 所示(感谢 IntelliJ)。

注意：

你的 IDE 设置可能与我的完全不同。如果找不到 src/文件夹，可能需要单击 IDE 左侧的 Project 来显示文件夹，还可能需要单击项目名称。

注意：

从现在开始，通常不再将代码放在任一个 IDE 中显示。这样就可以使用自己选择的 IDE(或命令行)，因为无论使用什么 IDE 都应得到同样的结果。

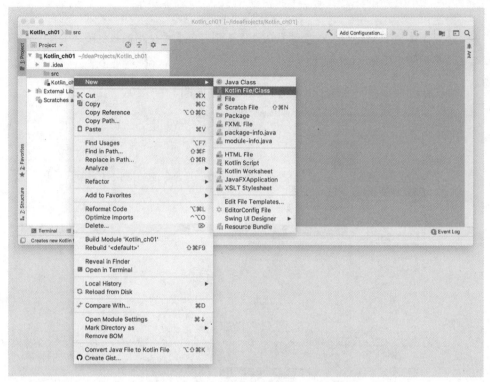

图 1.5　Kotlin 代码应该放在 src/文件夹中

图 1.6　IntelliJ 会自动格式化代码并添加合理的语法高亮显示

3. 编译并运行 Kotlin 程序

接下来就是自己编译并运行程序了。这很简单，当文件中定义了 main() 函数时，IntelliJ 会提供一个便捷的绿色小箭头供单击。将鼠标光标放在上面并单击即可(如图 1.7 所示)。然后你可以选择 Run 按钮以及文件名(我用的文件名是 UselessPerson)，这样程序将被编译并运行，输出将显示在 IDE 底部的新窗格中，如图 1.8 所示。

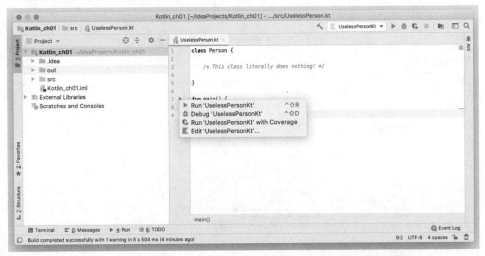

图 1.7　可单击绿色的 Run 按钮，并选择第一个选项编译并运行代码

图 1.8　你的程序在相应的窗口中没有输出结果(很快就会有结果输出)

在这种情况下，你应该不会遇到任何错误，但也不会得到任何输出。没关系，我们很快会对该程序进行修复。

4. 修复出现的任何错误

在继续改进前面那个无用的 Person 类之前，还有最后一个注意事项。IntelliJ 和其他 IDE 都非常擅长在代码出问题时提供可视化的提示。例如，图 1.9 展示了 IntelliJ 在编译同一程序出错时的情况。在此例中，第 8 行缺少了左右圆括号。你将在代码编辑器中看到一个橙色指示器，在输出窗口中看到一条错误信息，提示第 8 行(第 20 列)有错误。

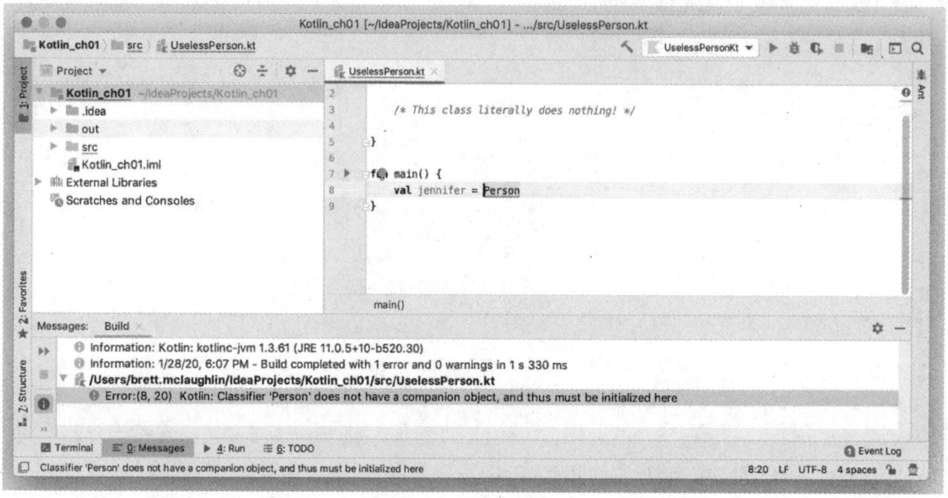

图 1.9　出色的 IDE 有助于快速发现和修复错误

然后就可以轻松地修复错误并重新编译程序。

1.4.2　安装 Kotlin(并使用命令行)

行家通常有一种倾向，即无论做什么都想使用命令行。Kotlin 当然有命令行。因为它在某种意义上"就是 Java"，它通过 JVM 和 JDK 运行，使用它可以达到事半功倍的效果。

1. 在 Windows 上安装 Kotlin 命令行

对于 Windows 用户，首先需要一个 JDK。可以从 Oracle Java 下载页面(www.oracle.com/technetwork/java/javase/downloads)下载 JDK。不同版本的下载文件都附有易于操作的安装说明。

有了 Java 后，你需要从 GitHub 获得最新的 Kotlin 版本。可以从 github.com/JetBrains/kotlin/releases/latest(该链接将重定向到最新的版本)进行下载。下载最新版本并按照说明进行操作，就可以顺利完成 Kotlin 的安装。

注意：
这里仅简略说明这些命令。因为如果你已经在使用命令行，那么不需要很多手把手的教程。而对于大多数人来说，使用 IDE 确实是最佳方法。另外，你还可以使用 IntelliJ 作为编译器的代理，所以与其在命令行上花费时间，不如将时间投入到 Kotlin 开发中去！

2. 在 Mac OS X 上安装 Kotlin 命令行

让 Kotlin 在 Mac OS X 上工作的最简单方式是使用 Mac 上流行的包管理器：Homebrew (brew.sh)或者 MacPorts (www.macports.org)。这两个包管理器都能让 Kotlin 的开发和运行变得简单。

对于 MacPorts，仅运行以下命令：

```
brett $ sudo port install kotlin
```

这需要提升权限，但运行完以上命令，一切都会准备妥当。

对于 Homebrew，首先执行更新：

```
brett $ brew update
```

接下来，安装 Kotlin：

```
brett $ brew install kotlin
```

3. 在 UNIX 系统上安装 Kotlin 命令行

如果你使用的不是 Mac OS X，仍是 UNIX 类的操作系统，则可以使用 SDKMAN! (sdkman.io)来安装 Kotlin。

注意：
严格来说，Mac OS X 也是基于 UNIX 的操作系统，因此可以在 Mac 上用 SDKMAN! 来替代 Homebrew 或者 MacPorts。

首先，获取 SDKMAN!：

```
brett $ curl -s https://get.sdkman.io | bash
```

完成后，需要打开一个新的终端或 Shell 窗口，或者用 source 命令执行已更新的文件(在安装过程结束时指定)。

现在，安装 Kotlin：

```
brett $ sdk install kotlin
```

4. 验证命令行的安装

既然已选择安装 Kotlin，完成后应使用如下命令验证安装过程：

```
brett $ kotlinc
```

警告：

此时，可能会提示安装 Java 运行时。这应该让你的系统来处理，接受提示即可，而不必担心。找到对应系统的 JDK 或 JRE，下载并运行。然后再回来试着运行一下 kotlinc。

如果你的系统已经完成了 Java 的适当配置，则应返回如下内容：

```
brett $ kotlinc

Java HotSpot(TM) 64-Bit Server VM warning: Options -Xverify:none and -noverify
were deprecated in JDK 13 and will likely be removed in a future release.

Welcome to Kotlin version 1.3.61 (JRE 13.0.2+8)

Type :help for help, :quit for quit

>>>
```

这是 Kotlin REPL (Read-Eval-Print Loop)，一个快速评估 Kotlin 语句的工具。稍后将详细介绍它，现在输入:quit 命令退出 REPL。

还可以使用以下命令验证你的 Kotlin 版本：

```
brett $ kotlin -version

Kotlin version 1.3.61-release-180 (JRE 13.0.2+8)
```

现在，我们已准备出发！

1.5 创建有用的对象

有了可以工作的 Kotlin 环境，是时候充实代码清单 1.2 中的 Person 类了。前面提到过，对象应是现实世界中的事物。具体来说，如果一个对象代表世界中的某个"事物"(或者一种正式的说法是事物通常为"名词")，那么它就应该具有那个事物的属性或特征。

一个人最基本的属性是他的姓名，具体来说是名字和姓氏。这些可以表现为对象的属性。而且，这些是必需的属性，你不会想要创建一个没有名字或姓氏的人。

对于必需的属性，最好在创建对象的新实例时要求提供这些属性。实例只是对象的特定版本，所以你可以有多个 Person 类的实例，每个实例代表不同的人。

> **警告：**
> 你可能已经发现，我们提到了很多与类相关的专业词汇。遗憾的是，后面还要介绍一些这样的词汇：实例(instance)、实例化(instantiation)和构造函数(constructor)等。不必急于理解这些词汇，继续阅读，你很快就能适应这些词汇。在第 3 章中，还将深入地理解这些概念，事实上，你会在整本书中不断地重新审视和扩展与类相关的知识。

1.5.1　使用构造函数将值传递给对象

Kotlin 中的一个对象可以包含一个或多个构造函数。顾名思义，构造函数能构造对象。更具体而言，它是一种特殊的方法，在创建对象时运行。它也可以接收属性值，如必需的名字和姓氏。

可以将构造函数放在类定义的后面，如下所示：

```
class Person constructor(firstName: String, lastName: String) {
```

在本示例中，构建函数具有两个属性：firstName 和 lastName，它们都为 String 类型。代码清单 1.3 在上下文中列出了完整的程序，并通过传递 firstName 和 lastName 的值来创建 Person 的实例。

代码清单 1.3　用 Kotlin 编写的一个对象及其构造函数

```
class Person constructor (firstName: String, lastName: String) {

    /* This class still doesn ' t do much! */

}

fun main() {
    val brian = Person( "Brian" , "Truesby" )
}
```

> **警告：**
> 你有时会听到属性或属性值被称为参数。这并没有错，参数通常是指被传递给另一个事物的事物；在本示例中，一个事物(名字或姓氏)被传递给了另一个事物(构造函数)。但是一旦它们被分配到对象实例中，就不再是参数了。此时，它们就是对象的属性(或更准确地说，是属性值)。所以，从一开始就称之为属性值会更容易理解一些。

看到没？术语会令人困惑。不过，还是那句话，时间能解决一切。让我们继续。

现在，该类需要一些有用的属性。但正如大多数开发者所知，程序员往往有一种缩减代码的倾向。人们普遍倾向于少打字，而不是多打字(注意，本书作者无此倾向)。因此，代码清单 1.3 也可以被缩减：你可以丢弃"constructor"一词，并且毫无影响。代码清单 1.4 展示了仅有细微差别的缩减版本(以及有争议的改进)。

代码清单 1.4　去除关键字 constructor

```kotlin
class Person(firstName: String, lastName: String) {

    /* This class still doesn' t do much! */

}


fun main() {
    val brian = Person( "Brian" , "Truesby" )
}
```

1.5.2　使用 toString ()方法打印对象

这个 Person 类确实比原来的好一些。但它依然没有输出，这个类基本上仍毫无用处。不过 Kotlin 无偿提供了一些方法可用于输出，即每个类都会自动获得一个 toString() 方法。你可以先创建该类的实例，然后调用该方法，具体如下：

```kotlin
val brian = Person("Brian" , "Truesby" )

println (brian.toString())
```

对 main()函数进行此更改。创建一个新的 Person 类(向它传递任何你想要的姓名)，然后用 println 打印对象实例，向 println 传入 toString()的结果即可。

> **注意:**
> 你可能想要知道，toString()方法究竟从何而来。它的出现很神奇，但也不那么神奇，它实际上来自继承。继承是与对象密切相关的概念，我们将在第 3 章和第 5 章中更详细地介绍。

1. 术语：函数和方法

下面更细致地介绍一些术语。函数一般为一段代码。例如，main()就是一个函数。方法是附着在对象上的函数。换句话说，方法也是一段代码，但它并不像函数那样没有"牵绊"而独立存在。方法定义在对象上，通过特定的对象实例运行。

> **注意:**
> 在许多 Kotlin 官方文档中，函数与方法之间没有明确的区别。然而，我之所以选择这样区分，是因为通常这在面向对象的编程中很重要，如果你使用过或熟悉任何其他基于对象的语言，就会遇到这些术语。但你应该意识到，在"正确的"Kotlin 中，所有的方法都是函数。

注意上面一段中的最后一句很重要，所以可以再读一遍。重要是因为它意味着方法可以与对象实例交互。例如，方法可以使用对象实例的某个属性值(如名字和姓氏)。记住这一点，继续回到代码!

2. 打印对象(通过简略表达式)

可以随时运行 println 函数，仅传入需要打印的内容即可。因此可以使用如下代码:

```
println("How are you?")
```

然后就能在结果窗口中看到输出。也可以打印方法(如 toString())的返回结果，就像之前那样。但还有一条捷径。如果你传给 println()函数某个具有 toString()方法的实例，那么该方法会自动运行。因此，你可以将以下代码:

```
println(brian.toString())
```

缩减成如下代码:

```
println(brian)
```

在后一种情况下，Kotlin 在看到传给 println()函数一个对象后，就会自动运行 brian.toString()并打印结果。无论是哪种情况，都会得到类似下面的输出:

```
Person@7c30a502
```

这个很有用，不是吗? 它本质上是一个标识符，是 Person 的特定实例的标识符，对 Kotlin 内部和 JVM 来说有用，但除此之外别无他用。下面修复这个问题。

1.5.3 覆盖 toString ()方法

关于类方法最炫酷的一点是，可以自定义该方法的功能。目前，我们还没有这样做，接下来试一下。但这里的情况略有不同:我们并没有给这个方法编写过代码(当然，它也没有做我们想做的事)。

在这种情况下，你可以对方法进行覆盖。这意味着用你自己的代码替换方法的代码。这正是我们要做的。

首先，需要使用关键字 override 告诉 Kotlin，你正在覆盖该方法。然后，使用另一个关键字 fun，之后是要覆盖的方法的名称，如下所示：

```
override fun toString()
```

> **注意：**
> 之前你了解了函数和方法间的区别。在本例中，toString()绝对是 Person 类的一个方法。那么，为什么要用 fun 关键字呢？它看起来很像"function"，事实上的确如此。
>
> 官方的回答是，Kotlin 原则上将方法视为附于对象上的函数，并且对函数和方法使用相同的关键字会更容易一些。
>
> 如果你被这个问题所困扰，别担心，我也一样被困扰！但要明白一点，就 Kotlin 而言，均要使用 fun 来定义函数和方法。

但是，toString()方法有一个返回值。它返回一个 String 类型的值，用于打印。你需要告诉 Kotlin 这个方法会返回什么。需要在括号之后使用一个冒号，之后是返回类型，这里返回 String 类型，如下所示：

```
override fun toString(): String
```

现在你可以在花括号之间编写该方法的代码，如下所示：

```
class Person(firstName: String, lastName: String) {

    override fun toString(): String {
        return "$firstName $lastName"
    }
}
```

这看起来不错，你可能已经发现，在变量名之前放置一个美元符号($)可以让你访问该变量。因此，你将 firstName 和 lastName 变量传入 Person 类的构造函数并打印出来，可行否？

不完全可行。如果运行这段代码，实际上会得到图 1.10 所示的错误。

这是怎么回事？问题有点棘手。

图 1.10　覆盖后的 toString()不起作用

1.5.4　数据并不都是属性值

比如你有一个构造函数，它接收 firstName 和 lastName 两个数据作为参数。这是由构造函数的声明语句决定的：

```
class Person(firstName: String, lastName: String) {
```

但问题是：仅仅接收这些值并不能真正把它们变成属性值。这就是产生图 1.10 所示错误的原因：Person 对象接收了名字和姓氏，但随后立即忽略了它们。它们在所覆盖的 toString()方法中无法使用。

你需要在每个数据前使用 val 关键字将该数据转换为属性值。以下是需要做出的更改：

```
class Person(val firstName: String, val lastName: String) {
```

具体点就是，通过使用 val 关键字(或者 var，稍后介绍)，你创建了变量，并将它们赋值给所创建的 Person 实例。然后允许对这些变量(也许称之为属性更准确)进行访问，例如，在你的 toString()方法中使用它们。

完成这些更改(参见代码清单 1.5)后，编译并运行程序。

代码清单 1.5　将数据转换为实际属性

```kotlin
class Person(val firstName: String, val lastName: String) {

    override fun toString(): String {
        return "$firstName $lastName"
    }
}

fun main() {
    val brian = Person( "Brian" , "Truesby" )

    println(brian)
}
```

应得到下面这行输出:

```
Brian Truesby
```

显然,如果你在名字和姓氏上传递不同的值,名字会有所不同,但结果是一样的,这很重要。现在在你已经:

- 创建了一个新对象。
- 为对象定义了构造函数。
- 在该构造函数中接收两个数据,并将它们存储为与对象实例关联的属性
- 覆盖了一个方法,使其有用。
- 编写了一个 main()函数。
- 实例化了你的自定义对象并传入了值。
- 使用所覆盖的方法将对象打印出来。

一切都还顺利! 在结束 Kotlin 的首次尝试之前,还有一个细节问题需要解决。

1.6　初始化对象并更改变量

假设你想继续研究 Person 类。可尝试更新你的代码,如代码清单 1.6 所示(你对部分代码有困惑不要紧,先大致明白即可)。

代码清单 1.6　为 Person 类创建新属性

```kotlin
class Person(val firstName: String, val lastName: String) {
    val fullName: String

    // Set the full name when creating an instance
    init {
```

```
        fullName = "$firstName $lastName"
    }

    override fun toString(): String {
        return fullName
    }
}

fun main() {
    // Create a new person
    val brian = Person("Brian", "Truesby")

    // Create another person
    val rose = Person("Rose", "Bushnell")

    println(brian)
}
```

在此你可以看到一些新变化，但也没什么稀奇。首先，在 Person 对象内声明一个新的变量 fullName。在 main()函数中已经进行过这样的操作。不过这一次，由于是在 Person 对象内部声明变量，因此该变量会自动成为每个 Person 实例的一部分。

另一个小变化是在 main()函数中新增了一个 Person 实例：这一次是一个名为 rose 的变量。

然后，使用了一个新的关键字 init。后面将进一步介绍这个关键字。

1.6.1　使用代码块初始化类

在大多数编程语言(包括 Java)中，构造函数接收传值(就像在 Person 类中一样)，并做一些基本的逻辑处理。Kotlin 有所不同：它引入了初始化代码块(initializer block)。这个初始化代码块通过关键字 init 可以很方便地识别——你可以把每次创建对象时都应运行的代码放在其中。

这可能与你以往的操作有所不同：数据是通过构造函数输入的，但它与初始化代码是分隔开的，它位于初始化代码块中。

在下面的示例中，初始化代码块使用了新的 fullName 变量，并使用通过类构造函数传递的名字和姓氏属性来设置它的值：

```
// Set the full name when creating an instance
init {
    fullName = "$firstName $lastName"
}
```

然后，这个新变量被用于 toString()方法：

```
    override fun toString(): String {
  return fullName
}
```

> **警告:**
> 正如本章所述，长远来看，这也许是你学到的最重要的东西。通过更改 toString()
> 方法来使用 fullName 变量，而不是直接使用 firstName 和 lastName 变量，你正在实施
> 一个名为 DRY(Don't Repeat Yourself)的原则: 避免重复代码。为此，不用再重复组合
> 名字和姓氏，因为已经在初始化代码块中完成了。你只需要将组合结果赋值给一个变
> 量，从此以后，应该使用该变量而不是该变量实际引用的内容。稍后将对此做更多介
> 绍，先记住一点: 这很重要!

1.6.2　Kotlin 自动生成 getter 和 setter

到目前为止，事情进展很顺利。部分原因在于你添加的代码，另外很大一部分得
益于 Kotlin 在幕后做了很多工作。它会自动运行代码(如初始化代码块)，并允许你覆
盖方法。

Kotlin 还做了其他一些事: 它在类中自动生成了一些额外的方法。因为你创建了
firstName 和 lastName 属性值(使用 val 关键字)，还定义了一个 fullName 属性，所以 Kotlin
创建了所有这些属性的 getter 和 setter 方法。

术语: getter、setter、更改器、访问器

getter 方法可用来获取一个值。例如，可以将以下代码添加到你的 main()函数中，
它不仅会起作用，还可以打印出 Person 实例 brian 的名字:

```
// Create a new person
val brian = Person( "Brian", "Truesby" )
println (brian.firstName )
```

它能起作用是因为 Person 的 firstName 属性具有 getter 方法。当然，也可以让
fullName 和 lastName 属性拥有自己的 getter 方法。getter 的更正式说法是访问器
(accessor)，它提供了对值的访问权限，在此它提供了 Person 类的一个属性。它是 "免
费的"，因为 Kotlin 会自动为你创建这个访问器。

Kotlin 还提供了一个 setter 方法，或者(更正式的称呼是)一个更改器(mutator)。更
改器允许你更改值。因此，可以将如下代码添加到 main()函数中:

```
// Create a new person
val brian = Person( "Brian", "Truesby" )
```

```
println (brian.firstName )

// Create another person
val rose = Person( "Rose", "Bushnell" )
rose.lastName = "Bushnell-Truesby"
```

正如可以通过访问器获取数据一样，也可以通过更改器更新数据。

> **警告：**
> 大多数情况下，我都称 getter 为"访问器"，称 setter 为"更改器"。这样的称呼不像 getter 或 setter 那么普遍。但正如我的一位好朋友和编辑曾经告诉我的那样："setter 让我想到一只毛茸茸的可爱小狗，而更改器让我想到用它来更改类数据"。一转眼，这一习惯已沿用了 20 年。

现在，如果你继续并编译这段代码，就会遇到一个奇怪的错误，这将是深入探索对象之前要解决的最后一个问题。

1.6.3　常量变量不能改变

以下是导致问题的代码：

```
// Create another person
val rose = Person( "Rose", "Bushnell" )
rose.lastName = "Bushnell-Truesby"
```

如果尝试运行这段代码，将遇到如下错误：

```
Error: Kotlin: Val cannot be reassigned
```

Kotlin 的特性之一是它对变量的强硬立场。具体来说，Kotlin 不仅允许你声明变量的类型，还允许声明该变量是可变变量还是常量变量。

> **注意：**
> 这里的术语有些令人困惑，所以请在此多花点时间。就像用关键字 fun 声明方法一样，你需要一些时间才能习惯常量变量。

在 Kotlin 中声明变量时，可以使用关键字 val，就像之前所做的那样：

```
val brian = Person("Brian", "Truesby")
```

但也可以使用关键字 var，如下所示：

```
var brian = Person("Brian", "Truesby")
```

首先，在这两种情况下，你最终都会完成一个变量的声明：例如，val 并不代表 value，只是除了 var 的另一种声明变量的方式。当使用 val 时，表示正在创建一个常量变量。在 Kotlin 中，一个常量变量可以被赋值一次，并且只能赋值一次。然后，该变量是恒定的，永远无法更改。

可使用下面这行代码在 Person 类中创建 lastName 变量：

```
class Person(val firstName: String, val lastName: String) {
```

这将 lastName(和 firstName)定义为常量变量。创建 Person 实例时，它就会被传入并赋值，无法再对其值进行更改。因此以下语句是非法的：

```
rose.lastName = "Bushnell-Truesby"
```

为了清除之前的奇怪错误，需要让 lastName 成为一个可变变量，需要使它在初始赋值后是可更改的。

> **注意：**
> setter 会让人误以为是狗的名字，这或许是改称更改器的一个理由；更改器允许你更改一个可变变量。与使用 "setter" 相比，使用术语 "更改器" 显得更加合理。

因此，更改 Person 构造函数，使用 var 而不是 val。这表明 firstName 和 lastName 可以被更改：

```
class Person(var firstName: String, var lastName: String) {
```

现在，你应该能再次编译程序，不再会有任何错误。事实上，一旦完成了程序的编译，就可以做一些其他的调整。最终程序看起来如代码清单 1.7 所示。

代码清单 1.7　使用可变变量

```
class Person(var firstName: String, var lastName: String) {
    var fullName: String

    // Set the full name when creating an instance
    init {
        fullName = "$firstName $lastName"
    }

    override fun toString(): String {
        return fullName
    }
}

fun main() {
    // Create a new person
    val brian = Person( "Brian", "Truesby" )
```

```
    println(brian)

    // Create another person
    val rose = Person( "Rose", "Bushnell" )
    println(rose)

    // Change Rose's last name
    rose.lastName = "Bushnell-Truesby"
    println(rose)
}
```

在这里，fullName 已经成为了可变变量，而且 main()函数中还有几条打印语句。现在程序应该可以毫无错误地编译和运行了。

但是等一下！你看到输出了吗？有问题！以下是运行代码时可能获得的结果：

```
Brian Truesby
Rose Bushnell
Rose Bushnell
```

尽管以上三行中有两行是正确的，但还不够完美。为什么 Rose 的名字在最后一个实例中没有打印出她的新姓氏？

要解决这个问题，请阅读第 2 章，该章更深入地介绍了 Kotlin 如何处理数据、类型，以及更多自动运行的代码。

第 **2** 章

Kotlin 很难出错

本章内容

- 深入探究 Kotlin 的类型和变量
- 更多关于可变性的探究
- 创建自定义访问器和更改器
- 变量创建时和创建后的赋值
- 类型安全及其含义

2.1 继续探究 Kotlin 类

现在，你已经对 Kotlin 有了基本了解，还创建了第一个对象。让我们马上开始工作。第 1 章还留下了一个烦人的问题：姓氏显示不正确。在解决该问题之前，要先从预编译的角度讨论一下如何构建类。

到目前为止，Person 类和 main() 函数都被放在同一个文件中。可是，这样不具备可扩展性。不久之后我们将会有更多类，而不是类的实例。

> **注意：**
> 前面介绍过，类是一个定义。你有一个 Person 类，还可以有一个 Car 类或 House 类。类的实例是一块特定内存，用来存放表示对象的实例信息。在第 1 章中，当创建 brian 或 rose 变量时，你将 Person 类的实例赋给了它们。
>
> 获得一个类的多个实例很容易，拥有很多不同的类定义也很常见。在这些情况下，如果只是使用单个文件，事情就会变得混乱。

如果你继续将所有的类都放在同一个文件中，那么这个文件就将成为一团乱麻。

最好是把类都单独放在对应的文件中：通常每个类对应一个文件，并且 main()函数也单独放在一个文件中。

2.1.1　根据类命名文件

接下来创建一个新的 Kotlin 项目。你可以随意命名该项目，如果没想好名称可以使用 Kotlin_ch02。然后，在 src/目录中创建一个新文件 Person，你的 IDE 可能会为你加上.kt 扩展名。然后把第 1 章的 Person 类代码放入其中，如代码清单 2.1 所示。

代码清单 2.1　第 1 章中的 Person 类代码

```kotlin
class Person(var firstName: String, var lastName: String) {
    var fullName: String

    // Set the full name when creating an instance
    init {
        fullName = "$firstName $lastName"
    }

    override fun toString(): String {
        return fullName
    }
}
```

再创建另一个文件，同样还是在 src/目录中，将文件命名为 PersonApp。你可以把写好的 main()函数放入其中，如代码清单 2.2 所示。

代码清单 2.2　测试 Person 类的 main()函数

```kotlin
fun main() {
    // Create a new person
    val brian = Person("Brian", "Truesby")
    println(brian)

    // Create another person
    val rose = Person("Rose", "Bushnell")
    println(rose)

    // Change Rose's last name
    rose.lastName = "Bushnell-Truesby"
    println(rose)
}
```

至此，你应该可以运行 PersonApp 了，如同第 1 章那样。输出结果也应该与之前相同。可以在图 2.1 中看到 IntelliJ IDE，其中包含两个 Kotlin 文件的选项卡，以及底部的输出结果。

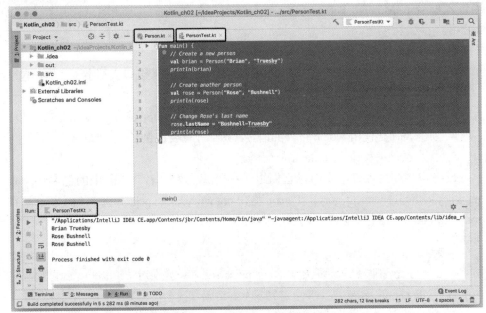

图 2.1　使用 IDE 可以轻松编辑源代码并查看输出

> **警告：**
> 如果得到任何警告，最有可能的原因是没有在同一目录中创建 Person 和 PersonApp 文件。请确保这两个文件都在 src/ 目录中，并重试。

至此，你可以继续在 src/ 目录中创建更多对象。但还有更好的办法！

2.1.2　用包管理类

将 Person 和测试用的 main() 函数分开固然好，但仍旧不能解决类的管理问题。如果说将所有类放在同一个文件中是一件痛苦的事，那么同理，将所有类放在同一个目录中也很痛苦。

你所想要的就是按照功能来管理类。所以下面假设除 Person 类外，你稍后还要创建一些其他类的人群，如 Mother 类或 Child 类。假设你正在编写一个用来构建家谱的软件。

在这种情况下，你当然会希望将 Person 相关的类都放在一起。但同时你还会有一些其他与用户相关的类，其中包含用户信息：用户名、密码、邮箱等。这些不是 Person 类的实例，或许可以是 User 类的实例。你甚至可能需要一个 UserPreference 类来存储用户信息。而这些可能都属于与 User 相关的一组类。

Kotlin 以及许多其他语言都使用包来管理类。一个包(package)就是类的一个逻辑分组,有着特定的命名空间(一种为相关类添加前缀和标识的方法)。你可以在 person 包中包含 Person、Mother、Father 等类,在 user 包中包含 User、UserPreferences 等类,以此类推。

包的命名很重要,因此也有一些最佳实践:

- 包名应以小写字母开头。用 person 而不是 Person(类名以大写字母开头,包名以小写字母开头)。
- 包名应以包含点分隔符(.)的组织名开头,如 org.wiley 或 org.myCodeShop。
- 如果同时还使用 Kotlin 以外的语言,那么还需要在包名中添加 kotlin,以便于区分其他编程语言(如 Java)的代码。

最终,需要用点分隔符(.)将它们组合在一起成为包名。本书中的包名通常是 org.wiley.kotlin.[generalcategory]。Person 将在 org.wiley.kotlin.person 包中,而 User 将在 org.wiley.kotlin.user 包中。

> **注意:**
> 类名(如 Person)与包名的最后部分(如 person)并不一定要对应。例如,你可能会有一个 org.wiley.kotlin.sport 包,其中包括多个与运动相关的类,如 Football、Baseball、Hockey 和 Volleyball,但并不一定要有一个名为 Sport 的类。这完全取决于你的喜好与风格。

2.1.3 将 Person 类放入包中

确定包后,你需要实际创建相应的结构。同样,这是 IDE 真正使事情简化之处。如果你用的是 IntelliJ,可以右击 src/文件夹然后选择 New,再选择 Package。输入包名(可以输入 org.wiley.kotlin.person 或你自己的包名),你会看到在 src/树下创建了一个小的包指示器。

> **警告:**
> 不同 IDE 的处理方式略有不同,但基本上大同小异。你可以在 IDE 中四处寻找一下 New Package 选项(我刚学 Kotlin 时在 IntelliJ 中就是这样寻找的),或者查一下所用的 IDE 的文档。
>
> 如果你只用命令行,那会有点痛苦。你需要创建相同的目录结构来匹配包结构,因此需要一个 org/目录,然后是 wiley/,接着是 kotlin/,再接着是 person/,还要将 Person 类放在其中。你还需要更多地使用 kotlinc 编译器。
>
> 可以很容易地在网上找到相关文档,因此这里不再赘述,本书的大部分内容都假定你正在使用某个 IDE 或是知道如何自行编译包中的文件。

现在，我们很庆幸使用了 IDE：只需单击左窗格中的 Person 类，并将其拖入新的包指示器。你会看到一个对话框，如图 2.2 所示。

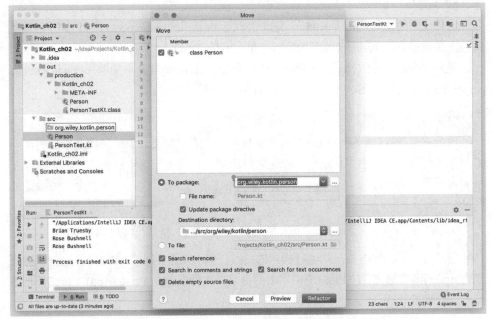

图 2.2　将类移到新包中基本上是一种重构，IDE 通常都具备类似的功能

这个对话框是为了确认是否真的要将类移到指示的包中。你可以保留所有这些默认值，IntelliJ 很乐意完成剩余的工作。确认后，单击 Refactor 按钮。

现在，在 IDE 左侧的导航窗格中，应当可以看到 Person 类位于新的包 org.wiley.kotlin.person 之下，如图 2.3 所示。

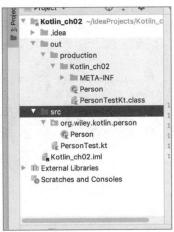

图 2.3　Person 类现在嵌套在它的包下

如果你觉得不可思议，那么再仔细看看 Person 类的第一行，这一行是新增的：

```
package org.wiley.kotlin.person
```

这行代码的作用是告诉 Kotlin，这个类属于 org.wiley.kotlin.person 包。编译后的类实际上是 org.wiley.kotlin.person.Person，而不仅是 Person。

就是因为这样导致 main()函数出错的，因为 main 函数并不知道 org.wiley.kotlin.person.Person 类的存在，与此同时 Person 类已经不复存在了。

> **警告：**
> 这是一个很好的例子，一个小细节会对代码产生非常大的影响。归属于包的类和不归属于包的类是完全不同的——即便它们同名。理论上，你可以在多个包中命名多个同名的类，并且每个类都彼此不同。希望你已意识到这不是个好主意，但却是可行的。
>
> 不过，这说明了很重要的一点：命名很重要。

通常情况下，你需要在此进行相应的修改，但 IDE 也可以为你处理好这些。检查包含 main()函数的文件(如果你遵循本书的命名，文件名就是 PersonApp)，在文件顶部有一行新增的代码：

```
import org.wiley.kotlin.person.Person
```

该行代码告诉 Kotlin 导入 org.kotlin.wiley.person.Person 类，无须引用该类的完整名称就可以使用它。这一行的意思基本上是"导入那个长的类名，并允许仅可以通过类名 Person 来引用"。

> **注意：**
> 也可以忽略 main 文件的第一行，然后每次使用时都引用该类的完整名称。因此，需要按如下代码创建新的实例：
>
> ```
> val brian = org.wiley.kotlin.person.Person("Brian", "Truesby")
> ```
>
> 不过，每次引用 Person 类时，你都必须这么做。开发者通常不喜欢这样，因为要编写很多重复代码，所以更常使用 import。

所有这些修改都完成后，可以再次编译并运行你的程序。一切都应正常工作(虽然姓氏还是错的)。

2.1.4　类: Kotlin 的终极类型

在进一步讨论 Kotlin 的类型之前(本章的其余篇幅都将用来介绍 Kotlin 的类型),值得一提的是,类确实是 Kotlin 的终极类型(ultimate type)。类为你提供了一种收集和处理数据的特定方式,并用来对世界上的事物,如数字、句子、汽车、人等,甚至像无线电波或者决策这样的抽象想法建立模型。

类还涉及 Kotlin 中一个相当重要的概念:类型安全(type safety)。类型安全是指编程语言能在多大程度上阻止你错误地将一种类型(如数字)赋值给只能容纳字母的变量。没有什么比这更令人沮丧,你以为这是一个字母变量,然而你的程序出错了,因为事实证明,这个变量实际上包含了一个 Person 实例(Car 或者 User,或者是其他根本不像字母的事物)。

这就是类和对象对于类型安全如此关键的原因所在。你的 Person 类现在就是强类型,这意味着不能创建一个整型变量,然后把字符串赋给它。更具体而言,不能创建一个 Car 实例然后赋给 Person 类型的变量。随着本章内容的继续,你将看到有更多这方面的介绍。不过就目前而言,只需将对象视为一种强大的方法,以确保变量(无论是用 val 还是 var)准确地包含你所需的内容。

> **注意:**
> 如果你想知道 Kotlin 到底如何知道一个变量的数据类型,请继续阅读。很快就会有更多相关介绍。

2.2　Kotlin 有很多类型

与任何其他编程语言一样,Kotlin 支持许多基本数据类型。你可以定义整数(Int)、字符串(String)、小数(Float)等类型。下面简要介绍一下基本类型,然后开始使用它们。

2.2.1　Kotlin 中的数字

Kotlin 提供了 4 种整数类型,分别适用于不同的取值范围。具体参见表 2.1。

表 2.1　Kotlin 的整数(非小数数字)类型

类型	大小/位	最小值	最大值
Byte	8	−128	127
Short	16	−32 678	32 767
Int	32	−2 147 483 648 (-2^{31})	2 147 483 647 ($2^{31} - 1$)
Long	64	−9 223 372 036 854 775 808 (-2^{63})	9 223 372 036 854 775 807 ($2^{63} - 1$)

当你没有显式地声明类型时，Kotlin 主要负责确定使用哪种类型。在这种情况下，它会考虑你对变量的赋值大小，并做出一些假设。这是一个非常重要的概念，称为类型推断(type inference)，第 6 章中有详细介绍。

如果你创建了一个变量并为其赋予一个 Int 类型的数字，那么 Kotlin 将使用 Int 类型。如果该数字超出了 Int 的范围，那么将使用 Long 类型。

```
val someInt = 20
val tooBig = 4532145678
```

所以，someInt 将是 Int 类型。而 tooBig 太大了，不适用于 Int 类型，因此它将是 Long 类型。也可以通过在值的最后添加大写字母 L 来强制使变量成为 Long 类型：

```
val makeItLong = 42L
```

Kotlin 还为小数提供了两种类型，同样是基于精度和大小。参见表 2.2。

表 2.2　Kotlin 的小数类型

类型	大小/位	有效位	指数位	小数位
Float	32	24	8	6～7
Double	64	53	11	15～16

赋值时要注意，小数变量通常会是 Double 类型，除非使用 f 或 F 后缀告诉 Kotlin 使用 Float 类型：

```
val g = 9.8
val theyAllFloat = 9.8F
```

2.2.2　字母和事物

如果你想表示一个字符(包括特殊字符，如反斜杠或回车符)，可以使用 Char 类型：

```
val joker = 'j'
```

一个字符应当放在一组单引号中。你还可以通过在字符代码前放置反斜杠在单引号中放特殊字符。例如，制表符是\t，换行是\n，而反斜杠本身是\\：

```
val special = '\n'
```

> **注意:**
> 反斜杠有点特殊，因为它本身就是一个转义字符。要获得实际的反斜杠，需要使用转义字符(\\)，然后再使用一个反斜杠(\\)，这样就会变成\\\\。

对于一串字符，你可能需要一个 String 类型。可以通过将文本括在一对双引号中来创建一个字符串：

```
val letters = "abcde"
```

很简单吧！但请注意，一个字母括在双引号中就是 String 类型，而括在单引号中就是 Char 类型：

```
val letter = "a"
val notStringy = 'a'
```

2.2.3　真值或假值

对于真值或假值，可以使用 Boolean 类型。你可以给一个 Boolean 变量赋值 true 或 false：

```
val truthful = true
val notTrue = false
```

但是，不能像在某些语言中那样使用 0 或 1 给 Boolean 类型赋值。0 是 Int 类型(或者 Long 类型，甚至 Float 类型)：

```
val notBoolean = 0
val zeroInt = 0
val zeroLong = 0L
val zeroFloat = 0F
```

但 0 永远不能成为 Boolean 类型。

2.2.4　类型不可互换 I

这些类型中的大多数也许都很常见，在许多语言中都有。然而让人惊讶的是，Kotlin 在类型安全方面的要求更多。请记住，Kotlin 是强类型语言，在这方面的要求是非常严格的。

为了说明这一点，下面向 Person 类添加一些基本信息。如代码清单 2.3 所示，经过修改后该类具有了更多的属性和类型。

代码清单 2.3　具有额外属性的 Person 类

```
package org.wiley.kotlin.person

class Person(var firstName: String, var lastName: String) {
    var fullName: String
    var height: Float
    var age: Int
    var hasPartner: Boolean

    // Set the full name when creating an instance
    init {
        fullName = "$firstName $lastName"
    }

    override fun toString(): String {
        return fullName
    }
}
```

你会注意到，每个新属性都有一种类型：String、Float 或 Int。这足够简洁。

现在，我们要介绍一些关于这些变量的类型的趣事，但在此之前，实际上 Person 类中存在一个新问题(不是关于姓氏的那个问题)。

2.2.5　属性必须初始化

Kotlin 要求必须对所有属性初始化。如果尝试编译 Person 类，如代码清单 2.2 所示，将得到如下错误：

```
Error:(6, 5) Kotlin: Property must be initialized or be abstract
```

让我们把抽象的部分留到后面再讲。最简单的解决方法是更新 Person 的构造函数，要求提供所有属性的信息。以下这种方式直截了当：

```
class Person(var firstName: String, var lastName: String,
            var height: Float, var age: Int, var hasPartner: Boolean) {
    var fullName: String

    // Set the full name when creating an instance
    init {
        fullName = "$firstName $lastName"
    }

    // other methods follow
}
```

现在，你必须提供这些属性，这样代码就能通过编译。还需要注意的是，只需要将它们传入构造函数，而不必在类的主体中声明它们。

> **注意：**
> 如果想在实例创建时只接收部分信息，也可以创建另一个构造函数。我们将在第 4 章中展开这个话题。

另外，你可以在 init 方法中对这些属性进行赋值，就像 fullName 那样。但除了接收输入，没有切实可行的方法能提供身高、年龄或者是否有伴侣的相关信息，所以这样做更合理。

现在，已准备好回到 main 函数，做一些与类型相关的工作。

2.2.6　类型不可互换 II

首先，看一下 PersonApp 文件，特别是 main 函数。大多数 IDE 都会发现你已经更新了构造函数，并给你一个视觉上的提示，说明你当前给 Person 传递了哪些属性。注意在图 2.4 中，IntelliJ 已识别出目前只传递了 firstName 和 lastName 属性。

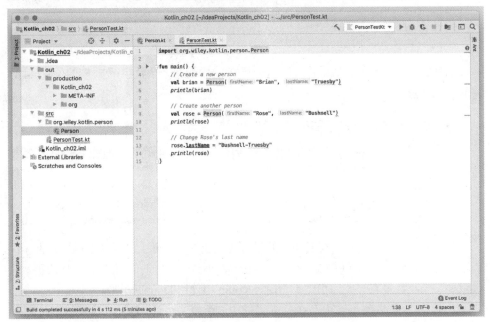

图 2.4　IDE 将帮助你保持构造函数所需的属性

继续修改你的函数，为 Person 的新构造函数传入更多属性值。你需要添加身高(任何测量单位都可以，我选用"英寸")、年龄，以及这个人是否有伴侣等相关信息。代码清单 2.4 展示了修改后的结果。

代码清单 2.4　填写 Person 实例所需的属性

```kotlin
import org.wiley.kotlin.person.Person

fun main() {
    // Create a new person
    val brian = Person("Brian", "Truesby", 68.2, 33, true)
    println(brian)

    // Create another person
    val rose = Person("Rose", "Bushnell", 56.8, 32, true)
    println(rose)

    // Change Rose's last name
    rose.lastName = "Bushnell-Truesby"
    println(rose)
}
```

结果可能不是你所期望的，可能会得到以下几个错误：

```
Error:(5, 44) Kotlin: The floating-point literal does not conform to the
expected type Float
Error:(9, 43) Kotlin: The floating-point literal does not conform to the
expected type Float
```

这到底是什么意思？如果你找到这一行(括号中的第一个数字)及对应的位置(44)，将看到错误位于以下代码行：

```kotlin
val brian = Person("Brian", "Truesby", 68.2, 33, true)
```

你传入了一个小数作为身高(这里是 68.2)，这似乎是正确的。再看 Person 类的构造函数：

```kotlin
class Person(var firstName: String, var lastName: String,
             var height: Float, var age: Int, var hasPartner: Boolean) {
```

究竟怎么回事？问题出在 Kotlin 并没有转换类型。实际上这里涉及以下几件事：

1. 给 Kotlin 传递了值 68.2。Kotlin 将它看作小数，并自动使用了 Double 类型。这很重要！当小数没有显式地指定类型时，Kotlin 将使用 Double 类型。

2. 这个 Double 类型被传入 Person 类的构造函数。然而，Person 类期待的是 Float 类型。

3. Kotlin 不会尝试在这两种类型之间执行转换——即使在本例中它们是兼容的！相反，Kotlin 会坚持强类型，并抛出了一个错误。

1. 可以显式地告诉 Kotlin 使用什么类型

有两种方法可以解决这个问题。最简单的方法是告诉 Kotlin，你希望传入的值被当作 Float 类型；另外一种方法是可以在数字之后加上大写字母 F：

```kotlin
val brian = Person("Brian", "Truesby", 68.2F, 33, true)
println(brian)

// Create another person
val rose = Person("Rose", "Bushnell", 56.8F, 32, true)
println(rose)
```

在本例中，可以给 Person 发送它想要的一个 Float 类型的数值。这样就能通过类型检查，一切又都正常了。

2. 尝试预测适合采用的类型

第一个解决方案虽然有效，但不够好。因为它需要 Person 类的每个用户(包括你自己)将字母 F 添加到小数之后或传入 Float 类型的变量给构造函数。而且，我们都知道 Kotlin 将 Double 类型作为小数的默认类型。

更好的解决方案是，既然 Kotlin 默认使用 Double 类型，也许你也应该使用该类型(除非你有一个很好的理由说不)。因此，请更改 Person 类的构造函数，接收大多数用户将传入的内容——小数默认的 Double 类型：

```kotlin
class Person(var firstName: String, var lastName: String,
             var height: Double, var age: Int, var hasPartner: Boolean)
    {
```

非常容易！因为你已经预料到了用户将如何创建一个新的 Person 实例，所以你会少惹恼一些友好的开发者小伙伴。

> **注意：**
> 不要忘记删除 main 函数中的两个数字之后的 F。如果不这样做，会得到另一个错误——这次是试图向一个需要 Double 类型的构造函数传入 Float 类型。

2.2.7　Kotlin 很容易出错(某种程度上)

本章的章名是"Kotlin 很难出错"，而本节标题可能看起来正好相反。实际上，前面没费多大劲，就已经让 Kotlin 抛出了很多不同的错误，并且 Kotlin 似乎根本不想在类型之间做转换。

也就是说，实际上当代码运行在某些生产系统上，或者为移动应用提供 API，或者在手机上运行，以及只是处理 Web 请求之前 Kotlin 就已经出错了。换句话说，Kotlin 在编译时(也就是你还在编写代码时)就做了一些额外的工作，从而避免了程序在运行和正常工作时出现潜在的问题。

换言之，本章的章名若改为"在生产中运行时 Kotlin 很难出错，因为在此之前它会让你在编写代码时指定具体类型"可能会更合适。当然，这真的不是一个特别合适的标题，所以我们使用"Kotlin 很难出错"作为本章章名，并相信你能够明白是什么意思。

2.3 覆盖属性访问器和更改器

前面介绍了关于类型，特别是强类型的知识，下面再次讨论 Person 类：如果你在 Person 类的构造函数以外设置姓氏，然后打印实例时就会输出原始值，而不是修改后的值。作为复习，下面再次给出有问题的代码：

```
// Create another person
val rose = Person("Rose", "Bushnell", 56.8, 32, true)
println(rose)

// Change Rose's last name
rose.lastName = "Bushnell-Truesby"
println(rose)
```

结果如何？如下所示：

```
Rose Bushnell
Rose Bushnell
```

那么应该是怎样的呢？其实在每次姓氏(或名字)更新后，实例中表示全名的属性也要更新。听起来很简单，对吧？

但这很快就会变得相当复杂。因为你即将进入 Kotlin 中的一个不同寻常的关于重写更改器(Mutator)和访问器(Accessor)的世界。

2.3.1 自定义设置(custom-set)属性不能位于主构造函数中

真绕口！但这是真的：因为我们想要控制当名字或姓氏被更改时会发生什么，我们将不得不对 Person 类的构建方式做很多变更。基本上，我们必须覆盖 firstName 和 lastName 的访问器。为此，不能在 Person 类的主构造函数中初始化这些属性。

> **注意：**
> 你可能已经注意到了此处的术语"主构造函数"(primary constructor)。现在可以简单地把它当作"构造函数"。稍后，你就会看到 Kotlin 允许你定义多个构造函数，而主构造函数就是在类的第一行定义的那个函数——你已经拥有的那个函数。
> 稍后将对此做更多的介绍，但目前不必过多考虑主构造函数或次构造函数。

1. 将属性移出主构造函数

实际上，你已偶然发现了 Kotlin 的一个相当标准的最佳实践：最好将属性定义从主构造函数中移出。可以回忆一下，在第 1 章中最早是这样定义 Person 类的：

```kotlin
class Person(firstName: String, lastName: String) {
```

然后，在添加其他属性之前，你向每个入参添加了 var 关键字：

```kotlin
class Person(var firstName: String, var lastName: String) {
```

这样使得 firstName 和 lastName 成为属性，自动生成访问器和更改器。问题是，虽然当时是权宜之计，但现在尝到了苦果。

要撤销这一点，只需从当前版本的 Person 类构造函数中的所有属性中删除 var：

```kotlin
class Person(firstName: String, lastName: String,
             height: Double, age: Int, hasPartner: Boolean) {
```

现在尝试运行 PersonApp，你会看到之前讨论过的错误：

```
Error:(13, 10) Kotlin: Unresolved reference: lastName
```

你应该还记得，因为 lastName 不再是属性(因为构造函数定义中没有 var 或 val 关键字)，所以 Kotlin 不会创建访问器或更改器。这意味着 main 函数中的这行代码现在是无效的：

```kotlin
rose.lastName = "Bushnell-Truesby"
```

因此，这里出现了一些明显的冲突：
- 如果在类的构造函数中声明一个属性，则无法自定义访问器或更改器。
- 如果一个属性没有在类的构造函数中声明，并且没有在类的其他地方声明，则不会获得自动生成的访问器或更改器。

2. 立即初始化属性

现在，情况将更加复杂，有另一条规则你曾经遇到过：
- 任何未在构造函数中定义的属性都必须在创建实例时初始化。

为了记住是在何种情形下引入该规则的，请继续在构造函数中定义所有属性，但这次只在构造函数下方进行，类似于定义 lastName 的方式：

```
class Person(firstName: String, lastName: String,
             height: Double, age: Int, hasPartner: Boolean) {
    var fullName: String
    var firstName: String
    var lastName: String
    var height: Double
    var age: Int
    var hasPartner: Boolean

    // Set the full name when creating an instance
    init {
        fullName = "$firstName $lastName"
    }
}
```

编译并运行代码，然后你会得到另一个之前见到过的错误，但这次所有的属性都出现了该错误：

```
Error:(6, 5) Kotlin: Property must be initialized or be abstract
Error:(7, 5) Kotlin: Property must be initialized or be abstract
Error:(8, 5) Kotlin: Property must be initialized or be abstract
Error:(9, 5) Kotlin: Property must be initialized or be abstract
Error:(10, 5) Kotlin: Property must be initialized or be abstract
```

为了修复该问题，我们在 init 代码块中设置 firstName 属性的值。这里要做一些类似的事：需要将构造函数的入参赋值给每个新属性。因此属性 firstName 应该被赋予传入 firstName 的值，这是 Person 类构造函数的一个入参。

> **注意：**
> 上面的描述常常令人感到困惑，没关系，一开始都这样。实际上是有关 firstName 的两个信息造成混乱：一个是传入构造函数的值，另一个是属性名称。这确实是一个问题，我们很快会解决该问题。

Kotlin 提供了一个方法来完成赋值，但是该方法看起来有点奇怪。基本上，传入构造函数的值可以在创建时就提供给属性，并且你可以将它们直接赋给这些属性。说起来容易做起来难，所以看一下代码清单 2.5 中 Person 类的新版本。

代码清单 2.5　将构造函数的信息赋给属性

```
package org.wiley.kotlin.person

class Person(firstName: String, lastName: String,
```

```
                      height: Double, age: Int, hasPartner: Boolean) {
    var fullName: String
    var firstName: String = firstName
    var lastName: String = lastName
    var height: Double = height
    var age: Int = age
    var hasPartner: Boolean = hasPartner

    // Set the full name when creating an instance
    init {
        fullName = "$firstName $lastName"
    }

    override fun toString(): String {
        return fullName
    }
}
```

看一下处理 firstName 的那一行代码:

```
var firstName: String = firstName
```

该行声明了一个可变属性(可以读写),因为使用了 var(请记住,如果你希望这是只读属性,最好使用 val)。该属性指定了名称 firstName,然后指定了类型 String。之后,新属性被赋值。在此,该值是通过 firstName 传入构造函数的值。

现在你可以编译并运行代码了,它可以再次工作了(尽管姓氏的问题仍有待解决,但快了)。

3. 尽量避免滥用名称

不过,这段代码仍令人相当困惑。属性的命名与构造函数的入参相同,这是合法的,但令人难以理解。一个简单的解决方案,同时也是 Kotlin 社区的常用解决方案就是,在构造函数的入参命名中使用下画线。代码清单 2.6 是修改后的代码,这纯粹是表面工作,但确实提高了代码的可读性。

代码清单 2.6　澄清属性名称和构造函数入参

```
package org.wiley.kotlin.person

class Person(_firstName: String, _lastName: String,
             _height: Double, _age: Int, _hasPartner: Boolean) {
    var fullName: String
    var firstName: String = _firstName
    var lastName: String = _lastName
    var height: Double = _height
```

```kotlin
    var age: Int = _age
    var hasPartner: Boolean = _hasPartner

    // Set the full name when creating an instance
    init {
        fullName = "$firstName $lastName"
    }

    override fun toString(): String {
        return fullName
    }
}
```

> **注意：**
> 因为 Kotlin 是强类型的，并具有非常独特的功能——多构造函数、属性与方法入参等——运用这些编写代码的最佳实践将使你的代码有别于其他缺乏经验和见识的开发者所写的代码。

2.3.2 覆盖某些属性的更改器

现在终于准备好做我们想做的事了：覆盖更改名字或姓氏的处理方法。首先，你需要了解如何定义典型的更改器。

下面，用 Kotlin 特定的代码来定义一个自定义更改器，本例中是针对属性 firstName 的自定义更改器：

```kotlin
var firstName: String = _firstName
    set(value) {
        field = value
    }
```

关键字 set 告诉 Kotlin 这是一个更改器。此外，Kotlin 假设更改器用于刚刚定义的属性。

> **警告：**
> Kotlin 通过文件中属性的定义行来做出判断，如果有一个自定义更改器(或访问器)，那么该定义就在下一行。这很重要，值得注意。

然后，value 所呈现的值将被传入更改器。比如，在以下示例中，firstName 的更改器中的 value 将是字符串"Bobby"：

```kotlin
// Change Brian's first name
brian.firstName = "Bobby"
```

而如下代码行看起来有点奇怪：

```
field = value
```

这里发生了什么？field 到底是什么？这就是正在更改的属性，也就是所谓的幕后字段(backing field)。因此在这里，field 引用了属性的幕后字段，也就是 firstName 属性(因为这是刚定义的属性)。该幕后字段被赋值为传入更改器的值——在我们的示例中，就是字符串 "Bobby"。

这里的最后一环就是要理解为什么你不能像下面这样做：

```
var firstName: String = _firstName
    set(value) {
        firstName = value
    }
```

上面的代码实际上可以正常编译，但当你试图运行并使用这个类时，它会出现一个可怕的错误。问题是，当 Kotlin 看到：

```
firstName = value
```

它会将其解释为"运行更改 firstName 的代码"。但是该代码是正在运行的代码。因此，它调用了自己，这就引入了递归的概念，同一行代码再次被运行。

通过使用幕后字段，就可以避免这种递归，并保持一切正常。下面继续为 firstName 和 lastName 创建自定义更改器，完成这些后，代码应该如代码清单 2.7 所示。

代码清单 2.7　定义 lastName 和 firstName 的自定义更改器

```
package org.wiley.kotlin.person

class Person(_firstName: String, _lastName: String,
             _height: Double, _age: Int, _hasPartner: Boolean) {
    var fullName: String
    var firstName: String = _firstName
        set(value) {
            field = value
        }
    var lastName: String = _lastName
        set(value) {
            field = value
        }
    var height: Double = _height
    var age: Int = _age
    var hasPartner: Boolean = _hasPartner
```

```
    // Set the full name when creating an instance
    init {
        fullName = "$firstName $lastName"
    }

    override fun toString(): String {
        return fullName
    }
}
```

> **警告:**
> 关于代码清单 2.7 的好消息是，你可以复制 firstName 的更改器代码并复用于
> lastName。由于 field 适用于任何幕后字段，因此它同时适用于这两个属性。坏消息是，
> 浏览 Kotlin 代码有时会很可怕，因为你会看到很多相似的代码块。

2.4 类可以有自定义行为

我们其实需要的是一种定义某些自定义行为的方法。具体来说，当一个人的名字
或姓氏被更改时，他们的全名也应被更改。使用自定义更改器，仅完成了一部分工作:
我们有一个地方可以调用自定义代码，但还没有可供调用的自定义代码。

2.4.1 在类中定义自定义方法

因此，我们需要的是一个新的类方法，这里将其称为 updateName()，并让它更新
fullName 属性。然后，每次需要更改名称时我们都可以调用 updateName()方法。这里
真的没有什么神奇的，因为你已经用 fun 关键字创建了一个方法。以下是 updateName()
方法:

```
fun updateName() {
    fullName = "$firstName $lastName"
}
```

实际上，上面的代码与 Person 类的 init 代码块中代码的作用完全相同。取而代之，
可以在 init 代码块中调用 updateName()。代码清单 2.8 展示了当你完成这些更改后，
Person 类该有的样子。

代码清单 2.8 创建一个新的属性方法用于更新 fullName 变量

```
package org.wiley.kotlin.person
```

```kotlin
class Person(_firstName: String, _lastName: String,
             _height: Double, _age: Int, _hasPartner: Boolean) {
    var fullName: String
    var firstName: String = _firstName
        set(value) {
            field = value
        }
    var lastName: String = _lastName
        set(value) {
            field = value
        }
    var height: Double = _height
    var age: Int = _age
    var hasPartner: Boolean = _hasPartner

    // Set the full name when creating an instance
    init {
        updateName()
    }

    fun updateName() {
        fullName = "$firstName $lastName"
    }

    override fun toString(): String {
        return fullName
    }
}
```

2.4.2　每个属性都必须初始化

代码清单 2.8 看起来没什么不同，但存在一个问题。编译这段代码，你会得到一个看上去很熟悉的错误：

```
Error:(5, 5) Kotlin: Property must be initialized or be abstract
```

这是怎么回事？有点令人头疼。还记得吗？任何属性要么在声明时必须被赋予初始值(如 firstName 和 lastName)，要么在 init 代码块中赋值。

实际上存在赋予初始值的行，但是 Kotlin 并没有完全按照你的代码(如你所想的)那样去做。虽然我们能看到，当 init 代码块调用 updateName()后 fullName 将得到一个值，而 Kotlin 只是看到在 init 代码块中没有赋值给 fullName，然后就抛出了一个错误。

1. 给未初始化的属性赋一个虚拟值

这里最简单的解决方法实际上相当容易。你可以简单地绕过 Kotlin 对属性初始化的固执要求，在创建属性时赋一个空值，例如一个空字符串：""。只需将如下代码添加到类中：

```
class Person(_firstName: String, _lastName: String,
             _height: Double, _age: Int, _hasPartner: Boolean) {
    var fullName: String = ''
```

现在 Kotlin 将停止抱怨！因为你已经初始化了 fullName，所以没有问题了。然而，这有点像黑客行为。它违背了 Kotlin 检查的目的(我们稍后介绍)。它还在代码中构建了隐藏的依赖关系。请再次查看 init 代码块：

```
// Set the full name when creating an instance
init {
    updateName()
}
```

即使有注释，但如果不凭你自己的记忆和对 Person 类工作原理的理解，你将不知道必须在 init 中调用 updateName()的原因。如果不调用，那么 fullName 将不会被初始化，这反过来又会打乱 toString()函数。这是一个坏消息！

你或许觉得这似乎不太可能，但事实恰恰相反。当编写代码时，你知道该代码应该做什么。但是，离开这段代码几个星期或几个月后，你通常会忘记它是如何工作的，更不用说你为什么要这样写！更糟糕但同样可能的是，其他人稍后看到这段代码时，也不知道它是如何工作的。

在这两种情况下，开发人员极有可能会忘记必须在 init 代码块中调用updateName()，他们会删除或者移动该调用。这确实是一个脆弱的解决方案。

2. 告诉 Kotlin 你将延迟初始化属性

另一个简单的解决方案是明确告诉 Kotlin，你打算在以后初始化某个属性。这有点像是在说，"嗨，Kotlin，相信我。我保证我会处理这件事。"为此，需要在属性声明的开头加上 lateinit 关键字，顾名思义，这个关键字的含义是你将在稍后初始化该属性：

```
class Person(_firstName: String, _lastName: String,
             _height: Double, _age: Int, _hasPartner: Boolean) {
    lateinit var fullName: String
```

删除赋值空字符串（""）并添加 lateinit 关键字。现在，再次编译 Person 类。

警告：

lateinit 有一些相当具体的限制。它只适用于 var 声明，而不适用于 val 声明，并且属性不能在构造函数中声明。你也不能为 lateinit 声明的属性创建自定义访问器或更改器。因此，这根本不是解决问题的方法。事实上，在本例中，它甚至不能算是一个可行的解决方法。

虽然这似乎可以解决你的问题，但事实并非如此。你仍然会遇到与将空字符串赋值给 fullName 相同的问题：在 init 代码块中调用 updateName() 创建了静默依赖。Kotlin 不会再抱怨你了，因为你说"我会处理的"。

因此，这仍然是一个脆弱的解决方案，在某些情况下，甚至比使用虚拟值更危险。

3. 将函数的返回值赋给属性

值得花一点时间弄清楚这里的实际问题是什么。你需要确保 Kotlin 可以在以下三个合法位置中看到对 fullName 的赋值：

- 在类的主构造函数中
- 在属性声明中
- 在类的 init 代码块中

你也看到了，简单地调用另一个函数(如 updateName())是无法完成赋值的。

我们需要做的第一件事就是修改函数。为什么？因为它目前没有返回值，这意味着你不能将该函数放在赋值语句的右侧。换言之，你不能得到最重要的部分：

```
var fullName: String = // something here… like a function!
```

因此，要更改 updateName() 函数使其实际返回一个值。顺便也修改一下函数的名称，这样能更好地反映它的功能：

```
fun combinedNames(): String {
    return "$firstName $lastName"
}
```

现在，你需要做一些清理工作：

(1) 从 init 中删除 updateName() 的引用。

(2) 将函数的返回值赋给 fullName。

(3) 完全删除 init 代码块。

(4) 将 fullName 属性的声明从 Person 的第一行移到所有其他属性的声明之后。

> **警告：**
> 不要错过最后一项！现在，你正在使用 firstName 和 lastName 的值来初始化 fullName，因此属性声明的顺序很重要。在声明 fullName 并运行 combinedNames() 之前，要确保 firstName 和 lastName 已在主构造函数中被赋值。

完整的代码参见代码清单 2.9。

代码清单 2.9　改正 fullName 属性

```
package org.wiley.kotlin.person

class Person(_firstName: String, _lastName: String,
             _height: Double, _age: Int, _hasPartner: Boolean) {

    var firstName: String = _firstName
        set(value) {
            field = value
        }
    var lastName: String = _lastName
        set(value) {
            field = value
        }
    var height: Double = _height
    var age: Int = _age
    var hasPartner: Boolean = _hasPartner
    var fullName: String = combinedNames()

    fun combinedNames(): String {
        return "$firstName $lastName"
    }

    override fun toString(): String {
        return fullName
    }
}
```

2.4.3　有时并不需要属性

令人难以置信的是，在完成所有这些工作后，如果在创建对象实例后更改姓氏，代码的输出结果仍然不正确。简单的修复方法是更新 firstName 和 lastName 的自定义更改器，在其中更新 fullName，如下所示：

```
var firstName: String = _firstName
    set(value) {
```

```
        field = value
        // Update the full name
        fullName = combinedNames()
    }
var lastName: String = _lastName
    set(value) {
        field = value
        // Update the full name
        fullName = combinedNames()
    }
```

现在，终于一切正常了！完成以上工作后的输出应该如下所示：

```
Brian Truesby
Rose Bushnell
Rose Bushnell-Truesby
```

但在你喝香槟庆祝之前，应花一点时间仔细想一想：这真的是一个好的解决方案吗？这里有几个问题，这些问题都非常重要。请查看这些问题是否有意义：

- 在 firstName 和 lastName 的更改器中对 fullName 的赋值代码相同。一般来说，任何时候你看到相同的代码两次，就说明代码编写得不够好。应尽量避免重复代码，因为这样更容易出错。
- 你在设定一个并没有特殊行为的属性值上做了很多工作。这只是实例的名字和姓氏的组合处理！
- 你已经有一个用于获取全名的函数 combinedNames()。

有一种更好的解决方案，就是完全移除 fullName。事实上，这里有很多部分可以删除。

下面使用 combinedNames() 函数来负责 firstName 和 lastName 的组合处理。然后，你可以完全删除 fullName 属性的声明。如果要删除 fullName 属性，实际上还可以删除 firstName 和 lastName 的自定义更改器！

甚至可以将 combinedNames() 重命名为 fullName()，然后更新 toString() 语句以使用 fullName()。经过这些修改后，你的代码应该如代码清单 2.10 所示，真是相当精简！

代码清单 2.10　Person 类的一个更简洁版本

```
package org.wiley.kotlin.person

class Person(_firstName: String, _lastName: String,
             _height: Double, _age: Int, _hasPartner: Boolean) {

    var firstName: String = _firstName
    var lastName: String = _lastName
    var height: Double = _height
```

```kotlin
    var age: Int = _age
    var hasPartner: Boolean = _hasPartner

    fun fullName(): String {
        return "$firstName $lastName"
    }

    override fun toString(): String {
        return fullName()
    }
}
```

编译并运行 PersonApp，在更新 rose 实例的姓氏前后，你都应该得到了正确的结果。

2.5　类型安全改变一切

这里最大的收获是，当一种语言(如 Kotlin)试图真正强制实施类型安全时，那么该语言中几乎所有的东西都会受到影响。例如在 Kotlin 中，属性被要求具有值，并尽可能早地拥有值，从而便于确保使用的类型是正确的。变量的可变性被严格控制——在 Kotlin 中，通过 var 和 val 声明的变量是不同的，这样 Kotlin 就可以确定何时需要跟踪变量的类型，并给变量赋予该类型的值。并且 Kotlin 不会为你转换类型。所有这些细微差别让 Kotlin 保持类型安全完好无损，使 Kotlin 在运行时更难以发生错误。

另外，关于 Kotlin 的类型安全还有很多内容，你可以在稍后的章节中看到。Kotlin 有很多关于空值、非空检查和空类型安全理念的具体规则：请保持你的代码不受空指针异常(NullPointerException)的困扰。

> **注意:**
> 如果你对空指针不熟悉，或者从来没有在其他语言(如 Java)中见过任何 NullPointerException，那么你是个幸运儿。但如果你经历过的话，就知道空指针往往是造成各种问题的根源。Kotlin 试图在编码层做一些额外的工作，以摆脱那些恼人的、难以修复的错误。这是一个权衡，但对 Kotlin 来说效果很好。

2.6　代码的编写很少是线性的

如果你退后一步，回顾一下你在过去两章中做了什么，就会感到既兴奋又困惑。兴奋的是，即使你以前从未写过任何 Kotlin 代码，你现在也有了一个可以正常工作的类，并且练习了 Kotlin 的一些关键且相对独特的功能：对象、构造函数，覆盖父类(稍后会有更多介绍)，以及 Kotlin 对属性值赋值的一些不寻常的要求。

　　然而，困惑在于获得代码清单 2.10 中简短代码的过程是如此曲折。你先是添加了属性，然后又删除了它们，添加了几个自定义更改器，又删除了这些更改器，最终删除的代码几乎与添加的代码一样多。直接编写代码清单 2.10 一步到位不是更容易吗？

　　也许是这样，但那样做就不能很好地理解 Kotlin 的工作原理。可以说，如果想两者兼得，那是不现实的。经验丰富的开发者不断经历着同样的过程：试错，再添加新内容，必须回头更改旧代码以适应新代码，调整和删除之前添加的同样多的代码。重构是很常见的——重组代码，使其减少冗余，效率更高，更有条理，变得更好。

　　如果你正在学习 Kotlin，真正要做的不只是理解语法，而是要掌握它的强大功能。你想成为一个出色的开发者吗？一定要持续添加代码、删除代码，并重新审视以确保代码的正确性。

第3章

Kotlin 非常优雅

本章内容

- 每个类都有 equals()和 hashCode()方法
- 不同类型的对象和对象实例之间的比较
- 正确地覆盖 equals()和 hashCode()方法
- equals()和 hashCode()方法在比较操作中的重要性
- 为什么类的基础知识很重要

3.1 对象、类与 Kotlin

Kotlin 完全与对象有关,这并不是夸大其词,而是意味着它与类息息相关。由于对象只是一个类的特定实例(实例化),因此任何语言如果大量使用对象都会有大量基于类的逻辑。

简单而言,如果你想成为一名优秀的 Kotlin 程序员,就需要了解类,因为你会经常使用它们。事实上,大多数 Kotlin 应用程序最多只会涉及一个非类:你已经看到过的 main 函数。

在本章中,你将揭开关于类的重重迷雾,更多地了解它们在 Kotlin 中有哪些"开箱即用"的功能,以及如何更有效地使用它们。从字面上看,你所做的一切都将基于这一点,所以请在此花费足够的时间,并尽量不要跳过枯燥的部分。

> **注意:**
> 对于一名作家来说,"枯燥的部分"似乎应避免,但一些枯燥的部分总是会出现。因为并不是所有关于 Kotlin 中类的事情都特别令人兴奋,或是有趣。话虽如此,但你必须掌握这些内容,知道如何使用类以获得最大优势。

3.2 所有类都需要 equals()方法

首先你应该意识到：Kotlin 的每个类都有一些已定义的方法。相信你在覆盖 Person
类中的 toString 方法时已注意到这一点。

> **注意：**
> 实际的情况远比每个类中都"存在"toString 及其他类似方法要复杂得多。在第 5
> 章中，你会进一步了解这些方法——它们实际上是从另一个类继承而来的。现在，可
> 以将这些方法视为预先定义的方法。

类还提供了另外两个附加方法：equals()和 hashCode()。你会发现使用 equals()有点
类似于使用 toString()或是 hashCode()，它们在典型的 Kotlin 程序中很少使用。

3.2.1 equals(x)用于比较两个对象

equals()方法实际上通常写成 equals(x)，这表明它会接收一个参数(以 x 表示)。参
数是另一个对象，并且方法会返回真或假。真表示对象本身(调用 equals(x)的对象)与传
递到该方法中的对象是相同的。代码清单 3.1 显示了如何在 Person 实例上使用此方法。

代码清单 3.1 使用 equals(x)比较两个实例

```kotlin
import org.wiley.kotlin.person.Person

fun main() {
    // Create a new person
    val brian = Person("Brian", "Truesby", 68.2, 33, true)
    println(brian)

    // Create another person
    val rose = Person("Rose", "Bushnell", 56.8, 32, true)
    println(rose)

    // Change Rose's last name
    rose.lastName = "Bushnell-Truesby"
    println(rose)

    if (rose.equals(brian))
        println("It's the same person!")
    else
        println("Nope... not the same person")
}
```

不过，正如稍后所见，这种方法的默认版本几乎永远不会实现你所希望的效果。

> **警告：**
> 可能需要一点时间你才能意识到 equals(x)比较的是一个类的两个实例，而不是两个实际类。一般来说，如果这两个对象不是同一个类的实例，比较总是会返回错误。这当然是合理的：Person 的实例怎么可能等同于 Automobile 的实例呢？

如果运行代码清单 3.1，就会得到所期望的结果：

```
Brian Truesby
Rose Bushnell
Rose Bushnell-Truesby
Nope... not the same person
```

但这里有一个问题。要想看到问题所在，请添加如下代码：

```
if (rose.equals(brian))
    println("It's the same person!")
else
    println("Nope... not the same person")

val second_brian = Person("Brian", "Truesby", 68.2, 33, true)
if (second_brian.equals(brian))
    println("It's the same Brian!")
else
    println("Nope... not the same Brian")
```

现在运行代码，输出结果可能与你所期望的不同：

```
Brian Truesby
Rose Bushnell
Rose Bushnell-Truesby
Nope... not the same person
Nope... not the same Brian
```

到底怎么回事？为什么具有完全相同属性值的两个对象实例却不相同？这与 Kotlin 默认实现 equals(x)的方式有关：相等的判断标准是基于内存位置是否相同。

默认情况下，由 equals(x)方法评估的相等性是看实际对象实例在内存中的位置与另一个对象实例在内存中的位置是否相同。换句话说，equals(x)不在乎两个对象是否具有完全相同的值；它只关心这两个实例实际上是否位于相同的内存。要验证这一点，需要添加更多代码：

```
val copy_of_brian = brian
if (copy_of_brian.equals(brian))
    println("Now it's the same Brian!")
```

```
else
    println("Nope… still not the same Brian")
```

这一次，你会得到一个匹配的结果：

```
Nope… not the same person
It's the same Brian!
Now it's the same Brian!
```

现在，brian 被认为是等于 copy_of_brian，因为它们实际上是相同的对象实例！你有两个变量，但它们都指向同一段实际内存。而 second_brian 不同，它是 Person 的另一个实例——因此是另一段内存——只是恰好具有与 brian(以及 copy_of_brian)相同的值。

3.2.2　覆盖 equals(x)使其有意义

因此，在属性值上相同的两个对象，实际上不是内存中的同一对象，将被视为不相等。不过，这个问题你可以解决，也应该解决！

第一步是决定相等对 Person 对象实例意味着什么。最简单的解决方案是使用名字和姓氏的组合来进行判断。

> **警告：**
> 使用名字和姓氏实际上不是一个好主意，因为你可能已经联想到两个同姓同名的人。一个更好的主意是使用身份证号码。不过，出于示例的目的，我们考虑使用名字和姓氏组合作为唯一的判断标准。

基于这一点，现在很容易就可以创建一个有效的 equals(x)覆盖版本。这是一个好的开始：

```
override fun equals(other: Any?): Boolean {
    return (firstName.equals(other.firstName)) &&
        (lastName.equals(other.lastName))

}
```

在此有几个新的语法需要你认真对待，还有一个实际的错误需要解决。你需要弄清楚这些才能使该示例完全生效。

首先是语法。你已经知道了如何覆盖一个函数，所以 override 关键字并不新鲜。至于 equals(x)的声明，这就是 Kotlin 对该方法的定义，所以总是相同的：

```
override fun equals(other: Any?): Boolean {
```

> **注意：**
> 真正有趣的事是关于 Any?的，但请耐心等待，稍后将介绍。

此函数返回一个 Boolean 值，如下这行很长的代码就是为了返回该值：

```
return (firstName.equals(other.firstName)) &&
        (lastName.equals(other.lastName))
```

首先，它将当前对象实例的 firstName 属性与入参实例的 firstName 属性进行比较。然后，对 lastName 属性进行相同的比较，查看当前实例的属性是否等于入参实例的 lastName 属性。

然后，使用&&将两个值组合起来。&&接受两个 Boolean 值，一个在左一个在右，并计算这两个值的逻辑与的结果。工作原理如下：

1. 如果第一个值(&&左侧的值)为假，那么整个表达式就为假。

2. 如果第一个值为真，则评估第二个值。如果它为假，表达式就为假。

3. 如果第一个和第二个值都为真，那么表达式就为真。

以下是另一种较长的等效表达式：

```
if (firstName.equals(other.firstName)) {
    if (lastName.equals(other.lastName)) {
        return true
    } else {
        return false
    }
} else {
    return false
}
```

当然，程序员喜欢一切从简，所以&&通常是最佳选择。

> **警告：**
> 除了代码要长得多，阅读起来也没那么清晰和简单。

问题是这段代码无法编译。如果你尝试编译，会得到如下错误：

```
Error:(26, 44) Kotlin: Unresolved reference: firstName
Error:(26, 82) Kotlin: Unresolved reference: lastName
```

这是怎么回事？这与 equals(x)的定义有关：

```
override fun equals(other: Any?): Boolean {
```

具体来说，问题在于 equals(x)接受了一个对象实例 other，类型为 Any?。Any 在 Kotlin 中是基类，你现在应该能够理解它的意思，顾名思义，传入该方法的可以是任何东西，无论将什么传递给 equals(x)方法 Kotlin 都会乐于接受。

以 Person 为例，Kotlin 通过这些错误告诉你，"不确定是否得到了一个 Person 实例，所以可能没有 firstName 和 lastName 属性"。这就是未解析引用所起的作用：Kotlin 不能确定这些引用是否存在。

想一想。这意味着，检查两个 Person 实例是否相等的这段代码是有效的：

```kotlin
val brian = Person("Brian", "Truesby", 68.2, 33, true)
val rose = Person("Rose", "Bushnell", 56.8, 32, true)

if (rose.equals(brian))
    println("It's the same person!")
else
    println("Nope... not the same person")
```

但这也意味着下面这段代码也有效：

```kotlin
val brian = Person("Brian", "Truesby", 68.2, 33, true)
val ford = Car("Ford", "Ranger")

if (ford.equals(brian))
    println("It's the same person!")
else
    println("Nope... not the same person")
```

这看起来很奇怪，对吧？但它是完全合法的：没有什么能阻止你比较两个类型完全不同的对象实例。

3.2.3　每个对象都是一个特定的类型

那么，你需要一种方法来确保你正在处理的是一个 Person 实例。如果不是，就安全地返回 false。如果传递到 equals(x)的对象实例是 Person 实例，则当前的比较将起作用。

Kotlin 为此提供了一个有用的关键字：is。你可以使用 is 来查看特定实例是否为某种类型的对象，如下：

```kotlin
brian is Person // true
brian is Automobile // false
```

现在把它用于 equals(x)：

```kotlin
override fun equals(other: Any?): Boolean {
    if (other is Person) {
        return (firstName.equals(other.firstName)) &&
                (lastName.equals(other.lastName))
```

```
    } else {
        return false
    }
}
```

Kotlin 会很乐意编译此代码，因为在尝试引用 firstName 或 lastName 之前，你的代码可以确保对象确实是 Person，这也就意味着具有这些属性。

至此，以上所有工作的汇总见代码清单 3.2。

代码清单 3.2　具有 equals(x)覆盖版本的 Person 类

```
package org.wiley.kotlin.person

class Person(_firstName: String, _lastName: String,
            _height: Double, _age: Int, _hasPartner: Boolean) {

    var firstName: String = _firstName
    var lastName: String = _lastName
    var height: Double = _height
    var age: Int = _age
    var hasPartner: Boolean = _hasPartner

    fun fullName(): String {
        return "$firstName $lastName"
    }

    override fun toString(): String {
        return fullName()
    }

    override fun equals(other: Any?): Boolean {
        if (other is Person) {
            return (firstName.equals(other.firstName)) &&
                    (lastName.equals(other.lastName))
        } else {
            return false
        }
    }
}
```

代码清单 3.3 显示了一个 PersonTest 版本，其中集中了多个代码片段，用于测试这个实现。

代码清单 3.3　在几个场景中测试 equals(x)

```
import org.wiley.kotlin.person.Person
```

```kotlin
fun main() {
    // Create a new person
    val brian = Person("Brian", "Truesby", 68.2, 33, true)
    println(brian)

    // Create another person
    val rose = Person("Rose", "Bushnell", 56.8, 32, true)
    println(rose)

    // Change Rose's last name
    rose.lastName = "Bushnell-Truesby"
    println(rose)

    if (rose.equals(brian))
        println("It's the same person!")
    else
        println("Nope… not the same person")

    val second_brian = Person("Brian", "Truesby", 68.2, 33, true)
    if (second_brian.equals(brian))
        println("It's the same Brian!")
    else
        println("Nope… not the same Brian")

    val copy_of_brian = brian
    if (copy_of_brian.equals(brian))
        println("Now it's the same Brian!")
    else
        println("Nope… still not the same Brian")
}
```

以下输出正是你所希望的:

```
Brian Truesby
Rose Bushnell
Rose Bushnell-Truesby
Nope… not the same person
It's the same Brian!
Now it's the same Brian!
```

恭喜! 一切工作正常,你现在有了有效的比较方法。

3.2.4 空值

你可能已经注意到一点: equals(x)接受一个 Any 对象,但在 Any 类名后面有一个奇怪的?号，如下所示：

```
override fun equals(other: Any?): Boolean {
```

其中的?意味着该方法将接受空值。由于你以前没有处理过空值，现在也不需要太多关注。但这允许将空值传递给 equals(x)，这很重要，因为有时变量可能没有值，并且仍然需要与另一个对象实例(如你的 Person 实例)进行比较。

幸运的是，你正在使用的 is 关键字也可以将实例与空值进行比较；它总是会返回非真值，这非常适合覆盖后的 equals(x)方法。

3.3　每个对象实例都需要唯一的 hashCode()

很好！你已经弄明白了相等性。但是你现在还需要弄明白 hashCode()方法的覆盖实现，该方法用于匹配是否相等。想要了解原因，你需要更深入地了解 Any。

3.3.1　所有类都继承自 Any 类

每个 Kotlin 对象类都以 Any 为基类。如果你对继承不熟悉，那么现在这对你来说没有多大意义，但以后会明白的。现在，它只是意味着对于 Any 类中所定义的行为，所有的 Kotlin 类(包括那些你定义的，如 Person)都必须使用或者覆盖。完整的 Any 类如代码清单 3.4 所示。

代码清单 3.4　Any 类是所有 Kotlin 类的基类

```
/*

 * Copyright 2010-2015 JetBrains s.r.o.

 *

 * Licensed under the Apache License, Version 2.0 (the "License");

 * you may not use this file except in compliance with the License.

 * You may obtain a copy of the License at

 *

 * http://www.apache.org/licenses/LICENSE-2.0

 *
```

    * distributed under the License is distributed on an "AS IS" BASIS,

    * WITHOUT WARRANTIES OR CONDITIONS OF ANY KIND, either express or implied.

    * See the License for the specific language governing permissions and

    * limitations under the License.

    */

```kotlin
package kotlin

/**

 * The root of the Kotlin class hierarchy. Every Kotlin class has [Any]
as a superclass.

 */

public open class Any {

    /**

     * Indicates whether some other object is "equal to" this one.
Implementations must fulfil the following

     * requirements:

     *

     * * Reflexive: for any non-null value `x`, `x.equals(x)` should return true.

     * * Symmetric: for any non-null values `x` and `y`, `x.equals(y)`
should return true if and only if `y.equals(x)` returns true.

     * * Transitive:for any non-null values `x`, `y`, and `z`, if
`x.equals(y)` returns true and `y.equals(z)` returns true, then
`x.equals(z)` should return true.

     * * Consistent:for any non-null values `x` and `y`, multiple
invocations of `x.equals(y)` consistently return true or consistently
return false, provided no information used in `equals` comparisons on
the objects is modified.
```

* * Never equal to null: for any non-null value `x`, `x.equals(null)` should return false.

*

* Read more about [equality](https://kotlinlang.org/docs/reference/equality.html) in Kotlin.

*/

public open operator fun equals(other: Any?): Boolean

/**

* Returns a hash code value for the object.The general contract of `hashCode` is:

*

* * Whenever it is invoked on the same object more than once, the `hashCode` method must consistently return the same integer, provided no information used in `equals` comparisons on the object is modified.

* * If two objects are equal according to the `equals()` method, then calling the `hashCode` method on each of the two objects must produce the same integer result.

*/

public open fun hashCode(): Int

/**

* Returns a string representation of the object.

*/

public open fun toString(): String

}

注意:
类和对象很容易被混为一谈。一个类就是定义某对象的代码。所以，Person.kt 是你的 Person 类。类定义了一个对象，所以也可以说是实际的代码(也就是这个类)定义了一个对象。然后，当你创建该对象的新实例时，就有了一个对象实例。类、对象和实例这三者是不同的。

这种差异真的很重要。但话虽如此，很多时候开发者在术语上还是有点草率，会互用它们。如果编程时能确定"创建一个新 Person 对象"是创建一个新类、一个新对象还是一个新对象实例，那么这将极大地帮助你成为更出色的开发者。

3.3.2　始终覆盖 hashCode()和 equals(x)

请注意代码清单 3.4 中 hashCode()定义的最后一部分：

```
* * If two objects are equal according to the `equals()` method, then
calling the `hashCode` method on each of the two objects must produce the
same integer result.
```

Kotlin 说得很清楚：任何两个被 equals()认为相等的对象都应返回相同的哈希值。但现在你已经更新了 equals(x)，事实是那样吗？

你也可以自己验证。为 PersonTest.kt 类添加代码，如代码清单 3.5 所示。其中有一些新的内容，用于打印出哈希值，但也要注意来自相等性检查的消息已经变得更加清晰了。

代码清单 3.5　更新测试类，以便将相等结果与哈希值结果进行比较

```kotlin
import org.wiley.kotlin.person.Person

fun main() {
    // Create a new person
    val brian = Person("Brian", "Truesby", 68.2, 33, true)
    println(brian)

    // Create another person
    val rose = Person("Rose", "Bushnell", 56.8, 32, true)
    println(rose)

    // Change Rose's last name
    rose.lastName = "Bushnell-Truesby"
    println(rose)

    if (rose.equals(brian))
        println("Rose and Brian are the same")
    else
        println("Rose and Brian aren't the same")

    val second_brian = Person("Brian", "Truesby", 68.2, 33, true)
```

```
    if (second_brian.equals(brian))
        println("Brian and Second Brian are the same!")
    else
        println("Brian and Second Brian are not the same!")

    val copy_of_brian = brian
    if (copy_of_brian.equals(brian))
        println("Brian and Copy of Brian are the same!")
    else
        println("Brian and Copy of Brian are not the same!")

    println("Brian hashcode: ${brian.hashCode()}")
    println("Rose hashcode: ${rose.hashCode()}")
    println("Second Brian hashcode: ${second_brian.hashCode()}")
    println("Copy of Brian hashcode: ${copy_of_brian.hashCode()}")
}
```

编译并运行此内容，将得到类似下面的内容：

```
Brian Truesby
Rose Bushnell
Rose Bushnell-Truesby
Rose and Brian aren't the same
Brian and Second Brian are the same!
Brian and Copy of Brian are the same!
Brian hashcode: 2083562754
Rose hashcode: 1239731077
Second Brian hashcode: 557041912
Copy of Brian hashcode: 2083562754
```

这里有一个亟待解决的问题：brian 实例和 second_brian 实例被认为是相等的，但是它们的哈希值不匹配。但令人惊喜的是 brian 和 copy_of_brian 相等，它们的哈希值确实匹配。

3.3.3　默认哈希值是基于内存位置的

这里的问题是，如果你没有覆盖 hashCode()，该方法将报告一个整数值，该值主要是基于所调用的对象实例的内存位置。

实际上，这意味着具有相同属性值的两个对象实例不会具有相同的哈希值，因为这两个对象实例位于系统内存中的不同空间。这就是 brian 和 second_brian 会返回不同哈希值的原因：它们处于两个不同的内存段，因此是两个不同的哈希值(这是一个问题)。

另一方面，如果你有两个变量引用了相同的对象实例，那么将得到相同的哈希值。

事实上，你并没有得到两个哈希值；你得到的是同一个对象的哈希值，但只是调用了该方法两次。这就是 brian 和 copy_of_brian 的哈希值相同的原因。

> **注意：**
> 不要对 hashCode()的默认实现的工作原理过于在意。只要知道它使用的是内存位置即可，而且你需要在覆盖 equals(x)的同时覆盖它。

因此，还有很多工作需要完成。相同的实例(如 brian 和 copy_of_brian)，以及被equals(x)认为相等的实例(如 brian 和 second_brian)，都应返回相同的哈希值。

3.3.4 使用哈希值生成哈希值

这个标题可能令人困惑，但它实际上是一个很好的建议：你可以使用具备有效hashCode()方法的对象来创建自己的哈希值。以 Person 为例：现在，关键属性(决定相等性的属性)是 firstName 和 lastName。如果你不知道为什么，请重温一下你是如何覆盖 equals(x)的：

```kotlin
override fun equals(other: Any?): Boolean {
    if (other is Person) {
        return (firstName.equals(other.firstName)) &&
                (lastName.equals(other.lastName))
    } else {
        return false
    }
}
```

相等性基本上是由这两个属性控制的，因此，hashCode()也应如此。更妙的是，由于这些属性是字符串，因此可以依赖它们的 hashCode()方法，而这正是 Kotlin 引擎的工作。

因此，可使用如下代码：

```kotlin
override fun hashCode(): Int {
    return firstName.hashCode() + lastName.hashCode()
}
```

此代码采用两个唯一的属性名称，并使用它们的哈希值的总和来获取整个类实例的独特值。编译代码并运行你的测试程序，应得到类似下面的输出：

```
Brian hashcode: 680248194
Rose hashcode: -1533460291
Second Brian hashcode: 680248194
Copy of Brian hashcode: 680248194
```

> **注意：**
> 除了两个人的名字和姓氏相同，你还能想到这个实现的任何问题吗？有一个微妙但重要的问题，你必须稍后回来修复它。

注意，现在对同一对象实例和具有相同名字值和姓氏值的实例的两个引用都得到了相同的哈希值。

> **注意：**
> 你可能对 rose 对象的负哈希值存有质疑，负值意味着两个哈希值(firstName 和 lastName 的哈希值)的和超过了 Int 的上限，然后溢出了。这是一种不寻常的行为，但你现在不必太担心这个问题。

3.4　基于有效和快速的 equals(x)和 hashCode()方法的搜索

在此，有如下几个问题值得研究：

- 如果一个对象的名字对应另一个对象的姓氏，而姓氏对应另一个对象的名字，那么将返回相同的哈希值。这种情况很糟糕。
- 目前的 equals(x)实现其速度可以更快。有了这些方法，速度就显得重要了。

第一个问题并不是那么难解决：你只需具备一些创造力，还需要了解一些关于这类问题的典型解决方案。

3.4.1　在 hashCode()中区分多个属性

需要有一种方法来了解是否存在属性值不同但哈希值相同的情况以及如何避免。将以下代码添加到 PersonTest 中：

```
val backward_brian = Person("Truesby", "Brian", 67.6, 42, false)
if (backward_brian.equals(brian))
    println("Brian and Backward Brian are the same!")
else
    println("Brian and Backward Brian are not the same!")

println("Brian hashcode: ${brian.hashCode()}")
println("Rose hashcode: ${rose.hashCode()}")
println("Second Brian hashcode: ${second_brian.hashCode()}")
println("Copy of Brian hashcode: ${copy_of_brian.hashCode()}")
println("Backward Brian hashcode: ${backward_brian.hashCode()}")
```

现在的输出看起来应该如下所示:

```
Rose and Brian aren't the same
Brian and Second Brian are the same!
Brian and Copy of Brian are the same!
Brian and Backward Brian are not the same
Brian hashcode: 680248194
Rose hashcode: -1533460291
Second Brian hashcode: 680248194
Copy of Brian hashcode: 680248194
Backward Brian hashcode: 680248194
```

这的确证实了这个问题: brian 和 backward_brian 是不相等的,但它们返回相同的哈希值。

要解决这个问题,必须区分名称匹配,特别是名字和姓氏的匹配。大多数开发者在 hashCode()等方法中处理此问题的方式是使用不同的倍数,例如:

```kotlin
override fun hashCode(): Int {
    return (firstName.hashCode() * 28) + (lastName.hashCode() * 31)
}
```

这里的数字 28 或 31 没有任何意义,你需要将这些数字乘以属性。重要的是,每个属性使用不同的数字。如果不这样做,你仍然会得到相同的哈希值。

现在,即使两个对象的名字和姓氏匹配,姓氏和名字也匹配,hashCode()的结果也会有所不同,因为倍数是不同的。再次运行 PersonTest,可以看到这一点:

```
Rose and Brian aren't the same
Brian and Second Brian are the same!
Brian and Copy of Brian are the same!
Brian and Backward Brian are not the same
Brian hashcode: -580500212
Rose hashcode: -300288362
Second Brian hashcode: -580500212
Copy of Brian hashcode: -580500212
Backward Brian hashcode: 2060437994
```

3.4.2 用==代替 equals(x)

第二项是考虑在 equals(x)中改进一下速度。这很重要,因为 equals(x)的关键用途之一是在列表中进行比较。你可能还没有用到列表,但它们是编程语言的重要组成部分,在 Kotlin 中也不例外。此外,使用列表的一个关键作用是比较列表中的条目。

无论你是构建 Web 应用还是移动应用,应确保每次比较列表中两个条目的速度都尽可能快，这对用户体验来说是一件大事。

查看当前的 equals(x)实现，可以轻松提升性能：

```kotlin
override fun equals(other: Any?): Boolean {
    if (other is Person) {
        return (firstName.equals(other.firstName)) &&
                (lastName.equals(other.lastName))
    } else {
        return false
    }
}
```

以上代码使用 equals(x)进行字符串比较。但是，该方法实际上使用了==(双等号操作符)来比较两个对象(此例中为字符串)，看它们是否相等。你可以重写 equals(x)，类似以下代码：

```kotlin
override fun equals(other: Any?): Boolean {
    if (other is Person) {
        return (firstName == other.firstName) &&
                (lastName == other.lastName)
    } else {
        return false
    }
}
```

这似乎没什么大不了的，但这样可以减少两个方法调用：一个是对 firstName 的 equals(x)方法调用，另一个是对 lastName 的 equals(x)方法调用。这些方法仅使用了==，因此你也可以直接使用==。每次比较操作中的两个方法调用实际上可以积少成多，特别是在一个有着数百个对象的大列表中做比较的时候！

3.4.3　hashCode()的快速检查

你还应当查看 hashCode()方法，看它是否也针对列表操作所需的快速比较做了优化。以下是该方法的当前版本：

```kotlin
override fun hashCode(): Int {
    return (firstName.hashCode() * 28) + (lastName.hashCode() * 31)
}
```

幸运的是，这里不需要太多的优化，原因如下：

● 你使用的是内置 String 类的 hashCode()方法。通常，Kotlin 基本类型上的 hashCode()方法实现已经做了很好的优化，因此，保持现状是一个安全的选择。

- 你使用的是 Int 的乘法和加法。这是另一个高度优化的活动，不会占用大量的 CPU 时间。
- 最后，你正在累加这些乘法的结果。加法速度也非常快。

所以这个方法不存在问题。不过，检查 equals(x)方法的同时，应总是记得也检查一下 hashCode()方法。

3.5 基本的类方法非常重要

在这一点上，你可能会有点惊讶。毕竟，但凡超过 15 页的 Kotlin 学习资料合集，你都要花大量时间学习使用两种方法：equals(x)和 hashCode()。最重要的是，这些都是已经预先编写好的方法！你刚刚更新了它们，那么，这有什么用？

现实情况是，Kotlin 的类设计的基本原理十分重要。最优秀的程序员——无论使用哪种编程语言——都能够理解一个好的 equals(x)方法可以显著提高程序的性能，减少检查等方面的相关错误，并最终成为掌控类的一把好手。一些经典的编程作品，如 Joshua Bloch 的 *Effective Java* 或者著名的 Gang of Four 的大作 *Design Patterns: Elements of Reusable Object Oriented Software*，都将很大篇幅花在了这样的基础知识上。

> **注意：**
> 事实上，在 *Effective Java* 中，Joshua Bloch 特别地谈到在覆盖 equals(x)方法的同时也需要覆盖 hashCode()方法。

不知不觉中你已采取了一些重要的步骤来加深对继承的理解，并且初步了解了 Any 类。这些都是后续章节深入挖掘继承和子类的关键，所以要用心学习本章内容。所有这些努力终会有回报，让你不至于和很多人一样，挠着头想不明白："Kotlin 的类为什么有这样的行为？"。

第 **4** 章

继承很重要

本章内容

- 用次构造函数构建更灵活的类
- 什么时候需要子类
- Kotlin 的所有类继承自 Any
- 为继承创建选项
- 如何编写父类

4.1 好的类并不总是复杂的类

到目前为止，你主要关注的是 Person 类，该类创建自第 1 章并在之后的几章中有所扩展。作为"第一个类"，它很好，因为它代表了一个现实世界的对象，并提出了许多核心问题，涉及了相等性、可变属性和构造。

不过，有一些担忧可能已经开始悄悄出现：类真的这么简单吗？这只是一个不现实的"玩具"类吗？是也不是。

说是，是因为 Person 是一个相当典型的类。它代表某个事物，具有一些属性，有一些基础的实现。换句话说，它没有什么是绝对不必要的。

说不是，是因为 Person 类还缺少一些关键内容：

- 它不是继承自某个自定义的基类，也没有被任何其他类扩展。
- 它没有提供多个构造函数。
- 它没有提供任何真正的行为，只有属性。

本章将讨论这些缺少的内容，并让你尝试一下"现实版"的 Kotlin 类。

4.1.1 保持简单、直白

在讲解更多细节之前，值得重申的一句话是：保持简单。换句话说，不要添加大量所谓"以防不时之需"的属性和方法。相反，只编写所需的代码。

为了说明这一点，代码清单 4.1 列出了 CardViewActivity 的代码，在这个类中使用了一部分 Android 5.0 支持库。

代码清单 4.1　CardViewActivity

```
/*
 * Copyright (C) 2017 The Android Open Source Project
 *
 * Licensed under the Apache License, Version 2.0 (the "License");
 * you may not use this file except in compliance with the License.
 * You may obtain a copy of the License at
 *
 *      http://www.apache.org/licenses/LICENSE-2.0
 *
 * Unless required by applicable law or agreed to in writing, software
 * distributed under the License is distributed on an "AS IS" BASIS,
 * WITHOUT WARRANTIES OR CONDITIONS OF ANY KIND, either express or
 * implied.
 * See the License for the specific language governing permissions and
 * limitations under the License.
 */

package com.example.android.cardview

import android.app.Activity
import android.os.Bundle

/**
 * Launcher Activity for the CardView sample app.
 */
class CardViewActivity : Activity() {

    override fun onCreate(savedInstanceState: Bundle?) {
        super.onCreate(savedInstanceState)
        setContentView(R.layout.activity_card_view)
        if (savedInstanceState == null) {
            fragmentManager.beginTransaction()
                    .add(R.id.container, CardViewFragment())
                    .commit()
        }
    }
}
```

注意，这个类十分简洁！显然，这是一个有点极端的示例，尽管如此它还是一个不错的例子：这里没有什么是不必要的。它只是扩展了基类(稍后会有更多介绍)，详细说明了当 Card 被创建时会发生什么，并且包含了少许行为。

记住，应尽可能使用简单的代码，使用继承，与其编写数千行代码，不如这样完成工作更合适。

> **注意：**
> 显然，有时你所要做的可能会更复杂。但那种情况发生的概率比你想象的要低。特别是如果你打算使用 Kotlin 编写移动应用，你更要保持简单。你写的代码越多，程序就越大，即使在今天手机的容量已经赶超了硬盘，这也是个问题。

4.1.2　保持灵活、直白

诚然，这不是儿时常说的话，但也是应该做到的。到目前为止，你已经创建了一个简单的 Person 类，主要关注了其中的一些属性，然后覆盖了 equals(x)和 hashCode()方法。

有一件事尚未讨论过，那就是仔细思考如何使用这个类——如何被程序和其他类使用。这将是另一个贯穿本章的主题。你对 Person 类所做的每一个决定都会影响使用 Person 类的程序，以及其他可能扩展 Person 类的对象。

在讲解本章时为了帮助你思考这个问题，请查看代码清单 4.2，其中的 Square 类非常简单。

代码清单4.2　"绘制"正方形的基类

```
open class Square {
    val length: Int = 12

    open fun drawSquare() { println("Drawing a square with area " +
                            (length * length)) }
}
```

这个类定义了如何绘制一个 Square。令人震惊！但也没什么大不了的，对吧？

> **注意：**
> 这里能看到一些新语法，open 关键字以及 get()的用法，现在不必担心。你将在本章的其余部分学习它们。现在，只关注基类和 drawSquare()方法即可。

但这个 Square 类并不是很灵活；事实上，该类完全是正方形特有的，因为该类所具有的唯一方法被命名为 drawSquare()。考虑当另一个类想要扩展它时会发生什么，如代码清单 4.3 所示。

代码清单 4.3　将 Square 扩展为 Rectangle

```kotlin
class Rectangle: Square() {
    val width: Int = 8

    fun drawRectangle() {
        println("Drawing a rectangle with area " + (length * width))
    }
}
```

Rectangle 现在是 Square 类的一个子类，因此它从 Square 类获得了一个 length 属性，然后添加了自己的属性 width。它还继承了 Square 的 drawSquare() 方法，并添加了自己的 drawRectangle() 方法。

这里的问题并不是很明显，但随着本章的深入，问题会变得更加明显。现在有两个绘制方法：来自基类的 drawSquare() 方法和新添加的 drawRectangle() 方法。这样不够简单，这就是 Square 类不够灵活的结果。

Square 类不够灵活是因为它使用了方法名称 drawSquare，没有考虑到可能会有其他类要扩展该类并重写该方法。更好的名称应是 draw，如代码清单 4.4 所示。

代码清单 4.4　修改 Square 类，使用更灵活的属性名

```kotlin
open class Square {
    val length: Int = 12

    open fun draw() { println("Drawing a square with area " +
                                (length * length)) }
}
```

现在，Rectangle 类可以扩展 Square 类并覆盖 draw() 方法，如代码清单 4.5 所示。

代码清单 4.5　现在扩展 Square 要干净得多

```kotlin
class Rectangle: Square() {
    val width: Int = 8

    override fun draw() {
        println("Drawing a rectangle with area " + (length * width))
    }
}
```

因为 Square 类变得更灵活,所以现在 Rectangle 类更合理:它覆盖了 draw(),现在两个类都只有一个 draw()方法。

这是本章其余部分要考虑的因素,如果你曾经开放过源代码或与任何人共享过你的代码,这一点尤其重要。他们会像你一样想要清晰且灵活的类。

4.2　类可以定义属性的默认值

查看代码清单 4.6,其中包含 Person 类的当前版本。

代码清单 4.6　最新版本的 Person 类,有效但不灵活

```kotlin
package org.wiley.kotlin.person

class Person(_firstName: String, _lastName: String,
            _height: Double, _age: Int, _hasPartner: Boolean) {

    var firstName: String = _firstName
    var lastName: String = _lastName
    var height: Double = _height
    var age: Int = _age
    var hasPartner: Boolean = _hasPartner

    fun fullName(): String {
        return "$firstName $lastName"
    }

    override fun toString(): String {
        return fullName()
    }

    override fun hashCode(): Int {
        return (firstName.hashCode() * 28) + (lastName.hashCode() * 31)
    }

    override fun equals(other: Any?): Boolean {
        if (other is Person) {
            return (firstName == other.firstName) &&
                   (lastName == other.lastName)
        } else {
            return false
        }
    }
}
```

这个类的确完成了它的职责，但它灵活吗？要回答这个问题，一种方法是查看创建该类的新实例需要什么。对于 Person 类而言，回到 PersonTest，你需要如下这行代码：

```
val brian = Person("Brian", "Truesby", 68.2, 33, true)
```

这样好吗？这样当然能得到一个 Person 实例所需的核心值。但这还不够，有没有可能你并不知道某个人的体重？是否真的有必要在构造 Person 实例时，指定对象实例是否有伴侣？

在这些例子中，类并没有那么灵活。它要求的信息总是比实际提供的要多。

4.2.1 构造函数可以接收默认值

为了使 Person 类更灵活，一些非必需的属性可使用默认值。一个 Person 实际上由少数几个核心数据组成(本例中就是名字和姓氏这两个属性)。其他细节确实也有用，但不是必需的。

默认值允许你为那些非必需的属性提供值，如果没有为那些属性提供其他值，则使用默认值。下面看看如何更改 Person 类的构造函数来实现这一点：

```
class Person(_firstName: String, _lastName: String,
             _height: Double = 0.0, _age: Int = 0,
             _hasPartner: Boolean = false) {
```

Kotlin 现在允许你跳过任何有默认值的属性：身高、年龄以及是否有伴侣。所以你可以这样创建一个新实例：

```
// Create another person
val rose = Person("Rose", "Bushnell")
```

在此实例中，rose 变量的高度为 0.0，年龄为 0(没有伴侣)。这显著地简化了代码。

4.2.2 Kotlin 希望参数有序排列

但这里有一些麻烦。假设你只想用姓名创建一个 Person 对象(现在这是可能的)，但同时指明他有伴侣。你不能简单地将表示有伴侣的参数添加到构造函数中。换句话说，以下代码是非法的：

```
val rose = Person("Rose", "Bushnell", true)
```

hasPartner 属性排在第 5 个，而不是第 3 个。如果选择利用默认值，则不能跳过任何值。因此，要指明有伴侣，就需要为该参数之前的其他参数指定值：

```
val rose = Person("Rose", "Bushnell", 0.0, 0, true)
```

这是可行的，但丧失了一些灵活性。你也可以选择在创建对象实例之后设置属性：

```
val rose = Person("Rose", "Bushnell")
rose.hasPartner = true
```

这可能是你目前最好的选择。很简洁，而且不需要任何额外的代码。

你可以继续按顺序指定参数值并剔除那些默认值——只要它们排在构造语句的最后。所以这是合法的，如果你知道一个人的名字、姓氏和身高，但不知道年龄以及是否有伴侣，可以这样编写代码：

```
val rose = Person("Rose", "Bushnell", 62.5)
```

4.2.3 按名称指定参数

有一种方法可以绕过这个限制：可以按名称将参数传递给构造函数。这种方法不常使用，但可以帮助你绕过顺序限制。只需要提供与类中定义对应的参数名称、一个等号和一个值即可：

```
val rose = Person("Rose", "Bushnell", _hasPartner = true)
```

Kotlin 很乐意将你提供的值传递给命名参数。事实上，如果你真的愿意，可以对所有的参数这样做：

```
val rose = Person(_firstName = "Rose", _lastName = "Bushnell",
                  _hasPartner = true)
```

当然，这有点冗长，你很少看到这种语法。这种语法最大的缺点是，调用程序需要知道类中参数的名称。像_firstName 这样的参数名经常会被使用，这是因为调用程序从来不看这些参数名称。虽然这不是一个大问题，但值得思考。

4.2.4 更改参数顺序

创建实例后再为额外的属性赋值很容易。但有时你会发现，构造语句之后经常要设置同样的属性。例如，假设有一半以上的时间，你都需要一个具有名称、姓氏和伴侣状态的实例。通常，这意味着你总是要执行以下操作：

```
val rose = Person("Rose", "Bushnell")
rose.hasPartner = true
```

这是因为 hasPartner 是最后一个参数。或者，你需要自己输入参数名称：

```kotlin
val rose = Person("Rose", "Bushnell", _hasPartner = true)
```

这两种操作都不算糟糕，甚至算不上是真正的问题。然而，如果你发现构造函数的最常见用法涉及一组不同的参数，那么有一个简单的修复方法，就是更改构造函数参数的顺序：

```kotlin
class Person(_firstName: String, _lastName: String,
             _hasPartner: Boolean = false,
             _height: Double = 0.0, _age: Int = 0) {
```

这是一个简单的变更，非常容易，现在以下构造是合法的：

```kotlin
val rose = Person("Rose", "Bushnell", true)
```

这并不是一个很大的改动，但确实使事情变得更直接、不冗长，并且避免了继续键入参数名_hasPartner 的必要。

> **警告：**
> 如果你对 Person 的构造函数进行这样的更改，然后再更新 PersonTest，可能会出现一个错误，你需要花一点时间处理这个错误。发生此错误的原因是，现在任何提供所有参数的构造语句都将失败。这是因为现在第三个参数不再是 Double 类型(表示 height)，而是 Boolean 类型(表示 hasPartner)。只要把这些构造语句也修改一下程序即可正常执行下去。

4.3 次构造函数可以提供额外的构造选项

假设存在一种情况，你希望完全不同的信息在创建对象时传递到对象中。换句话说，你不只是要减少传递给构造函数的参数数量，还要完全改变其中的一个或多个参数。

为了更加具体，我们来看一个有伴侣的 Person。现在，你的类只知道此人是否有伴侣，但对该伴侣一无所知。下面更改 Person，允许额外的实际 Person 实例作为伴侣传入。

所以，实际上你想创建的 Person 如下：

```kotlin
val rose = Person("Rose", "Bushnell", brian)
```

在此，rose 实例被创建时，另一个 Person 实例 brian 被传入。为此，你需要新的函数：一个次构造函数。

4.3.1 次构造函数排在主构造函数之后

在这种情况下，你不仅想在 Person 的构造函数中添加另一个参数，实际上你想传递一些完全不同的信息：另一个 Person 实例，用来表示所构造实例的伴侣。

这就是次构造函数的用处。你只需使用 constructor 关键字添加额外的构造函数：

```
constructor(_firstName: String, _lastName: String,
            _partner: Person) {
    // Need code here soon
}
```

这个新的构造函数仍然接受名字和姓氏，并增加了一个新的参数_partner，这必须是一个 Person 实例。现在可尝试再次编译，但会立即得到一个错误：

```
Error:(14, 5) Kotlin: Primary constructor call expected
```

问题在于 Kotlin 希望所有次构造函数(你可以拥有任意数量的次构造函数)都调用主构造函数，如下所示：

```
constructor(_firstName: String, _lastName: String,
            _partner: Person) :
            this(_firstName, _lastName) {
    // Need code here soon
}
```

此代码的作用并不明显,除非你还记得 this 所引用的是什么——之前也只是简短提到过，所以不记得也不必担心。this 是对当前类实例的引用。因此 this(_firstName, _lastName)是在调用该类的默认构造函数，并向其传递次构造函数所接收的值。

因此，此代码实际上等同于以下内容：

```
// Create a new Person instance like:
// newPerson = Person("First", "Last")
// Then run the code in the secondary constructor, with access to a
//    Person instance representing the partner
```

理解此代码的另一种方法是追踪代码的运行顺序：
(1) 次构造函数被调用。
(2) 次构造函数调用主构造函数。
(3) 主构造函数运行。
(4) 运行与主构造函数相关联的任何 init 代码块以及属性赋值。

(5) 控制被返回给次构造函数。

(6) 运行次构造函数中的代码。

(7) 运行与次构造函数相关联的代码(附加代码块)。

因此，现在需要编写次构造函数的实际代码。

4.3.2 次构造函数可给属性赋值

此时，你需要了解所有实例属性的值。由于默认构造函数已经运行，并且只提供名字和姓氏，因此年龄、身高和伴侣状态均使用默认值。例如，这意味着 hasPartner 为 false。

当然，这是一个问题，因为使用次构造函数涉及传递一个新的 Person 实例，表示新建的 Person 有一个伴侣。因此，可以给属性重新赋予正确的值：

```kotlin
constructor(_firstName: String, _lastName: String,
            _partner: Person) :
            this(_firstName, _lastName) {
    hasPartner = true
}
```

现在，事情变得更加棘手：如果 Person 实例被传入会怎么样？你可能会编写如下代码：

```kotlin
constructor(_firstName: String, _lastName: String,
            _partner: Person) :
            this(_firstName, _lastName) {
    hasPartner = true
    partner = _partner
}
```

这很合理，存储这个实例是有用的。接下来，你需要在现有属性的正下方创建该属性本身：

```kotlin
var firstName: String = _firstName
var lastName: String = _lastName
var height: Double = _height
var age: Int = _age
var hasPartner: Boolean = _hasPartner
var partner: Person
```

代码清单 4.7 是 Person 的当前版本，在此给出该版本只是为了方便你能跟上进度。

代码清单 4.7　当前版本的 Person(仍存在问题)

```kotlin
package org.wiley.kotlin.person

class Person(_firstName: String, _lastName: String,
             _hasPartner: Boolean = false,
             _height: Double = 0.0, _age: Int = 0) {

    var firstName: String = _firstName
    var lastName: String = _lastName
    var height: Double = _height
    var age: Int = _age
    var hasPartner: Boolean = _hasPartner
    var partner: Person

    constructor(_firstName: String, _lastName: String,
                _partner: Person) :
                this(_firstName, _lastName) {
        hasPartner = true
        partner = _partner
    }

    fun fullName(): String {
        return "$firstName $lastName"
    }

    override fun toString(): String {
        return fullName()
    }

    override fun hashCode(): Int {
        return (firstName.hashCode() * 28) + (lastName.hashCode() * 31)
    }

    override fun equals(other: Any?): Boolean {
        if (other is Person) {
            return (firstName == other.firstName) &&
                   (lastName == other.lastName)
        } else {
            return false
        }
    }
}
```

现在，构建或编译你的项目，看是否有问题。你将会因为此次更改得到一个错误：

```
Error:(12, 5) Kotlin: Property must be initialized or be abstract
```

这是什么意思？你很快就能猜到，新属性 **partner** 存在问题。警告是正确的：你没有初始化该属性，它也不是抽象属性。目前，重点应放在如何初始化该属性上。

> **注意：**
> 稍后我们深入了解继承和子类时，将更多地讨论抽象属性。现在，就 partner 属性而言抽象并不是你想要的。

记住，在 Kotlin 中，在类中声明的属性都必须显式地赋值。这就是你在主构造函数中对所有这些属性都赋值的原因：

```
class Person(_firstName: String, _lastName: String,
             _hasPartner: Boolean = false,
             _height: Double = 0.0, _age: Int = 0) {

    var firstName: String = _firstName
    var lastName: String = _lastName
    var height: Double = _height
    var age: Int = _age
    var hasPartner: Boolean = _hasPartner
```

这也解释了如果你的属性没有在构造函数中被传入相应的值，则必须给它们赋默认值的原因。

然而，这里的情况却并非如此。你并不希望提供 partner 实例，因为并非每个 Person 实例都有伴侣。换句话说，你想接受空值，这是一种罕见的情况。

4.3.3 有时，可以将 null 值赋给属性

如果所需要的只是对 partner 赋值，可以尝试编写如下代码：

```
var firstName: String = _firstName
var lastName: String = _lastName
var height: Double = _height
var age: Int = _age
var hasPartner: Boolean = _hasPartner
var partner: Person = null
```

这似乎符合 Kotlin 的要求，不是吗？你已经为该属性赋予了 null 值，但仍然会抛出一个错误：

```
Error:(12, 27) Kotlin: Null can not be a value of a non-null type Person
```

这是因为 Kotlin 并没有预料到要接受 null 值。你可能还记得，第 3 章在讨论 Any

和?运算符时曾经提到过这一点。还记得 equals(x)方法的声明吗?

```kotlin
override fun equals(other: Any?): Boolean {
```

Any 表示任何衍生自 Any(也就是它的子类)的对象都是允许的,而其后的?意味着允许 null 值。因此,你可以将此理解为“接受 Any 的子类或 null 值”。

与此情况类似。如果你想实现“接受一个 Person 实例或 null",也就是允许伴侣实例(或不允许),那么?运算符又一次成为了答案:

```kotlin
var partner: Person? = null
```

追加的?告诉 Kotlin 允许存在 null 值,这正是此处需要的更改。代码清单 4.8 显示了此更改,以及对次构造函数的更新:如果传入 Person 实例,则更新_hasPartner,表示被创建的人确实有伴侣。

代码清单 4.8 具有次构造函数的 Person 类

```kotlin
package org.wiley.kotlin.person

class Person(_firstName: String, _lastName: String,
            _hasPartner: Boolean = false,
            _height: Double = 0.0, _age: Int = 0) {

    var firstName: String = _firstName
    var lastName: String = _lastName
    var height: Double = _height
    var age: Int = _age
    var hasPartner: Boolean = _hasPartner
    var partner: Person? = null

    constructor(_firstName: String, _lastName: String,
                _partner: Person) :
                this(_firstName, _lastName) {
        hasPartner = true
        partner = _partner
    }

    fun fullName(): String {
        return "$firstName $lastName"
    }

    override fun toString(): String {
        return fullName()
    }
}
```

```kotlin
    override fun hashCode(): Int {
        return (firstName.hashCode() * 28) + (lastName.hashCode() * 31)
    }

    override fun equals(other: Any?): Boolean {
        if (other is Person) {
            return (firstName == other.firstName) &&
                    (lastName == other.lastName)
        } else {
            return false
        }
    }
}
```

代码清单 4.9 是一个简化后的 PersonTest，可用来测试这个新的构造函数。

代码清单 4.9 测试 Person 的次构造函数

```kotlin
import org.wiley.kotlin.person.Person

fun main() {
    // Create a new person
    val brian = Person("Brian", "Truesby", true, 68.2, 33)
    println(brian)

    // Create another person
    val rose = Person("Rose", "Bushnell", brian)
    println(rose)

    if (rose.hasPartner) {
        println("$rose has a partner: ${rose.partner}.")
    } else {
        println("$rose does not have a partner.")
    }

    // Change Rose's last name
    rose.lastName = "Bushnell-Truesby"
    println(rose)
}
```

运行代码后将看到如下输出：

```
Brian Truesby
Rose Bushnell
Rose Bushnell has a partner: Brian Truesby.
Rose Bushnell-Truesby
```

这正是我们期望的输出：次构造函数既可以获取新的 Person 实例的伴侣状态，也可获取伴侣的实例。

4.3.4　null 属性可能会导致问题

认识到你做了些什么，以及没做什么，这很重要。以下是一个简单摘要，总结了 null 与 Person 中代码的关系：

- 不能给 Person 主构造函数中的任何值传递 null。
- 可以为 partner 属性赋 null 值。
- 不能将 null 值传递给 Person 的次构造函数。
- 可以直接将 partner 属性设置为 null。

这实际上是一个有趣的组合。对 PersonTest 进行如下更新：

```
// Create another person
val rose = Person("Rose", "Bushnell", brian)
println(rose)
rose.partner = null

if (rose.hasPartner) {
    println("$rose has a partner: ${rose.partner}.")
} else {
    println("$rose does not have a partner.")
}
```

看到问题了吗？输出将向你展示一个问题：

```
Rose Bushnell has a partner: null.
```

之所以发生这种情况是因为你允许 partner 直接被设置为 null，而没有更新 hasPartner。这个问题是必须要修复的。

> **警告：**
> 遗憾的是，当允许使用 null 值时，经常会遇到此类问题。Kotlin 非常努力地阻止你使用 null。一旦使用了 null(有时是合理的)，就必须反复检查代码是否存在这样的问题。

4.4　使用自定义更改器处理依赖值

问题在于你现在有两个属性是密切相关的：hasPartner 和 partner。这两个值是独立的。你可以单独设置它们，实际上可以将 hasPartner 传递给主构造函数，将 partner 传递给次构造函数。

下面有一些常见的工作要做，就是设置一个(或多个)类中经常出现的需要互操作的依赖值。

4.4.1 在自定义更改器中设置依赖值

下面是一个使用自定义更改器(或 setter，如果你喜欢这么叫的话)的完美案例。你在第 2 章中学习了自定义更改器，尽管当时并不需要它。不过，在此的确需要它。

每当设置 partner 时，就应该同时设置 hasPartner 属性，这很简单：

```kotlin
var partner: Person? = null
    set(value) {
        field = value
        hasPartner = true
    }
```

> **注意:**
> 如果你对有关字段和值的细节仍旧模糊不清，请重温第 2 章，该章首次详细介绍了如何覆盖默认更改器。可重读该章的内容后再回到这里继续学习。

这意味着如下代码：

```kotlin
rose.partner = brian
```

现在基本上与以下代码相同：

```kotlin
rose.partner = brian
rose.hasPartner = true
```

这很好，能确保当一个 Person 实例有伴侣时，它们将被正确设置并反映到 hasPartner 的值上。但是现在仍然有一些微妙的问题需要解决。

4.4.2 所有属性赋值都会使用属性的更改器

下面查看一下 Person 当前的次构造函数：

```kotlin
constructor(_firstName: String, _lastName: String,
            _partner: Person) :
            this(_firstName, _lastName) {
    hasPartner = true
    partner = _partner
}
```

当你将_partner 赋给 partner 时，可以认为该代码被更改器代码"替换"了。因此，上面的代码实际上变成了：

```
constructor(_firstName: String, _lastName: String,
            _partner: Person) :
            this(_firstName, _lastName) {
    hasPartner = true
    // This:
    //   partner = _partner
    // gets expanded into this:
    partner = _partner // field = value
    hasPartner = true

}
```

看到什么有趣的事了吗？你应该能看到。hasPartner 实际上是设置了两次。你的自定义更改器正在处理该赋值，因此可以将其从次构造函数中删除：

```
constructor(_firstName: String, _lastName: String,
            _partner: Person) :
            this(_firstName, _lastName) {
    partner = _partner
}
```

现在代码干净多了。

4.4.3　可为空的值可以设置为空

不过，还存在一个问题，该问题与以下属性声明有关：

```
var partner: Person? = null
```

问题是，由于允许 partner 接受 null 值，因此 partner 实际上可以被显式地设置为 null。你甚至已经这样做过：

```
// Create another person
val rose = Person("Rose", "Bushnell", brian)
println(rose)
rose.partner = null

if (rose.hasPartner) {
    println("$rose has a partner: ${rose.partner}.")
} else {
    println("$rose does not have a partner.")
}
```

将 rose.partner 设置为 null 是完全合法的赋值。但现在运行此代码，会得到不正确的输出：

```
Rose Bushnell has a partner: null.
```

这是怎么回事？partner 属性的更改器在所有情况下都设置 hasPartner 为 true。实际上应该检查输入的 partner(可能为 null)，然后根据该检查结果来决定 hasPartner 的设置值。

在 Kotlin 中可以使用==运算符来检查一个值是否为 null，如下：

```
if (value == null) {
    println("It's null!")
}
```

同样，可以使用!=检查一个值是否不为 null，如下：

```
if (value != null) {
    println("It's not null!")
}
```

因此，现在你可以重写更改器，检查 partner 是否为 null，然后适当设置 hasPartner 的值：

```
var partner: Person? = null
    set(value) {
        field = value
        if (field == null) {
            hasPartner = false
        } else {
            hasPartner = true
        }
    }
```

此代码完全可正常运行。然而，实际上你可以使其更简单一点。在 Kotlin 中，每个表达式的结果都可为一个 Boolean 值：要么是 true，要么是 false。

那么，就像如下表达式：

```
(field == null)
```

如果 field 为空则返回 true，如果不为空则返回 false。这几乎是我们想要的结果。如果字段(在此案例中代表 partner 属性)为空，我们希望 hasPartner 是 false；如果字段不为空，则希望 hasPartner 是 true。

换句话说，hasPartner 应该设置为表达式(field != null)的求值。现在更改次构造函数：

```kotlin
var partner: Person? = null
    set(value) {
        field = value
        hasPartner = (field != null)
    }
```

代码清单 4.10 是 Person 的最新版本，在此给出该版本只是为了方便你能跟上学习进度。

代码清单 4.10　具有更新后的次构造函数和自定义更改器的 Person

```kotlin
package org.wiley.kotlin.person

class Person(_firstName: String, _lastName: String,
            _hasPartner: Boolean = false,
            _height: Double = 0.0, _age: Int = 0) {

    var firstName: String = _firstName
    var lastName: String = _lastName
    var height: Double = _height
    var age: Int = _age
    var hasPartner: Boolean = _hasPartner
    var partner: Person? = null
        set(value) {
            field = value
            hasPartner = (field != null)
        }

    constructor(_firstName: String, _lastName: String,
                _partner: Person) :
                this(_firstName, _lastName) {
        partner = _partner
    }

    fun fullName(): String {
        return "$firstName $lastName"
    }

    override fun toString(): String {
        return fullName()
    }

    override fun hashCode(): Int {
        return (firstName.hashCode() * 28) + (lastName.hashCode() * 31)
    }
```

```kotlin
override fun equals(other: Any?): Boolean {
    if (other is Person) {
        return (firstName == other.firstName) &&
                (lastName == other.lastName)
    } else {
        return false
    }
}
```

此时，应该亲自测试此代码。通过修改 PersonTest 来进行测试，增加一个有伴侣的 Person 对象，然后删除该 Person 对象的伴侣，使用 hasPartner 检查是否有伴侣。无论是添加新的伴侣，还是将伴侣置为空，所有这些操作都应该正常工作，并且 hasPartner 应该能够反映此 Person 对象的正确状态。

4.4.4　限制对依赖值的访问

至此，进展都很顺利。但是仍有可能存在滥用的情况。假设你将以下代码放入 PersonTest 中：

```kotlin
// Create another person
val rose = Person("Rose", "Bushnell", brian)
println(rose)
rose.hasPartner = false

if (rose.hasPartner) {
    println("$rose has a partner: ${rose.partner}.")
} else {
    println("$rose does not have a partner.")
}
```

这不是一件好事，因为它断开了 partner 实例和 hasPartner 属性之间的连接。你刚在自定义更改器中修复了该问题，因此现在需要确保没有人可以直接设置 hasPartner 的状态。它的值应完全基于 partner 实例的存在与否。

幸运的是，Kotlin 让这变得很容易。你只需要在 get(访问器)或 set(更改器)之前添加 private 一词即可阻止访问。在本示例中仅需更新更改器：

```kotlin
var hasPartner: Boolean = _hasPartner
    private set
```

现在，尝试编译程序，如果你的代码如下，就会得到一个错误：

```
// Create another person
val rose = Person("Rose", "Bushnell", brian)
println(rose)
rose.hasPartner = false
```

Kotlin 报告说，setter(更改器)是私有的：

```
Error:(11, 5) Kotlin: Cannot assign to 'hasPartner': the setter
                      is private in 'Person'
```

这通常是合理的做法，因为 hasPartner 是一个依赖值。它始终会根据 partner 实例进行报告。所以现在你阻止了代码直接设置它的值。

4.4.5 尽可能地计算依赖值

实际上，你还可以采用另一种方法来清理 Person。鉴于 hasPartner 总是依赖 partner，因此确实没有必要拥有自己的 hasPartner 属性。而是可以将此表示为 Person 的新方法，并且每次调用该方法时只需检查 partner 的状态。

这就是 Person 的方法应该有的样子。现在继续添加如下代码：

```
fun hasPartner(): Boolean {
    return (partner != null)
}
```

使用此方法与使用已失效的 hasPartner 属性的唯一区别在于方法后面要尾随一对括号。所以之前这样编写：

```
if (rose.hasPartner) {
    // do something
}
```

现在要这样编写：

```
if (rose.hasPartner()) {
    // do something
}
```

如果你试图编译代码，就必须回溯一系列相关的错误，比如使用括号。此外，你最需要做的是删除代码。代码清单 4.11 展示了 Person 类，其中应该删除的代码都已被注释。你可以注释掉这些代码，但最好是完全删除它们。

```kotlin
package org.wiley.kotlin.person

class Person(_firstName: String, _lastName: String,
        // _hasPartner: Boolean = false,
        _height: Double = 0.0, _age: Int = 0) {

    var firstName: String = _firstName
    var lastName: String = _lastName
    var height: Double = _height
    var age: Int = _age
    //var hasPartner: Boolean = _hasPartner
    //    private set
    var partner: Person? = null
        // set(value) {
        //    field = value
        //    //hasPartner = (field != null)
        // }

    constructor(_firstName: String, _lastName: String,
            _partner: Person) :
            this(_firstName, _lastName) {
        partner = _partner
    }

    fun fullName(): String {
        return "$firstName $lastName"
    }

    fun hasPartner(): Boolean {
        return (partner != null)
    }

    override fun toString(): String {
        return fullName()
    }

    override fun hashCode(): Int {
        return (firstName.hashCode() * 28) + (lastName.hashCode() * 31)
    }

    override fun equals(other: Any?): Boolean {
        if (other is Person) {
            return (firstName == other.firstName) &&
                    (lastName == other.lastName)
```

```
        } else {
            return false
        }
    }
}
```

还要注意的是，随着这种变化，partner 的自定义更改器也可以移除了。最后，你可以从主构造函数中删除_hasPartner 参数。代码变得更干净了！

4.4.6　只读属性可不用括号

现在你已经将所有这些 hasPartner 调用更新为 hasPartner()，在此要提示一点：实际上你完全可避免这种更新。与其编写 hasPartner()函数，不如创建一个只读属性，使用相同的代码作为自定义访问器(getter)。在主构造函数之后定义的其他属性下添加如下声明：

```
val hasPartner: Boolean
  get() = (partner != null)
```

也可完全删除 hasPartner()的代码。代码清单 4.12 是 Person 的完整版本。

代码清单 4.12　从函数改回属性，但这次是只读的

```
package org.wiley.kotlin.person
open class Person(_firstName: String, _lastName: String,
                  _height: Double = 0.0, _age: Int = 0) {

    var firstName: String = _firstName
    var lastName: String = _lastName
    var height: Double = _height
    var age: Int = _age
    val hasPartner: Boolean
      get() = (partner != null)

    var partner: Person? = null

    constructor(_firstName: String, _lastName: String,
            _partner: Person) :
            this(_firstName, _lastName) {
        partner = _partner
    }

    fun fullName(): String {
        return "$firstName $lastName"
    }
```

```
fun hasPartner(): Boolean {
    return (partner != null)
}

override fun toString(): String {
    return fullName()
}

override fun hashCode(): Int {
    return (firstName.hashCode() * 28) + (lastName.hashCode() * 31)
}

override fun equals(other: Any?): Boolean {
    if (other is Person) {
        return (firstName == other.firstName) &&
                (lastName == other.lastName)
    } else {
        return false
    }
}
}
```

这是否比使用 hasPartner()函数更好？并没有特别之处：它在功能上是相同的。然而，它可能更地道一些。换句话说，代码清单 4.12 更像是一个有经验的 Kotlin 程序员编写的 Person 类。

> **注意：**
> 类似于本书的其他部分，这一部分内容有点恼人。首先，你添加了一个 hasPartner属性。然后，将其更改为 hasPartner()函数并添加了括号。现在，hasPartner 又改回为一个属性(这一次是只读属性)，你需要删除那些刚添加的括号。
>
> 尽管这看起来有点像是在来回改动，但开发中经常会发生这样的事：反复地改变一件事，然后改变另一件事，后面做的事似乎又把之前的推翻。虽然接下来给出的代码的"最终"版本看似很容易，但只有你经历了这些步骤，看过这个过程在实际环境中如何演化，才会感到开发过程更加有趣和有效。

最后，可以返回并清理 PersonTest，删除已更改的构造函数的任何错误用法。代码清单 4.13 是一个测试类的示例。

代码清单 4.13　PersonTest 类有一个辅助函数，并与更新后的 Person 类配合使用

```
import org.wiley.kotlin.person.Person

fun main() {
```

```
    // Create a new person
    val brian = Person("Brian", "Truesby", 68.2, 33)
    printPersonPartnerStatus(brian)

    // Create another person
    val rose = Person("Rose", "Bushnell", brian)
    printPersonPartnerStatus(rose)

    // Change Rose's last name
    rose.lastName = "Bushnell-Truesby"
    println(rose)
}

fun printPersonPartnerStatus(person: Person) {
    if (person.hasPartner) {
        println("$person has a partner: ${person.partner}.")
    } else {
        println("$person does not have a partner.")
    }
}
```

注意，这里引入了一个新的辅助函数：printPersonPartnerStatus()。该函数可能会多次用到，因此要确保它只需要编写一次。这就是前面讨论的 DRY 原则：不要重复自己(Don't Repeat Yourself)。

> **注意：**
> 你做了大量的工作，再次删除了刚刚编写的大量代码。这是优秀的程序员经常采用的方法。编码、重构然后消除重复和浪费。因此，请继续浏览这些示例(即使这意味着要删除你辛苦编写的代码)并理解没有人会根据程序员编写的代码长度来评判程序员的价值。事实证明，大多数优秀的程序员比经验不足的程序员编写的代码更精简！

4.5 具体应用——子类

至此，Person 类看起来已很丰富。但它仍然是一个单一的、相对简单的类。假设你想建立一个家谱并对各种关系建立模型。你已有一个 Person 类并且它可以有一个Partner(这已经完成)，但你也想对父母和孩子(以及他们的孩子)建立模型。

在此，你有一个 Person 类，但现在想要一个更具体的类。不妨这样来理解(这一点很重要)：通过向 Person 类中添加内容，如父母或孩子，就会使类变得不那么灵活，而使得类适用于原始事物的子集。

换句话说，所有的孩子都是人(Person)，但不是所有的 Person 都是孩子。Person 更通用，孩子更具体。如果你从通用转移到具体，就应该考虑使用子类，而不仅是在现有的类中添加更多的属性。

4.5.1 Any 是所有 Kotlin 类的基类

当覆盖 equals(x)和 hashCode()方法，并(简要地)查看 Any 的源代码时，你已经了解到这一点：Any 是所有 Kotlin 类的基类。在代码清单 4.14 中再次展现了这一点，但为了节省篇幅而删除了大多数注释。

代码清单 4.14　Any 是所有 Kotlin 类的基类

```
/*
 * Copyright 2010-2015 JetBrains s.r.o.
 *
 * Licensed under the Apache License, Version 2.0 (the "License");
 * you may not use this file except in compliance with the License.
 * You may obtain a copy of the License at
 *
 * http://www.apache.org/licenses/LICENSE-2.0
 *
 * Unless required by applicable law or agreed to in writing, software
 * distributed under the License is distributed on an "AS IS" BASIS,
 * WITHOUT WARRANTIES OR CONDITIONS OF ANY KIND, either express or
 * implied.
 * See the License for the specific language governing permissions and
 * limitations under the License.
 */

package kotlin

public open class Any {
    public open operator fun equals(other: Any?): Boolean

    public open fun hashCode(): Int

    public open fun toString(): String
}
```

上面的代码说明了 Any 是 Kotlin 中所有类的基类。所以，Person 是 Any 的一个子类，你可能还没有意识到这一点。

这是采用非特定类 Any 并通过在 Person 中的扩展使其更具体的终极示例。所有的 Person 实例也是 Any 实例，但并非所有的 Any 实例都是 Person 实例。

当你拥有基类时，子类可以使用和扩展基类方法定义中带有 open 关键字的任何方法。例如，Any 中的三个方法：

```
public open operator fun equals(other: Any?): Boolean

public open fun hashCode(): Int

public open fun toString(): String
```

> **注意：**
> 现在，不必担心 operator 关键字。你很快就会知道它的相关内容，现在主要关注 open。

这三个方法都是 open(开放)的，所以允许覆盖，而覆盖这三个方法正是我们在 Person 类中所做的：

override fun toString(): String { … }

override fun hashCode(): Int { … }

override fun equals(other: Any?): Boolean { … }

因此，这里有一个组合：基类使用 open，然后子类使用 override。

4.5.2　{…}是折叠代码的简略表达

这里给出一个简要的技术说明，不仅适用于本书，也适用于大多数 KotlinIDE 和 Kotlin 在线社区，你有时会看到这样的符号：

override fun hashCode(): Int { … }

之前在引用 Person 中的三个方法时用过它，这些方法覆盖了 Any 中的定义。一对花括号和三个点仅表示"此处有代码，但已折叠(或隐藏)"。

这并非实际的 Kotlin 语法，你无法将其输入编辑器中并且编译成功。然而，当方法的具体实现不必展示，与所讨论的内容无关时，该符号能缩短显示代码(在线或打印)的时间。

你还将在 IDE 中看到此选项。图 4.1 是 IntelliJ IDEA 中正常显示的代码，图 4.2 是折叠后的相同代码。可以通过单击定义代码块每行左侧的+和-小图标来进行切换(参见图 4.3)。

```
 Person.kt ×      PersonTest.kt ×
20              return "$firstName $lastName"
21          }
22
23          fun hasPartner(): Boolean {
24              return (partner != null)
25          }
26
27  ●↑     override fun toString(): String {
28              return fullName()
29          }
30
31  ●↑     override fun hashCode(): Int {
32              return (firstName.hashCode() * 28) + (lastName.hashCode() * 31)
33          }
34
35  ●↑     override fun equals(other: Any?): Boolean {
36              if (other is Person) {
37                  return (firstName == other.firstName) &&
38                      (lastName == other.lastName)
39              } else {
40                  return false
41              }
42          }
43      }
```

图 4.1　Person 完全展开后的代码

```
 Person.kt ×      PersonTest.kt ×
12
13          constructor(_firstName: String, _lastName: String,
14                  _partner: Person) :
15                  this(_firstName, _lastName) {
16              partner = _partner
17          }
18
19          fun fullName(): String {
20              return "$firstName $lastName"
21          }
22
23          fun hasPartner(): Boolean {
24              return (partner != null)
25          }
26
27  ●↑     override fun toString(): String {...}
30
31  ●↑     override fun hashCode(): Int {...}
34
35  ●↑     override fun equals(other: Any?): Boolean {...}
43      }
```

图 4.2　可以在 IDE 中折叠代码块，成为{...}形式

```
27  ●↑     override fun toString(): String {...}
30
31  ●↑     override fun hashCode(): Int {...}
34
35  ●↑     override fun equals(other: Any?): Boolean {...}
43      }
```

图 4.3　使用+和-图标在展开和折叠之间切换

4.5.3 类必须是开放的才能有子类

你还应该注意到，Any 在最顶层使用了 open 关键字：

```
public open class Any { … }
```

这就表示允许有子类。Any 对子类是开放(open)的，接下来的方法也使用了 open 关键字，也是开放的，允许覆盖。任何没有 open 声明的方法都不能被继承或覆盖。

继续并新建一个类 Parent，这样就可以在实战中理解这一点。这将是一个特定的 Person 子类，有一个或多个孩子。代码清单 4.15 是新类 Parent 的极简版本，位于 org.wiley.person 包中。

代码清单 4.15 Parent 类，Person 的子类

```
package org.wiley.kotlin.person

class Parent {
}
```

现在，要继承一个类，只需在声明新类时追加一个冒号(:)，且后跟基类的名称：

```
class Parent : Person {
}
```

继续尝试编译，你会看到几个即时错误：

```
Error:(3, 16) Kotlin: This type is final, so it cannot be inherited from
Error:(3, 16) Kotlin: This type has a constructor, and thus must be
initialized here
```

第一个错误说明了需要 open 关键字。Person 类目前不是 open 的，所以被认为是 final 的，这意味着它不能有子类。

返回到 Person，并在 class 关键字之前添加 open 关键字：

```
open class Person(_firstName: String, _lastName: String,
                  _height: Double = 0.0, _age: Int = 0) {
```

现在再次编译，你会看到与 Person 是 final 相关的第一个错误已经消失：

```
Error:(3, 16) Kotlin: This type has a constructor, and thus must be
initialized here
```

现在，需要修复第二个错误，这与构造和初始化有关。

4.5.4 术语：子类、继承、基类等

在解决这个错误之前，值得花点时间去了解一些关键术语，这些术语会大量出现。
当你深入探讨继承和子类时，所有这些术语都是重要的词汇：

- 继承(inheritance)：一个类继承另一个类的原则，通常是属性和方法。
- 基类(base class)：被继承的类。Any 是所有 Kotlin 类的基类，Person 是 Parent
  类的基类。
- 父类/超类(superclass)：基类的另一种叫法。表示与另一个类的关系。所以 Person
  是 Parent 的父类。
- 子类(subclass)：从另一个类继承的类。所以 Parent 是 Person 的子类。
- 扩展(extend)：你有时会听到一个子类被描述为扩展了基类。这是常识，也是
  你要知道的。

不需要死记这些术语，它们很常见，当你阅读本书并开启自己的编程生涯时，你
会用到它们。

这些术语也并非专门针对 Kotlin，而是适用于任何支持继承的语言。

4.5.5 子类必须遵循其父类的规则

现在，回到该错误：

```
Error:(3, 16) Kotlin: This type has a constructor, and thus must be
initialized here
```

理解这一点的关键是，要记得创建新的 Person 实例需要什么：

```
val brian = Person("Brian", "Truesby", 68.2, 33)
```

Person 类有一个主构造函数，这意味着它需要某些东西才能被实例化。然后，该
行为由其子类继承。

你需要为 Parent 类定义一个主构造函数，该构造函数会接受任何所需的信息并将
其传递给 Person 实例，如下所示：

```
class Parent(_firstName: String, _lastName: String,
             _height: Double = 0.0, _age: Int = 0) :
             Person(_firstName, _lastName, _height, _age) {
}
```

你应该能很容易推测出这里所发生的事。Parent 类接受与 Person 类相同的参数，
然后将其传递给 Person 类的构造函数。

但请记住，这里的规则并不是你必须以与初始化父类相同的方式来初始化子类，

而是必须以有效的方式初始化父类。因此，你可以轻松地定义：

```
class Parent(_firstName: String, _lastName: String) :
            Person(_firstName, _lastName, 68.5, 34) {
}
```

这虽不太合理(不可能 Parent 总是高 68.5 英寸，年龄为 34 岁)，但它仍遵循了父类的规则。

4.5.6 子类拥有其父类的所有行为

Parent 类也会有 equals(x)方法、hashCode()方法和 toString()方法，因为它从父类(Person)继承了所有这些方法。

再具体一点，子类可以获取父类拥有的所有方法。注意此处用的词是"拥有的"，而不是"定义的"。换句话说，即使 Person 类并没有覆盖 toString()方法，子类也仍然可以访问该方法，因为 Person 类继承了 Any 类，而 Any 类定义了该方法。

> **注意：**
> 更具体一点，Kotlin 提供的 Any 类实现中包含了 toString()行为，而 Person 类得到了该实现。在接下来的章节中，你将进一步了解接口(interface)和实现(implementation)。

再比如，Person 定义了 hashCode()和 equals(x)方法，但继承了 toString()方法。那么可以看成 Parent 拥有所有这些方法，有些是直接从 Person 类继承的，有些是从 Person 类的父类继承的。事实上，你可以有四到五层的继承，最底层的子类将得到它所有父类的一切，无论父类在继承链上处于何种"高度"。

4.6 子类应不同于父类

这似乎是一个显而易见的说法，但值得重申：子类应该是一个更具体的事物，应该不同于父类，父类是一个相对更通用的事物。

出于这个原因，你可能会质疑子类只是按原样调用其父类的构造函数。这或许表明你并没有真正思考是什么让你的子类独一无二。

就 Parent 类而言，是什么使 Parent 类比 Person 类更独特、更具体？当然，Parent 类应该有一个或多个子类。

4.6.1 子类的构造函数经常添加参数

如果子类的存在正是 Parent 类与 Person 类的区别所在，那么可以考虑在实例化时使其成为必需参数。例如，将一个(或多个，稍后会解决支持多个的问题)孩子作为构造函数的一部分。

现在，还没有 Child 类(稍后介绍)。但孩子实际上只是另一个 Person 类的实例，就像伴侣是一个 Person 实例一样。因此，你可以向 Parent 构造函数添加此参数：

```
class Parent(_firstName: String, _lastName: String,
            _height: Double = 0.0, _age: Int = 0, _child: Person) :
        Person(_firstName, _lastName, _height, _age) {

    var child: Person = _child
}
```

直觉上，这应该是对的。你现在必须提供它，因为它被定义为 Parent 类构造的一部分。当然，你可以将其定义为一个方便以后设置的属性，但这会导致理论上创建一个没有孩子的 Parent，如此一来很奇怪并且可能会在未来出错。

> **注意:**
> 在此应明确一点：实际上会存在父母没有孩子的例子。多数都是有原因的，这个例子并不是要排除这些父母。相反，只是为了方便讲解，它实际上说明了一个非常重要的原则：没有一个程序可以真正模拟现实生活中的所有细微差别。

现在，你有了一个类，可以更好地对父母建立模型：在构建语句中只需要提供一个 Person 实例作为孩子。

还要注意，child 不是一个可以为空的属性。它没有?操作符：

```
var child: Person? = _child
```

这是因为这个属性对 Parent 类来说是必不可少的，不应该为空。

4.6.2 不要让不可变属性成为可变属性

此时，你需要考虑一个重要的细节。现在，child 属性是可变的，因为它是用 var 声明的：

```
var child: Person? = _child
```

但是这样声明准确吗？你能够改变一个孩子吗？这样的声明并没有真正模拟现实世界。代码清单 4.16 是更新后的测试类。

代码清单 4.16　更新后的测试类

```kotlin
import org.wiley.kotlin.person.Person
import org.wiley.kotlin.person.Parent

fun main() {
    // Create a new person
    val brian = Person("Brian", "Truesby", 68.2, 33)
    printPersonPartnerStatus(brian)

    // Create another person
    val rose = Person("Rose", "Bushnell", brian)
    printPersonPartnerStatus(rose)

    // Change Rose's last name
    rose.lastName = "Bushnell-Truesby"
    println(rose)

    val mom = Parent("Cheryl", "Truesby", _child=brian)
    mom.child = rose
}

fun printPersonPartnerStatus(person: Person) { … }
```

警告：
不要忘记在代码的顶部添加新的导入项，除了 Person 类还要导入 Parent 类。

很奇怪，不是吗？因此，最好把 child 属性改成 val，使其不可变：

```kotlin
val child: Person? = _child
```

4.6.3　有时，对象并不完全映射现实世界

在此值得一提的是，虽然编程(特别是面向对象编程)旨在让你用程序结构建模的对象与现实世界中的对象保持一致，但这并不总是合情合理。

在 Parent 实例中，可能通过构造函数设置孩子并绝不允许它改变并不是你想要的。这确实使得更改孩子的值变得困难：你必须丢弃原来的 Parent 实例并创建一个新实例。这成了一种对判断力的考验，而不是一个代码对错的问题。其实你需要自己决定如何在代码中使用你的对象，以及其他人如何在他们自己的代码中使用这些对象。

记住，本章以灵活性为主题，在这种情况下你需要就灵活性做出一些决策。你想让一个 Parent 实例真的不能"更改"孩子吗？或者，你是否希望用 var 代替，允许更改，以方便更好地使用对象？

4.6.4 通常，对象应当映射现实世界

在 Parent 实例中，可以将 child 属性保留为 val。以后可能需要对其进行更改，这很容易，但如果你默认是要对真实世界的行为建模，则会倾向于编写更出色的代码和对象。

现在还有另一个现实世界的因素需要考虑：父母可以有不止一个孩子。事实上，父母可以有一个或多个孩子，这将需要一些新的概念：Collection、List 和 Set。这就是下一章要讨论的内容，所以一旦你了解了继承的基本知识，翻开新的一页，就可以知道如何处理有多个孩子的情况。

第**5**章

List、Set 和 Map

本章内容

- Kotlin 中的基本 Collection 类
- List 及其使用方法
- Set 及它与 List 的区别
- 进一步探讨迭代和可变性
- 另外一种集合：Map

5.1 List 只是事物的集合

现在，是时候回过头来讲解 Kotlin 的一些基本类型了。目前，你可以为 Parent 实例提供单个 Person 实例作为孩子。但是很明显，父母可以有多个孩子。实际上，用编程术语来说，父母可以有一个孩子列表，其中包括不止一个孩子。Kotlin 支持各种样式的列表。

5.1.1 Kotlin 的 List：一种集合类型

Kotlin 的 List 是一种用于事物分组的 Kotlin 基本类型——集合(Collection)中的一种。Collection 属于 kotlin.collections 包，Collection 定义了许多集合的基本功能以及迭代或遍历集合的方法。

Collection 定义了创建各种类型的 List(以及 Set 和 Map，它们是 List 的变体)的方法，这些列表基本分为以下两种。

- 只读的：可以访问集合中的元素，但不能更改它们。
- 可变的：不仅可以访问元素，还可以添加、删除和更新这些元素。

在 Kotlin 中，正如你已经见到的，需要在创建集合时决定要使用的类型。大多数时候，当你需要创建集合时，首先会想到 List。代码清单 5.1 是一个名为 CollectionTest.kt 的简单测试程序，可以用它来开始本章的实验。

代码清单 5.1　开始使用 List

```kotlin
fun main() {
    val rockBands = mutableListOf("The Black Crowes", "Led Zeppelin",
                                  "The Beatles")
    println(rockBands)
}
```

以上代码将创建一个可变的(可以更改的)列表，其中包含某种事物。在此示例中，列表中包含的是字符串。然后，println()使用列表的内置 toString()方法输出以下内容：

```
[The Black Crowes, Led Zeppelin, The Beatles]
```

默认情况下，列表打印时以逗号分隔其成员。另外，在处理集合时，Kotlin 中常见的步骤是：

(1) 创建集合

(2) 使用集合

虽然这些步骤看起来很明显，但下面花一点时间来看一下如何在 Kotlin 中创建 List(或 Set 或 Map)，这很重要，可能并不像你预期的那样简单。

1. Collection 是集合对象的工厂

Collection 使用了一种松散形式的工厂模式(factory pattern)，这是一种常见的设计模式，*Design Patterns: Elements of Reusable Object-Oriented Software* 一书中对此有详细介绍，本书前面也提到过。该模式不使用 new 关键字或对象实例来创建对象(如集合)。

比如，你曾按如下方式创建了新的 Person 实例：

```kotlin
val brian = Person("Brian", "Truesby", 68.2, 33)
```

但是没有使用类似的方法创建新的 List：

```kotlin
val rockBands = List("The Black Crowes", "Led Zeppelin",
                     "The Beatles")
```

而是使用了 mutableListOf()方法：

```kotlin
val rockBands = mutableListOf("The Black Crowes", "Led Zeppelin",
                              "The Beatles")
```

实际上，mutableListOf()是 Collection 的一个方法，而不是 List 类的方法。该方法的声明如下：

```
public inline fun <T> mutableListOf(): MutableList<T> = ArrayList()
```

看不懂上述代码不要紧，这里要注意一点：它是一个 Collection 方法，它接受一个对象列表并返回一个 MutableList。MutableList 是 MutableCollection 的一个子类，而 MutableCollection 又继承自 Collection。

了解所有这些事物之间的相互关系是很有帮助的，图 5.1 展示了一个自 Collection 开始的部分继承树。

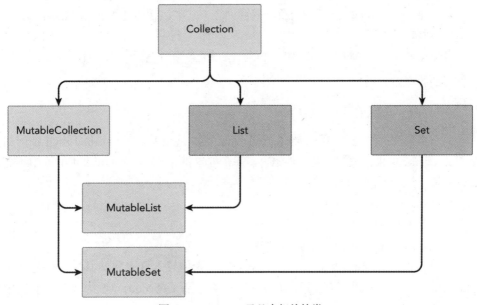

图 5.1 Collection 及几个相关的类

图中并未展示所有相关的类(还有 Iterable、MutableIterable，以及 Map 和 MutableMap)，图中的这些是现在需要重点关注的类。请注意，可以更改的列表实际上与不能更改的列表是完全不同的类，如 MutableList 类与 List 类。对于第 4 章中讨论过的内容来说，这是一个很好的示例：基类更通用，子类则更具体。正如你在实践中所看到的。

> 警告：
> 图 5.1 中有一部分类可能会让你觉得奇怪。最值得注意的是，分别有两个箭头指向 MutableList 和 MutableSet：一个箭头来自 MutableCollection，另一个箭头则分别来自 List 或 Set。这是怎么回事？一个类可以有两个父类吗？这个问题非常好，你将在第 6 章中深入了解相关内容。

当调用 mutableListOf 时，实际上是在调用 Collection 的方法。mutableListOf 方法会创建一个 MutableList(实际上是一个 ArrayList)，并将其返回到你的代码。这个方法基本上就是制造 List 的工厂("工厂模式"正源于此)。

正如你所料，Collection 中还有其他工厂方法。

- listOf()：创建一个新的只读列表，其中包含传入此方法的内容。
- emptyList()：创建一个新的空列表。
- mutableListOf()：创建一个新的可变列表(MutableList)，其中包含传入此方法的内容。
- listOfNotNull()：创建一个新的只读列表，其中包含传递给此方法的所有非空对象。

在阅读本章时，你将使用其中的许多方法。无论哪种情况，都是使用工厂方法来创建所需对象的实例。

2. Collection 类是自动可用的

另一点要注意的是，你不必导入 Collection 类，甚至不必在 mutableListOf 前面加上 Collection。如果你使用的是其他语言，那么可能要这样做。之所以在 Kotlin 中不需要，有如下三个原因：

- Collection 位于 kotlin.collections 包中。
- Collection 中的工厂方法都是公开方法。
- Collections 实际上只是类和方法的集合。

当创建新的 Kotlin 代码时，Kotlin 会自动为你导入许多包。其中一个包就是 kotlin.collections。这意味着包中定义的所有内容(包括 Collection)都可以立即在程序中使用，而无需 import 语句。

其次，各种工厂方法都是 public 的，如下所示：

```
public fun <T> emptyList(): List<T> = EmptyList
```

这意味着你可以立即使用这些工厂方法，因为它们对于你的代码来说是可见的。

最后要强调一点，Collection(由 Kotlin 定义)和 Collections 文件(实际的源代码文件)是有区别的。源代码定义了许多不在类中的方法，如这些工厂方法。它们只是你可以在程序中使用的公开方法。

所以不必将代码写成：

```
val rockBands = Collection.mutableListOf("The Black Crowes", "Led
                                        Zeppelin", "The Beatles")
```

> **注意：**
> 如果你觉得容易混淆，那么很正常。Collections 代码和包所做的一些事情更多地与 Kotlin 的内部相关，而你现在不必担心这一点。只需要知道你可以访问 Collections 文件中定义的方法，因为该文件位于自动导入的包中，这些方法是公开的，并且它们没有被定义为某个实际类的一部分。现在你只需要知道这些。

5.1.2 更改可变列表

再次回到你的乐队列表：

```
val rockBands = mutableListOf("The Black Crowes", "Led Zeppelin",
        "The Beatles")
```

你应该马上做的一件事就是弄清楚你到底都有些什么。以下代码并不仅限于 Kotlin 中的集合，但在 Kotlin 中你可以始终使用此表示法来获取变量的类型：

```
println("rockBands is a ${rockBands::class.simpleName}")
```

rockBands 将会被报告为一个 ArrayList 实例，前面提到过 ArrayList。ArrayList 只是一个 MutableList 的实现。因为列表是可变的，所以可以使用 add()方法为列表添加内容：

```
rockBands.add("The Rolling Stones")
println(rockBands)
```

> **注意：**
> 大多数情况下，这些简单操作的输出不会显示。上面的 println()语句是为了提醒你可以自己检查这些操作的作用。不过，如果输出特别令人惊讶或值得注意，那么它们仍会被展示。

也可以按列表中的索引删除项：

```
rockBands.removeAt(2)
println(rockBands)
```

像大多数语言一样，Kotlin 中的列表索引是从 0 开始的。这意味着如果你有以下列表：

```
[The Black Crowes, Led Zeppelin, The Beatles, The Rolling Stones]
```

第一项将位于索引 0 处。所以 removeAt(2)将删除列表中的第三项，因为第一项的索引为 0，第二项的索引为 1，第三项的索引为 2。

5.1.3 从可变列表获取属性

如果想要知道一个列表有多大，并直接从中提取值，可参考代码清单 5.2 展示的一些常用的操作。

代码清单 5.2　通过基本方法处理可变列表

```kotlin
fun main() {
    val rockBands = mutableListOf("The Black Crowes", "Led Zeppelin",
                                  "The Beatles")
    println(rockBands)
    println("rockBands is a ${rockBands::class.simpleName}")

    rockBands.add("The Rolling Stones")
    println(rockBands)

    println("There are ${rockBands.size} bands in the list.")
    rockBands.removeAt(2)
    println(rockBands)
    println("Now there are ${rockBands.size} bands in the list.")

    // Remember that lists are zero-based!
    println("The first band is ${rockBands.get(0)}")

    // Use array notation
    println("The second band is ${rockBands[1]}")

    // Add at a specific index
    rockBands.add(1, "The Eagles")
    println("The second band is ${rockBands[1]}")
    println(rockBands)

}
```

这里的内容没有什么特别难理解的，如果你使用过其他编程语言的列表，理解起来就更轻松。

> **注意：**
> 所有这些属性和方法都可以在任何 MutableList 中使用，并不特定于 ArrayList。此外，请记住，Kotlin 中的 Array 是静态大小的数组，它在创建后不能伸缩。所以，ArrayList 实际上只是一个可调整大小的数组。

5.2　List(集合)的类型

到目前为止，你只是在一个列表中添加了一些字符串。但是你也可以把不同类型的列表项放到一个列表中：

```
val mixedThings = mutableListOf("Electric Guitar", 42)
println(mixedThings)
```

这没有多大意义，因为这个列表现在不是很有用。你不能迭代它(接下来需要迭代它)，也不能对每个对象都一视同仁，因为它们不一样(在本例中，你无法对一个数字执行有关字符串的操作，反之亦然)。每次从列表中取出某列表项时，你可能还需要检查它的类型，如下：

```
val mixedThings = mutableListOf("Electric Guitar", 42)
println(mixedThings)

val item = mixedThings[0]
if (item is String) {
    println("Value: ${item}")
} else if (item is Int) {
    println(3 + item)
}
```

这显然不是个好主意，你可以做得更好。

5.2.1　给列表定义类型

更好的办法是在创建列表时告诉 Kotlin，你将允许列表中使用哪些类型。代码清单 5.3 是 PersonTest 的修订版本(来自前几章)，它使用了一个可变列表，并告诉 Kotlin 其中只能包含 Person 实例。

代码清单 5.3　使用类型创建列表

```
import org.wiley.kotlin.person.Person
import org.wiley.kotlin.person.Parent

fun main() {
    // Create a new person
    val brian = Person("Brian", "Truesby", 68.2, 33)
    printPersonPartnerStatus(brian)

    // Create another person
    val rose = Person("Rose", "Bushnell", brian)
```

```kotlin
    printPersonPartnerStatus(rose)

    // Change Rose's last name
    rose.lastName = "Bushnell-Truesby"
    println(rose)

    val mom = Parent("Cheryl", "Truesby", _child=brian)
    mom.child = rose

    val somePeople = mutableListOf<Person>(brian, rose)
    println(somePeople)

    // Subclasses of Person are still a Person!
    somePeople.add(mom)
    println(somePeople)

    // Create a person and add it in one step
    somePeople.add(Person("Brett", "McLaughlin"))
    println(somePeople)

    // Only Person instances can be added
    somePeople.add(32)
}

fun printPersonPartnerStatus(person: Person) {
    if (person.hasPartner()) {
        println("$person has a partner: ${person.partner}.")
    } else {
        println("$person does not have a partner.")
    }
}
```

这段代码不能通过编译，因为 main 的最后一行试图向列表中添加 Int(32)。删除该行就可以正常工作了，你将得到如下结果：

```
[Brian Truesby, Rose Bushnell-Truesby]
[Brian Truesby, Rose Bushnell-Truesby, Cheryl Truesby]
[Brian Truesby, Rose Bushnell-Truesby, Cheryl Truesby, Brett McLaughlin]
```

注意，只要是 Person 实例的对象都可以，包括 Person 子类的对象。当然，这种类型检查适用于向 List(或 Set)中添加对象的所有方法。

你可以使用更多的方法来操作列表，但是当引入类型时，还有一件事你会频繁遇到：遍历列表。

5.2.2　遍历列表

当你有一个列表时，通常会为它指定类型。指定类型往往是为了方便处理这个列表(通常一次处理一个列表项)，并且把每一项都当作一个特定事物(特定类型)。然后就可以针对该类型来做处理。为了演示这一点，你需要编写更多的代码。

代码清单 5.4 引入了一个非常简单的新类 Band。它包含的内容非常有限(仅以一个乐队的键盘手、首席吉他手等为例)，但这是一个有用的示例。

代码清单 5.4　一个简单的代表乐队的新类 Band

```kotlin
package org.wiley.kotlin.music

import org.wiley.kotlin.person.*

class Band(_name: String, _singer: Person, _guitarist: Person, _drummer: Person, _bassist: Person) {

    var name: String = _name
    var singer: Person = _singer
    var guitarist: Person = _guitarist
    var drummer: Person = _drummer
    var bassist: Person = _bassist
}
```

此类引入了一个新包 org.wiley.kotlin.person，还使用了前面章节中的 Person 类。现在回到测试类，并更新代码以使用此类，如代码清单 5.5 所示。

代码清单 5.5　修改 CollectionTest，使用新的 Band 类

```kotlin
import org.wiley.kotlin.music.*
import org.wiley.kotlin.person.*

fun main() {
    val rockBands = mutableListOf<Band>(
        Band(
            "The Beatles",
            _singer = Person("John", "Lennon"),
            _guitarist = Person("George", "Harrison"),
            _bassist = Person("Paul", "McCartney"),
            _drummer = Person("Ringo", "Starr")
        ),
        Band(
            "The Rolling Stones",
            _singer = Person("Mick", "Jagger"),
```

```
        _guitarist = Person("Keith", "Richards"),
        _bassist = Person("Ronnie", "Wood"),
        _drummer = Person("Charlie", "Watts")
    ),
    Band(
        "The Black Crowes",
        _singer = Person("Chris", "Robinson"),
        _guitarist = Person("Rich", "Robinson"),
        _drummer = Person("Steve", "Gorman"),
        _bassist = Person("Johnny", "Colt")
    )
)

}
```

> **注意：**
> 通过使用命名参数，在整个代码中可以调整 Band 构造函数的参数顺序。但其实并没有什么真正正确的排序方法；这里只是为了说明将乐队成员放入对象实例的构造函数时要遵循的顺序(老实说，这个顺序是我记住这些乐队成员的顺序)。

以上示例看起来可能有些不同，但也并不新奇。rockBands 被定义为一个 Band 对象的列表，然后是每个 Band 被内联创建，而在调用 Band 构造函数时将每个成员内联创建为 Person 实例。

现在，你可以用 rockBands 做你想做的事，就像之前它还是字符串列表时那样：

```
println(rockBands)
println("rockBands is a ${rockBands::class.simpleName}")
println("There are ${rockBands.size} bands in the list.")
rockBands.add(
    Band(
        "The Black Keys",
        _singer = Person("Dan", "Auerbach"),
        _guitarist = Person("Steve", "Marion"),
        _drummer = Person("Patrick", "Carney"),
        _bassist = Person("Richard", "Swift")
    )
)
println("Now there are ${rockBands.size} bands in the list.")

println("The second band is ${rockBands[1]}")
```

不过，这里的输出结果有点令人失望：

```
[org.wiley.kotlin.music.Band@2812cbfa, org.wiley.kotlin.music.Band@2acf57e3,
org.wiley.kotlin.music.Band@506e6d5e]
```

```
rockBands is a ArrayList
There are 3 bands in the list.
Now there are 4 bands in the list.
The second band is org.wiley.kotlin.music.Band@2acf57e3
```

问题是，即使出于简单的测试目的，Band 仍没有有效的 toString()方法。你可以通过编写 Band 中的简单实现来解决这个问题：

```kotlin
override fun toString(): String {
    return name
}
```

重新运行测试程序，将得到一些有用的输出结果：

```
[The Beatles, The Rolling Stones, The Black Crowes]
rockBands is a ArrayList
There are 3 bands in the list.
Now there are 4 bands in the list.
The second band is The Rolling Stones
```

现在你需要遍历乐队列表。处理此列表的最简单方法是从列表获取一个迭代器 (iterator)：

```kotlin
val bandsIterator = rockBands.iterator()
```

这确实有道理，列表是获取正确类型迭代器的最佳来源。遍历列表后得到的是一个对象(Iterator 的子类)，它知道如何在列表(本例中是 rockBands)中移动。

你可以使用一个 while 循环来基于此迭代器进行循环，在本书中这是新的内容，但你也可能在其他语言中见过类似内容：

```kotlin
val bandsIterator = rockBands.iterator()
while (bandsIterator.hasNext()) {
    var band = bandsIterator.next()
    // do something with the next band
}
```

只要 hasNext()为真，列表中就会有另一个乐队，你可以使用 next()获得该乐队。由于 Kotlin 是强类型语言，可以确定这将是一个 Band 实例。然后，你可以根据需要对乐队的属性进行打印(或其他处理)：

```kotlin
val bandsIterator = rockBands.iterator()
while (bandsIterator.hasNext()) {
    var band = bandsIterator.next()
    println("The lead singer for ${band.name} is ${band.singer}")
}
```

之所以能够确定类型都是因为之前的这行代码：

```
val rockBands = mutableListOf<Band>
```

这行代码中的类型指定是迭代器的关键，也是将列表中的每个对象作为 Band 使用的关键。

5.2.3　Kotlin 会揣摩你的意思

这里有两条不同的捷径值得注意，因为它们可以使代码更简单、更干净。第一条捷径是，如果向列表的工厂构造函数提供同一类型的对象，Kotlin 将推断出你应该拥有什么类型的列表。

因此，回到 main() 的代码并删除此行中的 <Band> 部分：

```
val rockBands = mutableListOf(
```

现在编译，一切仍完美地工作，因为本该如此。

此外，相对于获取迭代器后使用 while 循环，还有一条捷径。你可以使用 for 循环和 in 关键字，如下所示：

```
for (band in rockBands) {
    println("The lead singer for ${band.name} is ${band.singer}")
}
```

这样节省了几行代码。这将遍历 rockBands 列表中的所有项。每一项都会被分配给一个名为 band 的变量，该变量在循环体，即{和}之间可用。

应同时使用这两条捷径吗？也许不应该。或许使用 for 循环是一个好主意，并且代码可读性很高。但下面回顾一下创建列表的工厂方法：

```
val rockBands = mutableListOf(
```

这里没有什么问题，但这样实际上让你(和其他阅读你代码的人)对列表了解得比之前更少了。你不知道它应该只包含 Band 对象。所以在许多情况下，添加类型实际上会使代码更清晰，而且只需要额外按几次键盘，这是一个很好的权衡。

```
val rockBands = mutableListOf<Band>(
```

> **注意：**
> 还有一个需要明确列表类型的很好理由，是关于继承和子类的。你很快就会了解并要记住，列表将通过添加到其中的项的公共类(而不是公共的基类或父类)来推断列表的类型。如果这还没有让你有所警觉，暂时还不用担心。你很快就会看到，指定类型可以为你省去一些麻烦。

5.3　List: 有序且可重复

关于 List，以及为什么要使用它而不使用 Set 或 Map(后面很快会介绍)，最重要的一点可能在于 List 是有序的，并且可以包含同一项两次。Set 是无序的，并且不能存储重复项。Map 实际上与这两者有很大的区别，它使用的是键-值对。

你很快就会发现确定需要哪种类型很容易，而且 List 通常是最常用的。如果你想让列表的行为类似于一个数组(有序，可以通过索引访问且不需要考虑是否有重复项)，那就使用 List。

5.3.1　有序可以使你按顺序访问列表项

前面已介绍过两种可以按索引访问列表项的方法:

```
println("The second band is ${rockBands[1]}")
println("The third band is ${rockBands.get(2)}")
```

你还可以获取列表中的第一项或最后一项:

```
println("The first band is ${rockBands.first()}")
println("The second band is ${rockBands[1]}")
println("The last band is ${rockBands.last()}")
```

但这些方法都不适用于无序集合。你还可以打乱列表的顺序:

```
println("The first band is ${rockBands.first()}")
println("The second band is ${rockBands[1]}")
println("The last band is ${rockBands.last()}")

rockBands.shuffle()

println("The first band (post shuffle) is ${rockBands.first()}")
println("The second band (post shuffle) is ${rockBands[1]}")
println("The last band (post shuffle) is ${rockBands.last()}")
```

以下的输出反映了打乱顺序前后的效果:

```
The first band is The Beatles
The second band is The Rolling Stones
The last band is The Black Keys
The first band (post shuffle) is The Black Keys
The second band (post shuffle) is The Beatles
The last band (post shuffle) is The Rolling Stones
```

5.3.2 List 可以包含重复项

也可以多次将同一项添加到 List 中，例如下面这个小示例：

```
var kinks = Band("The Kinks",
                 _singer = Person("Ray", "Davies"),
                 _guitarist = Person("Dave", "Davies"),
                 _drummer = Person("Mick", "Avory"),
                 _bassist = Person("Pete", "Quaife")
)

rockBands.add(kinks)
rockBands.add(kinks)
rockBands.add(1, kinks)
```

现在 List 中包含三个不同的元素：

```
The lead singer for The Beatles is John Lennon
The lead singer for The Kinks is Ray Davies
The lead singer for The Black Keys is Dan Auerbach
The lead singer for The Rolling Stones is Mick Jagger
The lead singer for The Black Crowes is Chris Robinson
The lead singer for The Kinks is Ray Davies
The lead singer for The Kinks is Ray Davies
```

只要你知道可以存在重复项就好，不要假定列表中的元素都唯一。如果只想处理唯一的元素，可以使用 distinct()方法：

```
for (band in rockBands.distinct()) {
    println("The lead singer for ${band.name} is ${band.singer}")
}
```

这样，每个乐队只输出一次：

```
The lead singer for The Beatles is John Lennon
The lead singer for The Kinks is Ray Davies
The lead singer for The Rolling Stones is Mick Jagger
The lead singer for The Black Crowes is Chris Robinson
The lead singer for The Black Keys is Dan Auerbach
```

不过，这种方法被称为无损检测。该方法实际上并没有改变被调用的列表。而是返回一个新列表。你可以存储这个新列表：

```
var singularBands = rockBands.distinct()
```

此例中的 rockBands(可能)包含重复的项，但 singularBands 绝对不会包含任何重复的项。

5.4　Set: 无序但唯一

至此，你已经知道了很多关于 Set 的知识。它与 List 类似，都继承自 Collection，而且 Set 既可以是可变的也可以是只读的，这点也与 List 类似。它们两者也都可以被迭代，这是你刚刚学到的内容。

两者最大的区别在于，Set 是无序的，而 List 是有序的，Set 中的每一项都是唯一的，而 List 中可以有重复项。

5.4.1　在 Set 中，无法保证顺序

是的，你已经听过很多次了，Set 不能保证顺序，但也不是没有顺序。换言之，Set 并不是说"顺序是随机的"，只是说"无法保证顺序是怎么样的"。

例如，Kotlin 通常会默认为你提供 LinkedHashSet：

```
val bandSet = setOf<Band>(rockBands[0], rockBands[1],
                          rockBands[2], rockBands[3])
println("${bandSet::class.simpleName}")

println(rockBands)
println(bandSet)
```

在此可以看到 bandSet(包含 rockBands 列表中的前四个元素) 是一个 LinkedHashSet：

```
LinkedHashSet
[The Beatles, The Kinks, The Rolling Stones, The Black Crowes, The Black
Keys, The Kinks, The Kinks, Bad Company]
[The Beatles, The Kinks, The Rolling Stones, The Black Crowes]
```

LinkedHashSet 碰巧是按元素添加的顺序。所以如果你把它的前四个元素和 rockBands 的前四个元素进行比较，会发现它们是匹配的。

但这不等于能保证顺序！rockBands 将总是有序的；而 bandSet 可以随时更改顺序，而不违反 Kotlin 的任何规则。

现在使用 HashSet(通过 hashSetOf()方法创建)，并查看区别：

```kotlin
val bandSet = hashSetOf<Band>(rockBands[0], rockBands[1],
                              rockBands[2], rockBands[3])
println("${bandSet::class.simpleName}")

println(rockBands)
println(bandSet)
```

这里的输出将会显示不匹配前者的元素：

```
HashSet
[The Beatles, The Kinks, The Rolling Stones, The Black Crowes, The Black
Keys, The Kinks, The Kinks, Bad Company]
[The Beatles, The Rolling Stones, The Black Crowes, The Kinks]
```

HashSet 不会保留顺序。

5.4.2 何时顺序至关重要

既然 Set 不按顺序排列项目，而 List 按顺序排序，那么为什么有时要用 List 有时要用 Set 呢？最重要的一点是，查找集合中是否包含某元素时无序的 Set 通常会更快。

> **警告：**
> 不必维护顺序的集合和实际上不维护顺序的集合之间也存在着差异。默认的 Set，即 LinkedHashSet 本不必保持顺序，但仍然保持着顺序。这意味着它在这些方面不会比 List 快得多。如果使用 Set 主要是为了提高速度，那么可以通过 hashSetOf()来使用 HashSet，这样可以确保得到一个无序的 Set。

这主要与在 Set 中使用了哈希有关(所以称 HashSet)。但这意味着你已经做出了一个承诺"顺序无关紧要"，而承诺并不总是一成不变的。而这将取决于你正在建模的对象以及使用该集合的方式。

例如，以摇滚乐队的名单为例。如果你只是收集乐队的名单，就不需要保留顺序，所以 Set 是一个很好的选择。但如果你还有其他需求呢，比如以下场景：

- 你正在按首张专辑发行时间收集乐队？
- 你用这个列表作为一组乐队的列表，顺序就是他们演奏的顺序？
- 你在按字母顺序排列乐队？

在这些场景下，你可能需要使用 List 来保持顺序。

但为什么说是"可能"？这些场景下不都是顺序很重要吗？是的，但也可能不必非要在 List 结构中保持顺序。

5.4.3 动态排序 List(和 Set)

List 和 Set 提供了一个名为 sortedBy()的方法，允许你对 List 或 Set 进行排序，而不必担心该列表的实际顺序。下面是一个按乐队名称对乐队列表排序的示例：

```
println(rockBands.sortedBy{ band: Band -> band.name })
```

在此调用了 sortedBy()方法，然后传给该方法一段代码。这里标识了一个变量，用它来表示每个列表索引中的项(在本例中，我们知道它是一个 Band，这得感谢 Kotlin 的强类型)，然后用一个属性作为排序依据。在本例中，排序依据的是乐队的名称。

结果是一个有序的输出，如下所示：

```
[Bad Company, The Beatles, The Black Crowes, The Black Keys,
The Kinks, The Kinks, The Kinks, The Rolling Stones]
```

可以将这个新列表保存到一个变量中，或者直接使用它。

问题又来了，既然可以这样做为什么还要用 List 呢？可能是需要根据列表项的添加先后来保持顺序。或者你可能希望保留某个顺序，因为实际列表的对象中没有可用来再次排序的属性。在这些情况下，你需要保存顺序，并且希望依赖有序。

5.4.4 Set 不允许有重复项

使用 Set 而不是 List 的另一个原因是 Set 不允许有重复项。试试以下代码，看看会发生什么：

```
val bandSet = hashSetOf<Band>(rockBands[0], rockBands[1],
                              rockBands[2], rockBands[3])
println("${bandSet::class.simpleName}")

// Add a band that's already been added
bandSet.add(rockBands[0])
```

你不会从 Kotlin 这里得到错误，它将愉快地运行此代码。但结果显示，生成的 Set 中仍然只显示该项一次：

```
[The Beatles, The Rolling Stones, The Black Crowes, The Kinks]
```

1. Set 会"吞掉"重复项

你是否注意到一些重要的事：尝试向集合中添加一个重复项并不会显示错误；只是会忽略该操作。你不会看到错误，也不会看到重复项被添加。

这一点很重要，如果你期待问题反馈，甚至一个通知，那么不会得到。但是，可以使用 contains()方法来查看 Set 是否包含某一元素。你也可以在添加新元素之前使用 contains 方法来检查：

```
// Add a band if it's not already in the set
if (bandSet.contains(rockBands[0])) {
    println("bandSet already contains ${rockBands[0]}")
} else {
    bandSet.add(rockBands[0])
}
```

2. Set 使用 equals(x)方法来确定成员是否存在

所有关于重复项的讨论都会引出一个重要的问题：集合如何确定某个项是否重复？答案其实很简单，你可能已经想到了：使用 equals(x)。因此，基于 equals(x)的返回值，如果一个新的项等于任何现有项，则该项不会被添加到 Set 中。

你可能认为这样可行，请查看以下代码块，其结果将导致失败：

```
var duplicateBand = rockBands[0]

// Add a band if it's not already in the set
if (bandSet.contains(duplicateBand)) {
    println("bandSet already contains ${duplicateBand}")
} else {
    bandSet.add(duplicateBand)
}

var bandTwo = Band(
    rockBands[0].name,
    _singer = Person(rockBands[0].singer.firstName,
                    rockBands[0].singer.lastName),
    _guitarist = Person(rockBands[0].guitarist.firstName,
                        rockBands[0].guitarist.lastName),
    _bassist = Person(rockBands[0].bassist.firstName,
                      rockBands[0].bassist.lastName),
    _drummer = Person(rockBands[0].drummer.firstName,
                      rockBands[0].drummer.lastName)
)

// Add a band if it's not already in the set
```

```
if (bandSet.contains(bandTwo)) {
    println("bandSet already contains ${bandTwo}")
} else {
    bandSet.add(bandTwo)
}
```

让我们花点时间看看这里发生了什么。首先，通过获取集合(在之前的代码中定义)中已经存在的元素得到一个重复项，并将其添加到集合中。如你所料，这个元素不会被添加到 Set 中(顺便说一句，在我的例子中是 Beatles 乐队)。

注意:

与前面的乐队顺序一样，你可能会在这里看到不同的乐队，这不是问题。

然后，创建另一个 Band 实例，并为该 Band 的每个成员指定名称和所有实例数据:

```
var bandTwo = Band(
    rockBands[0].name,
    _singer = Person(rockBands[0].singer.firstName,
                      rockBands[0].singer.lastName),
    _guitarist = Person(rockBands[0].guitarist.firstName,
                         rockBands[0].guitarist.lastName),
    _bassist = Person(rockBands[0].bassist.firstName,
                       rockBands[0].bassist.lastName),
    _drummer = Person(rockBands[0].drummer.firstName,
                       rockBands[0].drummer.lastName)
)
```

理论上，rockBands[0]应该等价于 bandTwo，因此当 bandTwo 被添加到 bandSet 时，应该会被忽略。但是输出结果并不是那样:

```
[The Beatles, The Beatles, The Black Crowes, The Kinks, The Rolling
Stones]
```

这是为什么呢？答案就在于 equals(x)方法。尽管这两个对象中的数据相同，但它们不是同一个对象。你应该回想一下第 3 章中的内容，如果 equals(x)方法没有自定义实现，对象相等通常是基于对象的内存位置，因此具有相同数据的两个对象并不一定相等。

如果你对 equals(x)方法做一些简单的修正，就会发现这是合理的。代码清单 5.6 是 Band 类的更新版本，该版本解决了这个问题(包括对 hashCode()方法中的匹配判断的更改)。

代码清单 5.6　更新后的 equals(x)和 hashCode()方法，改进了 Band 类

```kotlin
package org.wiley.kotlin.music

import org.wiley.kotlin.person.*

class Band(_name: String, _singer: Person, _guitarist: Person, _drummer:
Person, _bassist: Person) {

    var name: String = _name
    var singer: Person = _singer
    var guitarist: Person = _singer
    var drummer: Person = _drummer
    var bassist: Person = _bassist

    override fun toString(): String {
        return name
    }

    override fun hashCode(): Int {
        return name.hashCode()
    }

    override fun equals(other: Any?): Boolean {
        if (other is Band) {
            return (name == other.name)
        } else {
            return false
        }
    }
}
```

注意:
就像前面几章中的 equals(x)方法一样，这有点过于简单，它实际上比 Person 要简单得多。尽管如此，它还是说明了问题所在。

现在，重新运行测试代码，你将看到只有一个 Beatles 的实例:

```
[The Beatles, The Black Crowes, The Kinks, The Rolling Stones]
```

使用了基于乐队名称判断两个实例相等的 equals(x)方法后，现在集合只接受第一次的添加。

3. 使用 Set 就要检查 equals(x)方法

这里要说明的最后一点是，如果你正在使用任何自定义对象填充一个 Set，就需要确保这些对象的 equals(x)如你所想的那样。没有什么比"为了消除重复项选用 Set，而实际上重复项并没有消除"更难追踪的问题了。

如果有疑问，请查看自定义对象的源代码。或者至少，你可以使用 equals(x)来比较代码中假设相等的两个实例，看看会发生什么。至少这能让你做好相应的准备。

5.4.5 迭代器不(总)是可变的

还有一点要明白，从 List 或 Set 中获取的迭代器对象允许你更改所操作的集合：

```
var iterator = rockBands.iterator()
while (iterator.hasNext()) {
    var band = iterator.next()
    if (band.name.contains("black", ignoreCase = true)) {
        iterator.remove()
    }
}
```

如果编译并运行此代码，执行完后打印 rockBands，会看到 Black Keys 和 Black Crowes 都已被删除。

这样做的原因有两点：集合的迭代器知道底层的集合，因此可以根据需要删除或添加内容；从可变集合得到的是可变的迭代器。实际上，MutableIterator 继承自 Iterator。不可变的集合不提供可变迭代器，原因很明显：底层的集合不可更改。

5.5 Map：当单值不够用时

到目前为止，你已经了解了 List 和 Set。它们非常相似：它们都可以存储一组元素。只有在存储方式，以及是否有序和是否允许重复项这些方面，它们才有所区分。但还有另一种完全不同的集合类型：Map。

Map 存储"键-值"对。因此，对于 Map 中的每个项，都有一个键(唯一标识符)和一个值(该标识符指向或关联此值)。一般来说，键不会仅仅是值的某个属性，因为这有点多余。举例来说，你不会需要一个映射，其中的键是 Person 的名字，而值是该 Person 对象。

常见的 Map 是一个带有某种数字标识的 ID 和一个与该标识(ID)关联的值，通常是一个对象。

5.5.1　Map 是由工厂方法创建的

　　像 Set 或 List 一样，Map 也是使用工厂方法创建的。不过，与这两种集合类不同的是，你必须同时提供键和值，而且符号看起来也有差异：

```
var statusCodes = mapOf(200 to"OK",
                        202 to"Accepted",
                        402 to"Payment Required",
                        404 to"Not Found",
                        500 to"Internal Server Error")
```

> **注意：**
> 这个特定的 Map 正针对各种 HTTP 状态代码和相关的描述建立模型。但这也是不完整的，还有很多的状态码。

　　虽然看起来很奇怪，但可以把关键字 to 想成短语"map to(映射到)"。所以，以上代码将 202 映射到"Accepted"，402 映射到"Payment Required"。

　　可以通过 Map 中的属性 keys 和 values 打印相应内容：

```
var statusCodes = mapOf(200 to"OK",
                        202 to"Accepted",
                        402 to"Payment Required",
                        404 to"Not Found",
                        500 to"Internal Server Error")
println("Keys: ${statusCodes.keys}")
println("Values: ${statusCodes.values}")
```

　　现在，在实际获取单个值时，可使用与 List 和 Set 相同的方法：

```
println("202 has an associated value of '${statusCodes.get(202)}'")
```

5.5.2　使用键查找值

　　在底层，新建的 Map 实际上是一个包含键-值对的 Set 或 List。这意味你可以在 Map 中保存顺序，也可以不保存。换句话说，你编写的任何代码都不应该依赖于 Map 中键的顺序。

　　相反，你应该使用键来得到值，或者可以查找键或值，如下所示：

```
if (statusCodes.contains(404)) {
    println("Message: ${statusCodes.get(404)}")
} else {
    println("No message for 404.")
}
```

当然，你要通过键来获取值。如果提供了键，但它却没有映射到任何值，那么将什么也得不到。实际上，你将得到一个 null 值：

```
println(statusCodes.get(400))
```

以上代码将返回 null，这意味着你可能需要在调用 get() 之前使用 contains() 检查键是否存在，或者对返回值可能为 null 的情况进行处理。

5.5.3 你希望值是什么

如果你想避免这种情况——编写更多额外代码，那么可以使用 getOrDefault()。下面这个 get() 方法的变体允许你指定一个返回值，以便在 get() 方法返回 null 时返回：

```
println(statusCodes.getOrDefault(400, "Default Value"))
```

在此，假设 400 不是集合中的一个键，你将得到 "Default Value"。

另一种选择是使用 getValue() 方法，它的工作方式与 get() 方法类似，但如果指定的键不在 Map 中，实际上会引发一个异常：

```
println(statusCodes.getValue(400))
```

运行此代码，将得到一个运行时异常：

```
Exception in thread "main" java.util.NoSuchElementException:
        Key 400 is missing in the map.
    at kotlin.collections.MapsKt__MapWithDefaultKt.getOrImplicit-
DefaultNullable(
    MapWithDefault.kt:24)
    at kotlin.collections.MapsKt__MapsKt.getValue(Maps.kt:336)
    at CollectionTestKt.main(CollectionTest.kt:140)
    at CollectionTestKt.main(CollectionTest.kt)
```

这样做过于苛刻，所以你可能不想这样做，除非你真的想在键不存在的情况下停止一切。

5.6 如何过滤集合

到目前为止，你已经了解了如何创建集合(List、Set 或 Map)并对其进行迭代，从中选择元素，在某个索引或位置获取某个值，以及如何自由地处理这些集合。但是，有一点还没有讨论过，那就是根据特定的标准从集合中获取元素集合。

假设你有一个 rockBands 列表，你想要获取列表中所有名称包含 "Black" 的乐队。

一种方法是使用 Iterator，简单地创建一个新列表，并在遍历列表的同时填充它。你已经编写了如下代码：

```
var bandsInBlack = mutableListOf<Band>()
for (band in rockBands) {
    println(band.name)
    if (band.name.contains("Black", ignoreCase = true)) {
        bandsInBlack.add(band)
    }
}
println(bandsInBlack)
```

警告：

如果你是按本书的进度一步步操作下来，并且只是将示例代码添加到集合测试中，那么可能无法在此处获得预期的结果。前面有一段代码删除了 rockBands 中所有名称包含"Black"的乐队，因此你需要删除或注释掉该代码，以便执行这里的操作。

这段代码当然没有问题，但 Kotlin 为你提供了一些获得相同结果的快捷方式，这是一种很常见的操作。

5.6.1 基于特定条件的过滤

如果要根据条件选择集合中的所有元素，filter()方法是最佳选择。因此，下面执行相同的任务：获取 rockBands 中名称包含"Black"一词的所有乐队，这里使用 filter 是比较合理的选择：

```
println(rockBands.filter{ it.name.contains("Black", ignoreCase =
true) })
```

此代码一目了然，但是请仔细阅读它以确保你确切地知道发生了什么。

首先，filter 有一点不同，它接受一个由{和}包围的代码块，而不是括号中带参数。在该代码块中，你可以访问名为 it 的对象实例。这有点像自定义更改器或访问器中的 field 和 value；它们代表真实的对象实例或字段值，但刻意使用了通用命名。

这里，it 表示集合中的每个对象实例(此例中为一个 list)，所以你可以把它视为一个 Band 的实例，而列表中有许多这样的实例。因此，对于每个 Band 实例，对 name 属性求值，查看其是否包含"Black"(并忽略大小写)。如果整个表达式的计算结果为 true，则返回值列表中将包含对象实例；如果为 false，则不包含对象实例。

可以根据需要设定复杂的表达式。以下是另一个示例，返回贝斯手或歌手的名字为"Paul"的乐队：

```
println(rockBands.filter{
    (it.singer.firstName.equals("Paul", ignoreCase = true)) ||
    (it.bassist.firstName.equals("Paul", ignoreCase = true))
})
```

这里没有什么特别棘手之处，只是涉及如何构造正确的 Boolean 表达式。

对于 Map，此表达式看起来有点不同，但工作方式基本相同。你只需访问 Map 中每一项的键和值，而不同于 List 或 Set 那样仅访问值：

```
println(statusCodes.filter{ (key, value) -> key in 400..499 })
```

这里，key 用于返回范围为 400～499 的值。也可以使用 value：

```
println(statusCodes.filter{ (key, value) -> key in 400..499 &&
                            value.startsWith("Payment") })
```

同样，只要将条件表示为一个 Boolean 表达式，就可以使用 filter() 方法。

> **注意：**
> filter() 仍然将括号用作简写形式，表示它是一个方法。但它实际上需要所谓的谓词 (predicate)，也就是你传递给它计算的表达式。

5.6.2　更多有用的过滤器变体

一旦了解了 filter() 的基本用法以及如何编写谓词，就可以使用 filter() 方法做更多的工作。另一个有用的方法是 filterNot()，它返回的是与 filter() 返回值相反的结果。因此，filter() 返回谓词的计算结果为 true 的元素，而 filterNot() 返回计算结果为 false 的元素。

下面是一个简单的过滤器，它返回名称中不包含"Black"的所有乐队：

```
println(rockBands.filterNot{ it.name.contains("Black", ignoreCase =
true) })
```

> **注意：**
> 通常可以安全地说，filterNot() 返回的是 filter() 不会返回的元素，反之亦然。但在某些特殊情况下，可能会出现这两者的计算结果都不包含的元素，尤其是当涉及 null 值时。

filter() 方法的另一个有趣变体是 filterIsInstance()。此变体允许你从集合中选择特定类型的所有元素。

当想到大多数集合都是强类型时，这可能显得很奇怪，这有什么用？但它实际上对于具有子类的自定义对象的强类型集合特别有用。例如，假设你开发了自定义的

RockBand 类、JazzBand 类和 CountryBand 类，所有这些类都继承自 Band。你可以对一个 Band 类型的列表使用 filterIsInstance()方法，以返回该列表中所有 RockBand 类型的成员：

```
var justRock = bands.filterIsInstance<RockBand>()
```

现在你有了一个新的指定类型的列表，其中只包含你想要的子类型。

5.7 集合: 用于基本类型和自定义类型

本章中的大多数示例都使用了 Kotlin 类型的组合。而一些基本类型，如 Int、Float、String 以及 Boolean，都可以用在集合中。你还用过自定义对象的集合(Band，还有 Person 对象)。使用它们并不复杂，但是你需要确保它们有 equals(x)和 hashCode()方法，并且了解这些类型，以便能够合理地使用它们。

> **注意:**
> 原始类型(primitive type)是一个指代基本类型(basictype)的编程术语。通常，它意味着不能进一步再分的类型，或者不再有单独的部分。自定义类型，如自定义对象，不是基本类型。它们并不是那么基本，通常有自己的属性。

关于集合，实际上要了解如何在功能层面上使用它们，而不是深入其机制原理层面。换句话说，你大约花了 20 页的篇幅学习了如何迭代集合、添加元素到集合以及从集合中移除元素；你要花更多时间用它们来编程，这样才能很好地了解何时是使用它们的最佳时机，何时不适合使用，以及何时应该用 Map、Set 或 List。

5.7.1 向 Person 类添加集合

有了这些铺垫，现在是时候再次讨论 Person 类了，特别是第 4 章的子类 Parent。如果你还记得的话，Person 类看起来如代码清单 5.7 所示，Parent 类看起来如代码清单 5.8 所示。

代码清单 5.7　第 4 章(及之前章节)中的 Person 类

```
package org.wiley.kotlin.person

open class Person(_firstName: String, _lastName: String,
                  _height: Double = 0.0, _age: Int = 0) {

    var firstName: String = _firstName
    var lastName: String = _lastName
```

```kotlin
    var height: Double = _height
    var age: Int = _age

    var partner: Person? = null

    constructor(_firstName: String, _lastName: String,
                _partner: Person) :
                this(_firstName, _lastName) {
        partner = _partner
    }

    fun fullName(): String {
        return "$firstName $lastName"
    }

    fun hasPartner(): Boolean {
        return (partner != null)
    }

    override fun toString(): String {
        return fullName()
    }

    override fun hashCode(): Int {
        return (firstName.hashCode() * 28) + (lastName.hashCode() * 31)
    }

    override fun equals(other: Any?): Boolean {
        if (other is Person) {
            return (firstName == <?b Start?>other.<?b End?>firstName) &&
                    (lastName == <?b Start?>other.<?b End?>lastName)
        } else {
            return false
        }
    }
}
```

代码清单 5.8　目前 Parent 类只支持一个子项

```kotlin
package org.wiley.kotlin.person

class Parent(_firstName: String, _lastName: String,
             _height: Double = 0.0, _age: Int = 0, _child: Person) :
             Person(_firstName, _lastName, _height, _age) {

    var child: Person = _child
}
```

Person 类很合理，但 Parent 当前只支持一个子元素。这并不足以模拟现实，而选择使用集合是显而易见的下一步。所以你可以编写如下代码：

```
var children: MutableList<Person> = emptyList()
```

然后就可以向其中添加 Person 实例了。但现在你会停下来思考：这是合适的集合类型吗？记住，你总是有三种基本选择：List、Set 和 Map。List 是有序的，可以包含重复项；Set 是无序的，无法包含重复项；Map 就是键-值对。

目前，Map 还不是合适的选择。这只是一个使用 Person 对象表示的孩子列表。这样就只剩下 List 和 Set 了。关键的区别在于顺序和重复项。如果你想让你的孩子按生日排序，或者按其他方式排序，那么顺序可能很重要。但后者确实很重要：Set 不能包含重复项，而 List 可以。考虑到这一点，使用 List 从而允许同一个孩子出现两次，这合理吗？几乎在所有情况下，这都是不合理的。

要记住这一点，你可以将其更改为使用 Set。还应该使用主构造函数中的 child 参数初始化 Set：

```
var children: MutableSet<Person> = mutableSetOf(_child)
```

现在，在你的测试类中，可以非常轻松地添加和删除此 Set 中的子项：

```
val mom = Parent("Cheryl", "Truesby", _child=brian)
mom.children.add(rose)
```

在此例中，mom 实例现在应该包含两个子实例，即 brian 实例和 rose 实例：

```
val mom = Parent("Cheryl", "Truesby", _child=brian)
mom.children.add(rose)
println("Cheryl's kids: ${mom.children}")
```

输出如下所示：

```
Cheryl's kids: [Brian Truesby, Rose Bushnell-Truesby]
```

5.7.2 允许将集合添加到集合属性

现在，Parent 可以支持多个子对象，这是一个进步。但它不支持一次性直接添加多个子对象。可以用次构造函数来解决该问题：

```
constructor(_firstName: String, _lastName: String, _children:
Set<Person>) :
        this(_firstName, _lastName) {
    children = _children
}
```

现在这段代码看起来还可以，但是这四行代码中隐藏着大量的问题。代码编译后，将在第一行得到如下错误：

```
Error:(10, 13) Kotlin: None of the following functions can be called with
the arguments supplied:
public constructor Parent(_firstName: String, _lastName: String,
_height: Double = …, _age: Int = …, _child: Person) defined in
org.wiley.kotlin.person.Parent
public constructor Parent(_firstName: String, _lastName: String,
_children: Set<Person>) defined in org.wiley.kotlin.person.Parent
Error:(11, 20) Kotlin: Type mismatch: inferred type is Set<Person> but
MutableSet<Person> was expected
```

这是怎么回事？下面逐个讨论这些错误。首先，请记住，任何次构造函数都必须调用类的主构造函数，在本例中，主构造函数需要一个 Person 实例作为_child 参数。这马上就成了问题，除非你做了这样的傻事：

```
constructor(_firstName: String, _lastName: String, _children:
        Set<Person>) :
    this(_firstName, _lastName, _child = _children.first()) {
    children = _children
}
```

这段代码在技术上是可行的，但不是高质量的代码。虽然你遵循了 Kotlin 的规则，但这实际上表明你的构造函数没有得到很好的规划或执行。

在继承方面你可能记得，你会希望更通用的类位于继承树的更高位置，而更具体的类是子类。所以 Person 更通用，因此它是一个父类；而 Parent 更具体，因此它是一个子类。

同样，你希望主构造函数是最广泛、更通用的构造函数，而次构造函数则是更具体的版本。而这里的情况正好相反：主构造函数接收单个子对象(更具体的场景)，而次构造函数接收任意数量的子对象(包括 0 个，也就是一个空的 Set)。

所以应把主、次构造函数交换一下，如代码清单 5.9 所示。这样你会发现，这使得从次构造函数调用主构造函数变得非常简单。

代码清单 5.9　翻转 Parent 类的构造函数如它们应有的样子

```
package org.wiley.kotlin.person

class Parent(_firstName: String, _lastName: String,
            _height: Double = 0.0, _age: Int = 0, _children: Set<Person>) :
            Person(_firstName, _lastName, _height, _age) {

    var children: MutableSet<Person> = _children
```

```kotlin
constructor(_firstName: String, _lastName: String, _child: Person) :
        this(_firstName, _lastName, _children = setOf(_child))
}
```

事实上，这样就完全不需要次构造函数中的任何代码。它现在只是一个便利的构造函数。

5.7.3 Set 和 MutableSet 不一样

但代码中仍然有错误：

```
Error:(7, 40) Kotlin: Type mismatch: inferred type is Set<Person> but
MutableSet<Person> was expected
```

这是怎么了？这里的问题是，你正在创建一个名为 children 的新 MutableSet\<Person\>，并为其分配一个 Set\<Person\>。但是可变 Set 和不可变 Set 并不完全相同，所以 Kotlin 抛出了一个错误。

此时，需要创建新的可变 Set，然后将不可变 Set 中的所有元素添加到其中：

```kotlin
var children: MutableSet<Person> = mutableSetOf()

init {
    children.addAll(_children)
}
```

> **注意:**
> 将传入 Parent 的主构造函数中的 Set 称为不可变 Set 实际上有些误导。只是 Kotlin 视其为不可变的 Set，因为在构造函数的参数列表中的类型是 Set\<Person\>。但这只是为了让可变或不可变的 Set 都可以被传入。实际上，在构造函数层级需要同时接受这两种类型的 Set 才造成了 init 代码块中的这段额外代码。这是一种权衡；不是只接受构造函数中的可变集合，而是接受所有集合，但结果是必须编写额外的代码。

这一切归根结底都是出于类型安全的考虑。Kotlin 在这里使用了一种相当强硬的办法，即假定你想要的是一个 Set 而不是一个 MutableSet。如果你真的想解决这个问题，就必须自己动手，这就是你需要编写自己的 init 代码块并调用 addAll() 的原因。

可通过额外的调整使这种方法更简洁一些。在声明 children 属性时，实际上可以删除 init 代码块并进行如下赋值：

```kotlin
var children: MutableSet<Person> = _children.toMutableSet()
```

5.7.4 集合属性只是集合

通过此更改，现在你可以通过任何 Parent 实例的 children 属性使用集合功能。以下是不断增长的 PersonTest 的一部分，使用了 children 的 filter()方法：

```kotlin
val mom = Parent("Cheryl", "Truesby", _child=brian)
mom.children.add(rose)
mom.children.add(Person("Barrett", "Truesby"))
println("Cheryl's kids: ${mom.children}")

println(mom.children.filter{ it.firstName.startsWith("B") })
```

显然，你知道 children 属性具有 filter()方法，因为它是一个集合，而这正是集合所提供的功能。

不过，对于用户来说，它就像是一个在 children 属性上定义的方法。children 是一个集合，这一细节并不像拥有一个有用的 children 属性那么重要。集合的威力在于包含很多方法，而且很容易包装成一个自定义对象。

至此，你已经掌握了大量关于类的知识。在第 6 章中，将不再讨论类，而是学习泛型以及 Set<Person>声明的工作方式。

第**6**章

Kotlin 的未来是泛型

本章内容

- 什么是 Kotlin 的泛型类型
- 为什么需要泛型
- 类型投影(type projection)
- 协变(covariance)、逆变(contravariance)和不变(invariance)

6.1 泛型允许推迟类型定义

本章标题貌似很夸张,但实际上很恰当,本章将深入详解 Kotlin 以及泛型这一特定主题。泛型这个概念是一种定义类或函数的方法,可以推迟(拖延)对类型的严格定义。尽管听起来让人困惑,也可能令人感到奇怪,但你已经使用过很多泛型。

6.1.1 集合是泛型的

以代码清单 6.1 为例。这段代码是 ArrayList 类定义的开头部分,它是 listOf()返回的默认列表 List 的一个实现。你在第 5 章中使用过该类。

代码清单 6.1　ArrayList 源代码的关键部分

```
/*
 * Copyright 2010-2018 JetBrains s.r.o. Use of this source code is
governed by the Apache 2.0 license
 * that can be found in the LICENSE file.
 */
```

```
package kotlin.collections

actual class ArrayList<E> private constructor(
        private var array: Array<E>,
        private var offset: Int,
        private var length: Int,
        private val backing: ArrayList<E>?
) : MutableList<E>, RandomAccess, AbstractMutableCollection<E>() {

    // Lots and lots of code…
}
```

其中的关键一行是类的声明，如下：

```
actual class ArrayList<E> private constructor(
```

特别要注意那个奇怪的 ArrayList。本例中，ArrayList 是所谓的参数化类，而 E 是参数。这样就使得 ArrayList 成为了泛型类。但是并没有名为 E 的 Kotlin 类型，这是为什么呢？

在这种情况下，ArrayList 对 Kotlin 编译器说：“当我被创建时，需要指定一个类型。该类型就是我将持有的类型。”这就是为什么你可以指定一个变量，其类型是 String(前者)或 Band 对象(后者)的 ArrayList：

```
var stringList: ArrayList<String>
var bandList: ArrayList<Band>
```

> **警告：**
> 如果你正在创建一个程序来测试这些(你应该这样做)，别忘了导入 org.wiley.kotlin.music.Band。

第一种情况下，E 代表 String；第二种情况下，E 代表 Band。

6.1.2 参数化类型在整个类中都可用

一旦定义了 E 这样的参数，就可以(而且很可能应该)在整个类中使用它。以下是 ArrayList 中 contains()方法的定义：

```
override actual fun contains(element: E): Boolean {
```

请再次注意 E 的用法。这个 E 是一个可以代表特定类型的参数，与类定义中的 E 相同。这意味着，如果创建一个 ArrayList 实例，那么在该实例中，每当 E 出现在 ArrayList 中时，它就会被解释为 Band。

如果创建 ArrayList<Band>实例并尝试调用 contains()且为其提供一个 String 作为参

数，则会出现错误。例如以下代码：

```
var bandList: ArrayList<Band> = ArrayList<Band>()

println(bandList.contains("Not a band"))
```

当编译这段代码时，会得到一个非常奇怪的错误：

```
Error:(7, 22) Kotlin: Type inference failed. The value of the type
parameter T should be mentioned in input types (argument types, receiver
type or expected type). Try to specify it explicitly.
```

这体现了静态类型的安全性，它对 Kotlin 来说非常关键。同时这也是泛型作用的体现。

> **注意：**
> 上面错误中的 T 不应该让你感到困惑。不同的字母(E 和 T 是最常见的)在不同的时间用于代表参数。所以可以像对待 E 那样对待错误中的 T。

理解了这个错误实际上就向更好地理解泛型迈进了一大步。"Type inference failed(类型推断失败)"是怎么回事？这只是意味着 Kotlin 正在获取本例中的实参(一个 String)，并试图弄清楚是否可以让该对象适合所需的类型。因为这个 ArrayList 的 E 是 Band，所以被否决了。Kotlin 试图提出一个解决方案："Try to specify it explicitly(尝试显式地指定它)"。但这不起作用，因为不能将 String 强制转换成 Band。

这也提出了一个很好的观点：有时为了弄清楚一个 Kotlin 错误消息，你必须在网上搜索相关内容并反复阅读。这里就是这样，如果它直接说"请提供一个 Band 参数"就好了。但是 Kotlin 给出的错误消息更正式并且是正确的：它试图通过输入参数(实参)推断出其类型是否适合 contains()，结果就是不适合。

6.1.3　泛型到底是什么

有时，要正确地使用编程词汇是一件很困难的事。作为一名优秀的程序员或开发者，虽然最重要的是要编写出优秀的代码，但了解术语也很重要。就泛型而言，术语"泛型"指的是类型。此外，该术语通常用于表示整体类型，而不是特定实例。

所以可以说，在 Kotlin 中 List 是泛型。这是有道理的，List 类型(以及其他集合)是泛型，并使用 E(有时是 T)保持参数是开放的。但是，不能说成你有一个泛型列表并引用一个特定的变量(比如 bands)。总体类型是泛型的，但是一旦实例化，就得到了类型确定的列表(即使它只是 Any 对象实例的列表，也就是最广泛的列表实例类型)。

除了泛型类型，还可以有泛型函数。正如你所想：以另一种方式定义函数，允许函数的返回值类型留待以后定义。例如，假设有一个 Animal 类定义了一个 breed()方法。

该方法可能返回一个列表作为其返回类型。然后子类将获得该泛型方法并细化返回类型(可能是 List)。你可以做得很好，所以继续阅读如何在实践中使用泛型。

> **注意:**
> 如果想深入了解 Kotlin 和泛型的机制，实际上还有很多内容等待你进一步探索，你很快就会发现自己同时也在学习 Java 及其泛型类型的用法。如果你对编程语言理论感兴趣，那么可以访问 kotlinlang.org/docs/reference/generics.html，其中包含对 Kotlin 泛型及其历史(它可以追溯到 Java)的更深入、更系统的研究。

6.2 泛型会尽可能地推断类型

与其他任何语言一样，使用 Kotlin 的次数越多，就越会将一些问题交给 Kotlin 解决，你所做的工作也就越少(这通常意味着更少的编码工作)。例如，如果创建泛型类型的新实例，Kotlin 将尽力找出适合分配给该类型的参数类型。

这被称为类型推断，它对于理解 Kotlin、泛型以及在编译代码时可能出现的一些非常恼人的异常非常重要。

6.2.1 Kotlin 会寻找匹配的类型

例如，假设你有如下代码:

```kotlin
val brian = Person("Brian", "Truesby", 68.2, 33)
val rose = Person("Rose", "Bushnell", brian)
var personList = mutableListOf(brian, rose)
```

Kotlin 假设你已经给 mutableListOf()方法提供了两个 Person 实例，那么一定是想要一个 Person 列表。所以它推断你实际上是在这样做:

```kotlin
var personList = mutableListOf<Person>(brian, rose)
```

可以看出，泛型 List 被赋予一个参数类型：Person。这应该非常合理。它为你省略一步，这就是为什么在前面的章节中你可以编写如下代码:

```kotlin
var wordList = mutableListOf("rose", "any", "other", "name", "rose")
var primes = mutableListOf(1, 2, 3, 5, 7, 11)
```

在以上情况下，Kotlin 都会根据列表的内容进行类型推断。第一个是 String 对象的列表，第二个是 Int 的列表。

6.2.2　Kotlin 会寻找最精确匹配的类型

但是 Kotlin 不仅仅是寻找匹配的类型。在进行类型推断时，Kotlin 会寻找最精确匹配的类型。换句话说，它寻找的是与所有传入参数都匹配的最具限制性的类型。

例如以下代码：

```
val brian = Person("Brian", "Truesby", 68.2, 33)
val rose = Person("Rose", "Bushnell", brian)
var personList = mutableListOf(brian, rose)
```

Kotlin 看到了 Person 的两个实例，并推断你需要一个 List<Person>。这似乎很合理。现在假设存在另一个极端：

```
var anyList = mutableListOf("Words", 42, 33.8, true)
```

在这里，真的没有比 Kotlin 类型 Any 更宽泛的常见类型了。所以你会得到一个 List<Any>。虽然这没什么问题，但它不会提供太多的类型安全性。如字面意思，你可以在这个列表中添加任何类型，而不会出现什么问题。

不过，这两种情况下的结果都是可以预测的。

1. 有时类型推断是错误的

例如下面这种情况，基于类型推断可能无法预测结果：

```
val mom = Parent("Cheryl", "Truesby", _child=brian)
val anotherMom = Parent("Marie", "Bushnell", _child=rose)
val parentList = mutableListOf(mom, anotherMom)
```

Kotlin 看到的是两个 Parent 实例，因此推断你需要一个 List。但这是你真正的意图吗？或者你真的想要一个 Person 实例的 List，而 mom 和 anotherMom 恰好是 Parent 实例(Person 的子类)。

这就是类型推断可能出现问题的地方。Kotlin 不知道你的意图，这就是你会在此得到一个异常的原因：

```
val mom = Parent("Cheryl", "Truesby", _child=brian)
val anotherMom = Parent("Marie", "Bushnell", _child=rose)
val parentList = mutableListOf(mom, anotherMom)

parentList.add(brian)
```

该异常如下：

```
Error:(20, 20) Kotlin: Type mismatch: inferred type is Person but Parent
was expected
```

这没问题，因为你在创建 List<Parent>时让 Kotlin 推断类型。如果想要允许 Person 实例，则需要进行显式的声明：

```
val mom = Parent("Cheryl", "Truesby", _child=brian)
val anotherMom = Parent("Marie", "Bushnell", _child=rose)
val parentList = mutableListOf<Person>(mom, anotherMom)

parentList.add(brian)
```

这段代码编译起来很顺利，因为你已经显式地声明了自己的类型，现在已允许在 parentList 中使用 Person 实例。

2. 不要假设你知道对象的意图

这看起来像是我捏造的，实际上这样的情况比比皆是。很多时候，你并不是在同一段代码中创建一个对象实例，接着再创建一个集合，更不用说在之后的某段代码中创建集合的情况了。更常见的情况是，你正在编写一个包含参数的方法，但并不清楚该对象的意图。

可能一个 Parent 实例就仅仅作为一个 Parent 类的实例，也可能该 Parent 实例实际上被用作一个 Person 实例，不需要被视为 Parent 来处理。你不知道使用的意图是什么，就不可能总是知道类型推断的结果是什么。

更好的方法是尽可能地使用类型，避免类型推断。这样可以确保你最大程度地控制类型和 Kotlin 所做的事情。

6.2.3　Kotlin 不会告诉你泛型类型

这种情况下最令人沮丧的一点是，无法打印出 Kotlin 推断出的类型，甚至无法打印分配给集合或任何其他泛型类型的类型。可以用 variable::class.simpleName 打印出类，但这只会给出 List 或 Band，不会给出 List<Person>、List<Parent>或者 Band<Rock>。

遗憾的是，只有在出现异常时才能看出推断的类型：

```
Error:(18, 20) Kotlin: Type mismatch: inferred type is Person but Parent
was expected
```

在这里，你可以看到推断的类型是 Person。

你可以从列表中的对象获取类型，但这并不总是准确的。例如以下代码：

```
val brian = Person("Brian", "Truesby", 68.2, 33)
val rose = Person("Rose", "Bushnell", brian)
val mom = Parent("Cheryl", "Truesby", _child=brian)
var inferredList = mutableListOf(mom, brian, rose)
```

如果你打印出列表中的第一个列表项，它的类型将是 Parent，但是列表中其余的类型都是 Person，这意味着推断的类型将是更宽泛的类型 Person。

6.2.4　告诉 Kotlin 你想要什么

以前也曾提到过，如果想从本节中学到些什么，那其实就一句话：要尽可能地显式声明类型。这不仅可以消除一个问题，即精确类型会导致 Kotlin 错误地推断 List、Set 或集合(以及其他一些泛型类型)的类型，还可以改进代码。你给推断(不只限于 Kotlin 编译器，还包括其他阅读代码的人)留的空间越小，你的意图也越清晰。

6.3　协变：类型与赋值的研究

是时候深入讲解泛型和集合了。到目前为止，你基本上都假设可变集合方法的某个方法签名如下所示：

```
fun add(element: E): Boolean
```

> **注意：**
> 方法签名是方法定义的更正式的术语，包括方法的名称、返回类型、任何输入参数和其他修饰符(如 override)。这是一个典型的术语，用于更正式的编程中。

但正如刚才所见，E 不仅接受 E 型，也接受 E 的任何子类型。因此，如果你有一个 Band 对象列表，那么 E 就代表 Band；如果 RockBand 是 Band 的一个子类，那么该列表的 add()方法将接受 RockBand 实例和 Band 实例(以及 Band 的任何其他子类实例)。

这是因为 Kotlin 乐于接受子类来代替父类，只要父类本身是被允许的。到目前为止，你已在本书的大部分篇幅中看到了这一点，所以没有太大的惊喜。

6.3.1　什么是泛型类型

你还没有学习如何在泛型类型之间相互转换，这种转换比在 Band 和 RockBand 或 Person 和 Parent 之间的转换更复杂。

假设你创建了另一个 Person 子类 Child。与 Parent 一样，它添加了一个新的构造函数(接收额外的信息)和一个新的访问器方法。代码清单 6.2 展示了这个新类。你应该将 org.wiley.kotlin.person 包添加到自己的 IDE 和项目中。

代码清单 6.2   用于类型测试和实验的新类 Child

```kotlin
package org.wiley.kotlin.person

import org.wiley.kotlin.person.Person

class Child(_firstName: String, _lastName: String,
           _height: Double = 0.0, _age: Int = 0, _parents: Set<Person>) :
    Person(_firstName, _lastName, _height, _age) {

    var parents: MutableSet<Person> = mutableSetOf()

    init {
        parents.addAll(_parents)
    }

    constructor(_firstName: String, _lastName: String, _parent: Person) :
        this(_firstName, _lastName, _parents = setOf(_parent))
}
```

这个类实际上和 Parent 差不多，没有太多新的内容可供探讨。现在，新建一个测试类，名为 VarianceTest，并创建一组新的 Parent、Child 和 Person 实例。这个类如代码清单 6.3 所示。

代码清单 6.3   研究 Kotlin 中协变的新测试类

```kotlin
import org.wiley.kotlin.person.Child
import org.wiley.kotlin.person.Parent
import org.wiley.kotlin.person.Person

fun main() {

    // Add some people
    val brian = Person("Brian", "Truesby", 68.2, 33)
    val rose = Person("Rose", "Bushnell", brian)
    val leigh = Person("Leigh", "McLaughlin")

    // Add some parents
    val cheryl = Parent("Cheryl", "Truesby", _child=brian)
    val shirley = Parent("Shirley", "Greathouse", _child=leigh)

    // Add some children
    val quinn = Child("Quinn", "Greathouse", _parent=shirley)
    val laura = Child("Laura", "Jordan", _parent=shirley)

    val momList: List<Parent> = listOf(cheryl, shirley)
```

```
        val familyReunion: List<Person> = momList
}
```

到目前为止，集合仅被用作容器，并没有将它们单独作为变量进行处理。换句话说，你还没有创建过一个变量并为其分配一个集合，然后在不同的集合类型之间切换。

简言之，现在有一个父母列表(momList，一个 List)和一个容纳很多人的列表(familyReunion，也是一个 List)。在测试类的末尾，一个类型为 Parent 的 momList 被分配给一个类型为 Person 的列表。这是允许的，因为如下两个原因：

- Kotlin 的集合具有协变性：类型 E 的子类型的泛型类可以被分配给类型 E 的泛型类。
- Kotlin 已经在后台为你准备好了这个协变(稍后将详细介绍)。

警告：
至此，你可能都看晕了。本节内容真的是很拗口，可能需要你重新阅读多次。别担心，下一节将深入探讨编程理论。也就是说，慢慢来，你会对泛型、可变性和编程有更深的理解。

6.3.2　有些语言需要额外的工作才能实现协变

在许多语言中，协变不是自动实现的。所以在 Java 中，假设你做同样的赋值：

```
List<Parent> momList = new ArrayList(cheryl, shirley);
List<Person> familyReunion = momList;       // ERROR!
```

就会出错。这是因为 Java 的集合是不变的。不能将具有参数子类型的类型添加到具有该参数子类型的父类(或者继承链上的任何类)的类型中。

6.3.3　Kotlin 实际上也需要额外的工作才能实现协变

让人惊讶的一点是，Kotlin 在默认情况下并不是协变的。只是 Kotlin 已经将集合定义为协变的。以下是 Kotlin 中 List 实际声明的第一行：

```
interface List<out E> {
```

注意最重要的新关键字 out，这个词使这个集合变得协变。这就好像在说，"这个类的方法只能返回类型 E"。然后 Kotlin 可以获取这个 E 并查看它是否是另一个类型的子类(如你要赋值的 List 的类型)。

所以考虑以下赋值：

```
List<Person> familyReunion = momList;
```

Kotlin 知道 momList 方法将返回类型 Parent，因为 out 关键字保证了这一点。Kotlin 也知道 Parent 可以被加入 familyReunion，因为这是一个 List，如果它可以接纳 Person，那么也可以接纳 Parent。所以这里的协变性意味着该代码可以编译。

因此，使用了 out 关键字的任何类都是协变的。

6.3.4 有时必须把显而易见的事情说清楚

这里稍作休息，理清一下思路：关键字 out 会告诉 Kotlin 一些你可能期望 Kotlin 自己知道的事情。如果 Parent 对象继承自 Person，那么 Parent 对象列表的成员应该可以被添加到 Person 对象列表中，这不是很明显吗？看起来确实是这样。

但在这种情况下，人类仍然需要比计算机更聪明、更深思熟虑。你必须准确地告诉 Kotlin 你想要什么，以确保它明白这些集合应该是协变的。请准备好，因为一些更不直观的细微差别即将出现！

6.3.5 协变类型限制输入类型和输出类型

现在你知道了集合是协变的，像 List 一样，因为它告诉 Kotlin "我只返回一个特定的类型 E"，对于 List<Parent>它进一步说，"这个类型是 Parent"。这样很好，基于该声明，你可以将一个 List<Parent>赋值给一个 List<Person>。

但是协变还有另一个限制：协变类型只返回 E 类型，但同时它们不能接受 E 类型。这意味着无法通过 add()将 Parent 实例添加到 List<Parent>中。你可以将 Parent 实例取出，或者将 Parent 实例放入(如 MutableList)，但不能两者兼得。

所以，概括一下：

- 协变类型使用关键字 out 返回类型 E，但不能将类型 E 作为方法的入参。Kotlin 中的 List<E>类型是协变的。
- 不使用 out 的不变类型可以作为输入类型 E，但不能转换为与它们不完全匹配的类型。Kotlin 中的 MutableList<E>类型是不变的。

当然，这是有道理的，因为可变类最重要的一点在于它是可改变的，这意味着它需要接受类型 E。这就消除了可变集合的协变性。

6.3.6 协变实际上是使继承按期望的方式工作

如果仔细想想，就会发现所有这些讨论实际上都是在明确预期会发生什么。协变允许一个类型为 RockBand 的类可作为类型为 Band 的类的入参。类似地，你可以在需要 List 时接受 List 为入参。这是基于子类和父类的预期结果，这一点需要谨记。

考虑这一点的另一个重要方法是协变类是生产者。out 关键字告诉你该类将生成以下类型：

```
interface List<out E> {
```

该 List 现在是类型 E 的生产者，所以如果有一个 List<Person>，这个列表会生产 E。生产者是协变的。作为生产者的代价是这个列表不能把 E 作为入参。

接下来，你将看到另一种类型：逆变，也可以称之为消费者。它们在许多方面是协变的镜像。

6.4　逆变：从泛型类型构建消费者

目前，你已经了解了如何限制类型的输出类型，并通过这样做，允许继承以直观的方式工作。但是可变(mutable)类型又该如何处理呢？如果你更关注的是类的输入类型，而不是类的输出类型，如何处理更好呢？那就是逆变。

6.4.1　逆变：限制输出而不是输入

协变限制了泛型类接受某些类型的能力，而不变(invariant)并不限制任何东西。最终的结果是协变类型可以转换为父类型，而不变(invariant)类型则不能。

但还有另一种类型：逆变(contravariance)。请查看代码清单 6.4 中的 Comparator 接口，它将有助于你了解什么是逆变。

代码清单 6.4　Kotlin 中的 Comparator 接口是逆变的

```
package kotlin


public interface Comparator<in T> {
    /**
    * Compares this object with the specified object for order. Returns
zero if this object is equal
    * to the specified [other] object, a negative number if it's less
than [other], or a positive number
    * if it's greater than [other].
    */
    public abstract fun compare(a: T, b: T): Int
}
```

在接下来的章节中，你将学到更多关于接口的知识，因此不要过于迷恋语义。基本上，这里定义了一个方法，该方法在类中可用来比较两个对象(T 类型)。

这个接口有点独特，因为你经常会看到它的各种实现，使用的是相同的类型，以用不同的方式来比较事物。假设你想基于姓氏比较不同的 Person 实例，可以创建一个快速的 Comparator 实现，如下所示：

```
val comparePeopleByName = Comparator{ first: Person, second: Person ->
    first.lastName.first().toInt() - second.lastName.first().toInt()
}
```

注意：
请将以上内容视为对接口及其实现的一个初步了解。这也是创建实现的一种更高级的方法：它是内联的，没有单独使用一个完整的类文件。

不要太在意这里的细节。你应该看到，这个新对象实现了 Comparator 并覆盖了 compareTo。它接受两个 Person 实例，并比较 lastName 属性，如果第一个属性位于第二个属性之前，则返回正值；如果第二个属性位于第一个属性之前，则返回负值；如果这两个属性以同一个字母开头，则返回相等值。

警告：
这是一种特别简单的比较。很明显，你可以对其进行增强，使它不只检查第一个字母，但是出于演示的目的，它已足够好。

有一点很酷：可以将一个 Comparator 的实现(如你刚才编写的那个 Comparator 的实现)传给列表，并对列表进行排序。查看代码清单 6.5，它添加了 Comparator 的实现，并用它对列表进行排序。

代码清单 6.5   Kotlin 中的 Comparator 接口是逆变的

```
import org.wiley.kotlin.person.Child
import org.wiley.kotlin.person.Parent
import org.wiley.kotlin.person.Person

fun main() {

    // Add some people
    val brian = Person("Brian", "Truesby", 68.2, 33)
    val rose = Person("Rose", "Bushnell", brian)
    val leigh = Person("Leigh", "McLaughlin")

    // Add some parents
    val cheryl = Parent("Cheryl", "Truesby", _child=brian)
    val shirley = Parent("Shirley", "Greathouse", _child=leigh)
```

```
// Add some children
val quinn = Child("Quinn", "Greathouse", _parent=shirley)
val laura = Child("Laura", "Jordan", _parent=shirley)

val gary = ParentSubclass("Gary", "Greathouse", _child=leigh)

val momList: List<Parent> = listOf(cheryl, shirley)
val familyReunion: List<Person> = momList

val mutableMomList: MutableList<Parent> = mutableListOf(cheryl, shirley)
val familyReunion2: List<Person> = momList

val comparePeopleByName = Comparator{ first: Person, second: Person ->
    first.lastName.first().toInt() - second.lastName.first().toInt()
}

println(familyReunion.sortedWith(comparePeopleByName))
}
```

此处的输出将按字母顺序列出 familyReunion 中的实例:

```
[Shirley Greathouse, Cheryl Truesby]
```

在此, 没有什么特殊之处(除了你刚刚第一次使用了接口)。并且已使用 comparePeopleByName 中的 Comparator 实现对名称进行了排序。

6.4.2　逆变从基类一直到子类都有效

有了协变, 你就会想到继承链:

```
List<Parent> momList = new ArrayList(cheryl, shirley);
for (mom in familyReunion) {
    println(mom.fullName())
}
```

在这里, 你传递了一个子类(一个 Parent 实例), 但可以将其视为基类。从具体化开始, 到变得更一般化, 这就是协变。你正在生成一个特定类型, 因此使用 out 关键字。所有从 momList 中取出来的都是 Person 实例, 所以你可以像处理 Person 实例一样处理它们。

逆变恰恰相反。你从一个基类开始并向下至某个子类, 所有都是围绕基类中接受些什么内容来考虑:

```
val comparePeopleByName = Comparator{ first: Person, second: Person ->
    first.lastName.first().toInt() - second.lastName.first().toInt()
}
```

```
println(familyReunion.sortedWith(comparePeopleByName))
```

你正在接受一个 Person 类型，所以任何可被视为 Person 的实例都可以进入
Comparator。这也意味着逆变类是消费者。它们接受某种类型，这就是为什么要使用
关键字 in:

```
public interface Comparator<in T> { … }
```

6.4.3 逆变类不能返回泛型类型

记住，协变类是生产者，只能返回指定的泛型类型，但它们不能接受指定的泛型
类型。逆变类是消费者，可以接受指定的类型，但它们不能返回指定的类型。

例如下面这个虚构的方法签名：

```
public interface Comparator<in T> {
public abstract fun greatest(a: T, b: T): T
}
```

这合法吗？不合法，因为 Comparator 是逆变的。它是消费者，所以可以接受 T 型，
但不能生成 T 型。greatest()方法试图返回类型 T，这是非法的。

事实证明这一点很重要，需要谨记。Kotlin 中的类可以是协变的或逆变的，但不
可能两者兼有。表 6.1 列出了这些差异。

表 6.1 协变和逆变之间的差异

类型	关键字	作用	能否返回泛型类型？	能否接受泛型类型？	示例
Covariant	out	Producer	是	否	List
Contravariant	in	Consumer	否	是	Comparator

6.4.4 这些真的重要吗

如果你开始感到厌倦，并且脑中开始浮现"contra"这款横版卷轴式游戏，那你我
是同道中人。协变和逆变是个很沉重的话题，在程序员聚会上，通常不会围绕它们讨
论很多。它们可能会出现在 Kotlin 会议的进阶会谈中，或 media.com 上的文章中，但
不会出现在你的日常编程生活中。

此外，许多 Kotlin 程序员(或 Java 程序员，或任何其他所用的编程语言偏重继承的程序员)一天天地过着他们的日子，从来没有担心过要使用 in 还是 out。你可能偶尔会遇到如下错误：

```
Type parameter T is declared as 'in' but occurs in 'out' position in type T
```

即使这样，你也可能会一直摆弄代码直到可以编译，所以不必大惊小怪。

如果你想深入了解继承，至少需要对协变和逆变有一个基本的了解。你应该能识别 in 和 out 关键字，因为它们经常会出现在 Kotlin 源代码中，尤其是在集合中。

6.5　UnsafeVariance：学习规则，然后打破规则

只要你还在图书馆的禁区里闲逛，你就应该多学一个关键字，就是所谓的注解：@UnsafeVariance。

> **注意：**
> 注解是 Kotlin 中元数据的一种形式，一种通过代码直接与编译器对话的方法，通常会给编译器一条指令。

@UnsafeVariance 注解的用法如下：

```
override fun lastIndexOf(element: @UnsafeVariance E): Int = indexOfLast
{ … }
```

它告诉编译器要抑制与型变(variance)相关的警告，这通常是一个非常糟糕的主意。它基本上是告诉编译器"我知道了，不用提醒"(无论你知道与否)。它最后还会告诉编译器"无论是谁继承了这段代码也是同样处理"，这是不太可能的，特别是在一个漫长的调试过程中通常这类注解会在四到五个小时后才会被注意到。

好消息是，在你的 Kotlin 编程生涯中，基本不必使用@UnsafeVariance。坏消息是，即使是 Kotlin 源代码，偶尔也会使用此注解来"使事情正常运作"。

> **警告：**
> 这里没有提供@UnsafeVariance 的扩展示例，因为这不是一个好主意。如果想要看到它的实际应用，可以在 Google 上搜索"Kotlin UnsafeVariance"，你会找到一些相关示例。在将其放入自己的代码之前，请仔细斟酌！

6.6 类型投影允许你处理基类

到目前为止，你已经了解了所谓的"声明处型变"(declaration site vari ance)。这是一个花哨的术语，意思是你在类的层级上使用 in 和 out 关键字，使一个类发生协变或逆变。

6.6.1 型变可以影响函数，而不只是类

有时你希望在较小的层级上操作，例如在特定函数的层级上。例如，假设你想构建一个函数，将一个数组中的所有元素复制到另一个数组中。你可以编写如下代码：

```
fun copyArray(sourceArray: Array<Any>, targetArray: Array<Any>) {
  if (sourceArray.size == targetArray.size) {
     for (index in sourceArray.indices)
         targetArray[index] = sourceArray[index]
  } else {
     println("Error! Arrays must be the same size")
  }
}
```

这看起来很简单。只要数组在长度上匹配，元素就会从一个数组中取出并复制到另一个数组中的相应位置。

但是试着用几个实际类型的数组来运行这段代码：

```
val words: Array<String> = arrayOf("The", "cow", "jumped", "over", "the",
"moon")
val numbers: Array<Int> = arrayOf(1, 2, 3, 4, 5, 6)

copyArray(words, numbers)
```

在编译时，会出现如下错误：

```
Error:(41, 15) Kotlin: Type mismatch: inferred type is Array<String> but
Array<Any> was expected
Error:(41, 22) Kotlin: Type mismatch: inferred type is Array<Int> but
Array<Any> was expected
```

这是怎么回事？你要把协变和不变性的知识付诸实践。首先，看一下 Array 类的定义：

```
class Array<T> { … }
```

它不是协变的，也不是逆变的，而是不变的。

> **注意：**
> 你会发现人们越来越想要了解在 Kotlin(或任何其他语言)中类是如何定义的。这很容易做到，只需在 Google 上搜索 "Kotlin source code<classname>"，就总是能得到一个链接，通过该链接可以直接打开 GitHub 中该类的源代码。

这种不变性是导致 copyArray()函数出现问题的原因：String 数组不能传递给需要 Any 数组的函数。如果要实现这一点，数组需要是协变的，它需要接受一个类型，并能够将它沿继承链向上转换。谢天谢地，终于有一个解决方案不涉及协变或逆变。

这很好，因为你无法完全改变数组的源代码！这称为类型投影(type projection)，你已经见过声明处型变，这是声明处型变的一个本地化版本。

6.6.2　类型投影告知 Kotlin 可将子类作为基类的输入

再次查看 copyArray()的方法签名，并思考你需要什么：

```
fun copyArray(sourceArray: Array<Any>, targetArray: Array<Any>) { … }
```

在此可以使用 out 关键字，如之前所见：

```
fun copyArray(sourceArray: Array<out Any>, targetArray: Array<out Any>)
{ … }
```

这是一种原地逆变(并非一个技术术语，而是针对此范例的一种思考方式)。这种方式允许对 sourceArray 和 targetArray 的输入不仅接受 Array<Any>，而且接受任何 Any 的子类，因此 Array<String>或 Array<Int>都是可以接受的输入。

如果重新编译你的代码，仍然会得到一个错误，但这是一个不同的错误：

```
Error:(47, 11) Kotlin: Out-projected type 'Array<out Any>' prohibits the
use of 'public final operator fun set(index: Int, value: T): Unit defined
in kotlin.Array'
```

首先要注意的是，与将 Array<String>或 Array<Int>传入 Array<Any>类型的相关错误已经消失。这说明代码朝着正确方向迈进了一步。

但存在一个新问题。请注意，编译器指示你现在有一个 "out-projected type(外投影类型)"。该提示完全正确，你已经投影了一个类型，以接受声明类型的任何子类。你的函数现在可以接受你提供的两个数组作为输入。

6.6.3　生产者不能消费，消费者也不能生产

但使用了类型投影后，又产生了一个新问题：你已将 targetArray 和 sourceArray 转换为生产者。它们现在可以生产 Any 类型(或 Any 的子类型)。这对于 sourceArray 来说

不是问题，但请查看以下语句：

```
targetArray[index] = sourceArray[index]
```

此语句将一个 out Any 的值赋给作为生产者的 targetArray。正如你所见，生产者不能消费。所以对 targetArray 的赋值会产生一个错误，set()方法变得不可用了，因为你通过 out 关键字将它转换成了消费者。

现在，你有几个选择。你必须做的一件事是将 targetArray 恢复成不变的，这样就可以再次为其赋值：

```
fun copyArray(sourceArray: Array<out Any>, targetArray: Array<Any>) {
```

这样做很合适，即使你的代码无法工作。现在可以将 sourceArray 中的值赋给 targetArray，而 sourceArray 仍然是逆变的。但你又遇到了以前看到过的错误：

```
Error:(41, 22) Kotlin: Type mismatch: inferred type is Array<Int> but
Array<Any> was expected
```

你现在只能让 targetArray 接受一个 Array<Any>。那该怎么办？

6.6.4 型变不能解决所有问题

现在你可以改变你的输入数组：

```
val words: Array<String> = arrayOf("The", "cow", "jumped", "over", "the",
"moon")
val numbers: Array<Any> = arrayOf(1, 2, 3, 4, 5, 6)

copyArray(words, numbers)
```

现在，你正向 sourceArray 参数传递一个 Array<String>，该参数之所以有效，是因为你已经在函数层级上使 sourceArray 可以协变。然后你给 targetArray 传入了它所需要的 Array<Any>，因为 targetArray 是不可变的。代码现在可以编译并正常运行了。

当然，问题在于这可能并不是你真正想要的结果。numbers 变量不是真正意义上的 Array<Any>，它是 Array<Int>。但是如果你想把它传给 copyArray()，就必须这样使用它。最终，在这种情况下，你可能无法从这样的复制操作中准确获得想要的内容。

如果深入研究 Kotlin，就会发现这种复制问题在集合中经常出现。将一个非类型化数组复制到另一个非类型化数组中会非常困难。而将一个类型数组(如 Array<Int>)复制到另一个整型数组中则要容易得多，因为不会遇到两个型变问题。

现在你已经明白了为什么型变不仅仅是与 Kotlin 的深度有关。它会以意想不到的方式影响所编写的代码，特别是在处理集合的时候。

第7章

控 制 结 构

本章内容

- 使用 if 和 else 执行条件代码
- 使用 when 构建表达式
- 在多个选项中进行选择
- 使用 for 遍历集合
- 只要条件为真就一直执行 while 循环
- 使用 do 和 while 将至少执行一次初始操作
- 使用 break 和 continue 控制流程

7.1 控制结构是编程的基础

无论你是刚开始编程的新手,还是拥有 20 余年 Java 编程经验的老手,Kotlin 都是你扩展编程能力的好陪练,相信你已经用过许多控制结构。事实上,你在本书中也见过很多控制结构:每当你使用 if 语句或 for 语句时,你一直在使用控制结构。

在本章中,你将深入了解 Kotlin 的控制结构和循环。显而易见,最常见的控制结构是 if、when、for 和 while。

> **注意:**
> 控制结构并不十分令人兴奋。不过,它们很重要,所以本章做了权衡:尽可能快速地介绍控制结构,但试着发掘一些通常容易错过或略过的细节。

7.2　if 和 else 控制结构

if 并没有什么特别神秘或神奇的。它的工作原理就像你想象的一样。代码清单 7.1 是一个非常简单的程序，它选择一个随机数字并让你猜测该数字。

代码清单 7.1　关于 if 和 else 的基本用法

```
import kotlin.random.Random

fun main() {
    var theNumber = Random.nextInt(0, 1000)

    print("Guess my number: ")
    val guess = readLine()!!

    if (guess.toInt() == theNumber) {
        println("You got it!")
    } else {
        println("Sorry, you missed it.")
    }
}
```

通过 readLine()获取一个数字，实际上该函数将返回一个 String。该 String 被转换成一个 Int 值，与 theNumber 中随机生成的数字进行比较，然后用 if 确定是否匹配。如果匹配，则打印成功的信息。否则，else 控制结构会继续流程并打印不匹配的提示信息。

7.2.1　!!确保非空值

这里你可能已经注意到!!这个奇怪构造。如果你查看了 readLine()的定义，你会发现它的定义是返回 T?。它返回参数化类型(在典型用法中，T 将会是 String)，?表示可以返回空值。

如果删除!!，那么你的代码会类似下面代码，尝试编译时，会得到一个错误：

```
print("Guess my number: ")
val guess = readLine()

if (guess.toInt() == theNumber) {…}
```

错误提示是 toInt()调用导致的问题：

```
Error:(15, 14) Kotlin: Only safe (?.) or non-null asserted (!!.) calls
are allowed on a nullable receiver of type String?
```

问题是，toInt()如果获得的是空值，就会出错，guess 上的任何方法调用都会出错。Kotlin 识别到 guess 可能是空值——因为 readLine()返回的是 T?——所以它抛出了一个错误。

为了避免这种情况，你需要确保 guess 不是空值。有很多方法可以做到这一点，最简单的一种方法是使用!!运算符。该运算符将可空值转换为非空值，如果 guess 值的输入(在此情况中 readLine())为空值，则会抛出 NullPointerException 异常。

此外，正如最初在代码清单 7.1 中展示的那样，Kotlin 看到在调用 toInt()之前 guess 不可能为空值。编译器很满意，因为错误消失了。

警告：
在这里添加!!确实是一个简单的解决方案，但也相当暴力。如果输入空值，你的程序将突然退出，并伴随着堆栈跟踪信息。这样做在这里是有效的，因为这是一个微不足道的并且已经是相当基础的测试程序，但几乎可以肯定将此方案用在生产环境的系统或程序上将会很糟糕。在这些情况下，你会希望优雅地处理空值，并可能会为用户提供重新输入的机会。当然最简单的解决方案是返回并结束程序。

7.2.2 控制结构影响代码的流程

if 和 else 简单易用，但很关键，因为它们能为你的程序提供一些基本功能：它们可以影响执行流程。这就是为什么这些结构被称为控制结构：它们允许你控制流程。

图 7.1 展示了一种思路，当你开始着手处理本章以及你自己代码中的控制结构时，通常需要这种思路。

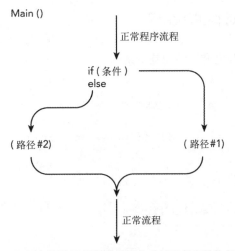

图 7.1　if 语句调整了代码的执行方式以及代码的执行流程

这个初始示例非常简单。代码开始执行，然后遇到 if 语句时，流程分开。要么执行 if 路径，要么执行 else 路径，如图 7.2 所示。最后，两个代码块都在同一位置结束，并且流程汇合(在此情况下，只需退出程序就足够了)。

```
1      import kotlin.random.Random
2      import kotlin.system.exitProcess
3
4  ▶   fun main() {
5          var theNumber = Random.nextInt( from: 0,  until: 1000)
6
7          print("Guess my number: ")
8          val guess = readLine()
9
10         if (guess.toInt() == theNumber)              if path
11             println("You got it!")
12         } else {                          else path
13             println("Sorry, you missed it.")
14         }
15     }
```

图 7.2　程序的执行在此示例中有两个不同的流程

这里的内容很简单，你可能不需要拿出笔来绘制流程图就可以瞬间理解。

但是，随着控制结构变得越来越复杂，随着你使用更多的结构，并且开始嵌套使用它们，映射控制流程将变得困难。此外，许多情况下你会在 if、when、else、for 以及 while 代码块中调用其他方法，遵循编程逻辑可能相当不容易，为此你需要多花一点时间。

不过，流程控制非常重要。正如你将在整章中看到的，确切地知道代码是如何执行的是编写良好代码的关键，确保流程完全按照你所希望的方式进行是编写优秀代码的关键。

7.2.3　if 和 else 遵循基本结构

每个 if/else 代码块遵循相同的基本结构：

```
if (EXPRESSION) {
    // code to run if EXPRESSION is true
} else {
    // code to run if EXPRESSION is not true
}
```

你已在实战中看到了：

```
if (guess.toInt() == theNumber) {
    println("You got it!")
} else {
    println("Sorry, you missed it.")
}
```

当然，你不必总提供 else 部分：

```
if (guess.toInt() == theNumber) {
    println("You got it!")
}
```

一般来说，如果想根据表达式(EXPRESSION)采取不同的步骤，那么使用 if/else。只有当你想根据表达式(EXPRESSION)采取额外步骤时，才会单独使用 if。

花括号也是可以省略的，前提是你要将整个语句放在一行中。因此，以下代码完全合法：

```
if (guess.toInt() == theNumber) println("You got it!") else println("Sorry.")
```

不过，它的可读性不太高，所以在大多数情况下，最好把单行拆分成几个部分，放入花括号中。这样代码将会更干净，更易于阅读。

7.2.4 表达式和 if 语句

关于 if 语句，最重要的是确保编写一个清晰的表达式(之前代码中所示的 EXPRESSION)。这个表达式的结果必须为真(true)或假(false)。

注意：
此处的 EXPRESSION(表达式)有时也被称为 CONDITION(条件)或条件语句，甚至是条件表达式。

但实际上你见过不止这一个表达式。if 语句本身就是一个对代码块(花括号内的部分)进行评估的表达式。以你之前看到的 if 为例：

```
if (guess.toInt() == theNumber) {
    println("You got it!")
} else {
    println("Sorry, you missed it.")
}
```

如果表达式为真，即 guess.toInt() == theNumber，那么整个 if 语句的评估结果如下：

```
println("You got it!")
```

如果条件表达式不为真，那么该 if 语句的评估结果如下：

```
println("Sorry, you missed it.")
```

1. 直接使用 if 语句的结果

你也可以将 if 语句的结果分配给某个变量，或者直接使用它。因此，以下是 if 语句基于表达式来赋值的一个示例：

```
var response = StringBuilder("The number you guessed is ")
if (guess.toInt() == theNumber) {
    response.append("right!")
} else {
    response.append("wrong!")
}

println(response.toString())
```

> **注意：**
> 顾名思义，StringBuilder 是一种轻松地逐步创建字符串的方法。

这只是之前代码的一种变体，所以你并不惊讶。但有一种情况是把任何你想要的东西放在 if 和 else 代码块中，并从 if 语句返回评估结果。所以假设你有这样的 if 语句：

```
val evenOrOdd = "even"
if (evenOrOdd == "even") {
    6
} else {
    9
}
```

在这种情况下，if 语句的评估结果为 6。如果 evenOrOdd 被设置为 "even" 以外的任何值，则 if 语句的评估结果将为 9。因此，了解这点以后，实际上就可以重写之前使用 StringBuilder 的语句：

```
var response = StringBuilder("The number you guessed is ")

response.append(if (guess.toInt() == theNumber) "right!" else "wrong!")

println(response.toString())
```

到底是怎么回事？代码看起来有点奇怪，不过可以将其分解(特别是第二行)。先看 if 语句：

```
if (guess.toInt() == theNumber) "right!" else "wrong!"
```

现在，为了让逻辑清晰，进一步将其分解为代码块：

```
if (guess.toInt() == theNumber) {
  "right!"
} else {
  "wrong!"
}
```

这样看起来就很熟悉。有一个条件表达式用来评价是真还是假，然后如果该表达式为真执行一个代码块，当表达式为假则执行另一个代码块，就是这样。

然而奇怪的是，位于每个代码块中的不是运行语句，而是一个简单的值："right!"或"wrong!"。要知道，整个 if 语句被当作一个表达式来评估，结果要么是字符串"right!"要么是字符串"wrong!"。然后，该字符串将被传递给 append()方法：

```
response.append(if (guess.toInt() == theNumber) "right!" else "wrong!")
```

这非常合理，因为 StringBuilder 的 append()方法将字符串作为入参。该值会被追加到 response 的现有内容之后，然后进行输出。

2. Kotlin 没有三元运算符

如果你使用过 Java 等其他编程语言，你肯定看到过通过三元运算符可以实现这种行为及控制流程。三元运算符的效果就像你刚才看到的 if/else 语句一样，但语法略有不同。

例如，以下代码演示了在 Java 中使用三元运算符：

```
response.append((guess.toInt() == theNumber) ? "right!" : "wrong!")
```

这个格式实际上看起来和你所看到的相似：

```
[EXPRESSION] ? [CODE TO EVALUATE IF TRUE] : [CODE TO EVALUATE IF FALSE]
<p153code3>[表达式] ? [当表达式为真时的代码] : [为假时的代码]
```

当然，你可以很容易地将以上语句映射到 if 语句：

```
If [EXPRESSION] then [CODE TO EVALUTE IF TRUE] else [CODE TO EVALUATE
IF FALSE]
<p153code4>If [表达式] then [当表达式为真时的代码] else [为假时的代码]
```

这种映射简单易懂，所以 Kotlin 中没有提供特定的三元运算符。

3. 代码块会评估最后一条语句

例如，if 语句的两个部分中有以下稍长一点的代码：

```
if (guess.toInt() == theNumber) {
    response.append("right!")
```

```
        true
} else {
    response.append("false!")
    false
}
```

在每个代码块中，表达式将会被评估为最后一行语句。因此，前一个代码块将被评估为真，后一个代码块将被评估为假。

这意味着你可以更巧妙地使用 if 语句的结果。请看以下代码：

```
print("The number you guessed is ")
var hasRightNumber = if (guess.toInt() == theNumber) {
        println("right!")
    true
} else {
    println("wrong.")
false
}

println(hasRightNumber)
```

在本例中，if 语句仍用于计算返回值：true 或 false，但同时也用于打印。但是你不能更改两者的先后顺序，以下代码将无法正常工作：

```
print("The number you guessed is ")
var hasRightNumber = if (guess.toInt() == theNumber) {
        true
        println("right!")
    } else {
        false
        println("wrong.")
    }

println(hasRightNumber)
```

实际上，这两种情况下的代码都会返回 println() 的评估结果，因为它是被评估的代码块的最后一行代码。

4. 如果用 if 语句来赋值，则必须有 else 代码块

使用 if 赋值要注意的最后一点：如果使用该方法赋值，那么 if 语句必须有 else 代码块。这是因为赋值必须要有内容，而 if 语句的表达式为假的结果就是 else 代码块，因此它必须存在。如果没有 else 代码块，就没有内容可以赋值，那么整个语句就是无效的。

7.3 when 是 Kotlin 版本的 Switch

大多数语言都有 switch 的概念。switch 语句也用于管理控制流程，但它提供了多个选项，不像 if 语句只有简单的真或假。在 Kotlin 中，是通过 when 控制结构处理类似场景：

```
var anotherNumber = Random.nextInt(0, 5)

when (anotherNumber) {
    0 ->println("the number is 0")
    1 ->println("the number is 1")
    2 ->println("the number is 2")
    3 ->println("the number is 3")
    4 ->println("the number is 4")
}
```

> **注意：**
> Kotlin 没有使用 switch 关键字是有点奇怪，switch 是一个容易理解的关键字。或许这个改变只是为了与众不同。无论如何，这是一个容易实现的改变。

当你看到一个 when 语句时，你应该把第一行读成"当 anotherName 是……"：

```
when (anotherNumber) {
```

然后，对于接下来的每一行，将其读为"是 0 时，执行……"，"是 1 时，执行……"：

```
0 ->println("the number is 0")
1 ->println("the number is 1")
// etc
```

换句话说，每一行都是一个特定的条件，如果满足条件则运行 -> 之后的代码。

7.3.1 每个比较或条件都是一个代码块

你还可以使用花括号为每一个情况创建代码块：

```
when (anotherNumber) {
    0 -> {
        println("the number is 0")
    }
    1 ->println("the number is 1")
    2 ->println("the number is 2")
    3 ->println("the number is 3")
    4 ->println("the number is 4")
}
```

> **注意：**
> Kotlin 中的各个情况有时也称为分支，这些术语是可互换的。

当然，你可以在这些代码块内编写多行代码：

```
var even = false
when (anotherNumber) {
    0 -> {
        println("the number is 0")
        even = true
    }
    1 ->println("the number is 1")
    2 -> {
        println("the number is 2")
        even = true
    }
    3 ->println("the number is 3")
    4 -> {
        println("the number is 4")
        even = true
    }
}
```

每个代码块中可以有多个操作，就像 if 中的那样，代码块将评估其中的最后一行语句。

7.3.2 用 else 代码块处理其他一切

你也可以在 when 中使用 else。在这种情况下，else 将捕获任何之前未明确匹配的情况：

```
var anotherNumber = Random.nextInt(0, 1000)

var even = false
when (anotherNumber) {
    0 -> {
        println("the number is 0")
        even = true
    }
    1 ->println("the number is 1")
    2 -> {
        println("the number is 2")
        even = true
    }
    3 ->println("the number is 3")
```

```
    4 -> {
        println("the number is 4")
        even = true
    }
    else ->println("The number is 5 or greater")
}
```

在此示例中，anotherNumber 现在可以运行到 1000，而 else 可以处理任何大于 4 的情况。并且 else 也可以有自己的代码块：

```
var anotherNumber = Random.nextInt(0, 1000)

var even = false
when (anotherNumber) {
    0 -> {
        println("the number is 0")
        even = true
    }
    1 ->println("the number is 1")
    2 -> {
        println("the number is 2")
        even = true
    }
    3 ->println("the number is 3")
    4 -> {
        println("the number is 4")
        even = true
    }
    else -> {
        println("The number is 5 or greater")
        even = (anotherNumber % 2 == 0)
    }
}

println("The actual number was $anotherNumber")
```

> **注意：**
> 运算符%表示取模运算。它从除法运算中返回余数部分。在上面的示例中，anotherNumber % 2 表示 anotherNumber 除以 2 返回的余数部分。如果余数是 0，那么这个数字可以被 2 整除，因此是偶数。如果有余数部分，那么数字为奇数。

7.3.3 每个分支可以支持一定范围

when 经常用于数字范围，其分支可以处理不止一个值。以下是在一个分支中处理多个数字的示例：

```
when (anotherNumber) {
    0, 1, 2, 3, 4 -> {
        println("the number is less than 5")
    }
    else -> {
        println("The number is 5 or greater")
        even = (anotherNumber % 2 == 0)
    }
}
```

还可以使用关键字 in 来简化此语法：

```
when (anotherNumber) {
    in 0..4 -> {
        println("the number is less than 5")
    }
    else -> {
        println("The number is 5 or greater")
        even = (anotherNumber % 2 == 0)
    }
}
```

你只需要提供下界和上界并用两个点(..)间隔。另外请注意，in 包含下界和上界，因此 in 0..4 对 0、1、2、3 和 4 都为真。

也可以使用!对范围取反，即!in：

```
when (anotherNumber) {
    !in 0..4 -> {
        println("the number is greater than 5")
    }
    else -> {
        println("The number is 4 or less")
        even = (anotherNumber % 2 == 0)
    }
}
```

7.3.4　每个分支通常会有部分表达式

可以将 when 语句当作一种超级 if 语句来使用。每个分支条件语句都可以评估其 Boolean 值，但其规则与 if 语句的有所不同。

下面是一个 when 示例的第一行语句，其中包含一个值：

```
when (anotherNumber) {
```

anotherNumber 的值是用于比较的值。但每个分支开头的声明实际上并不是一个完整的表达式。例如：

```
0, 1, 2, 3, 4 -> {
        println("the number is less than 5")
    }
in 5..100 {
        println("the number is between 5 and 100")
    }
```

在这里，0, 1, 2, 3, 4 和 in 5..100 不能独自成立。相反，它们与开头的值结合才能构成完整的条件语句。因此你需要：

```
when (anotherNumber) {
```

而 anotherNumber 则成为每个分支中的部分表达式的前缀。如果没有提供运算符，则比较是否相等：

```
anotherNumber == 0
```

如果提供多个数字但未提供运算符，则会用 or 组合语句检查多个等式：

```
(anotherNumber == 0) OR (anotherNumber == 1) OR (anotherNumber == 2) …
```

最后，如果应用了运算符，就会得到类似下面的表达式：

```
anotherNumber in 5..100
```

此组合表达式的评估结果为一个 Boolean 值。如果评估结果为真，则执行该分支的代码块；如果为假，该分支会被跳过，检查下一个分支。

如果没有分支匹配，并且有 else 分支，则执行 else 分支的代码块。如果没有分支匹配，并且没有 else 分支，则没有分支被执行，并且流程会在 when 之后直接返回到代码。

不过，你还有另一种选择。即 when 的第一行中不提供变量或表达式，而是将它们放在每个分支中成一个完整的 Boolean 语句。下面是一个示例，这个 when 语句变成了一个 if 语句：

```
when {
    (anotherNumber % 2 == 0) ->println("The number is even!")
    else ->println("The number is odd!")
}
```

这并不是特别有用，因为你可以用 if 语句实现。不过，当你处理多个分支时，它确实显得有趣：

```
when {
    (anotherNumber % 2 == 0) ->println("The number is divisible by 2!")
    (anotherNumber % 3 == 0) ->println("The number is divisible by 3!")
    (anotherNumber % 5 == 0) ->println("The number is divisible by 5!")
    (anotherNumber % 7 == 0) ->println("The number is divisible by 7!")
    (anotherNumber % 11 == 0) ->println("The number is divisible by 11!")
    else ->println("This thing is hardly divisible by anything!")
}
```

这个示例并没那么令人兴奋，但它确实表明你可以很容易地处理多分支的情况。如果要用 if 语句做到这一点，你需要将多个 if/else 语句链接在一起：

```
if (anotherNumber % 2 == 0) {
    println("The number is divisible by 2!")
} else if (anotherNumber % 3 == 0) {
    println("The number is divisible by 3!")
} else if (anotherNumber % 5 == 0) {
    println("The number is divisible by 5!")
} else if (anotherNumber % 7 == 0) {
    println("The number is divisible by 7!")
} else if (anotherNumber % 11 == 0) {
    println("The number is divisible by 11!")
} else {
    println("This thing is hardly divisible by anything!")
}
```

> **注意：**
> Kotlin 并不像某些语言那样有 elsif 或 elseif 语句。你可以简单地使用 else 后面紧跟着一个 if 来实现。

7.3.5 分支条件按顺序依次检查

Kotlin 运行时将按代码的顺序，每次检查一个分支。此外，最终只有一个分支被执行。因此，在之前的代码中，如果 anotherNumber 是 6(实际上可以被 2 和 3 整除)，那么只有条件为(anotherNumber % 2 == 0)的分支被执行。这是第一个匹配的分支，因此也是唯一执行的分支。

大多数时候，你会自然而然写出相互排斥的条件。然而，你也可能会刻意这样做。注意，一旦条件完成就会退出 when 代码块。这不同于某些语言，需要通过显式的调用才能退出 switch 或 case 语句，如 Java 中的 break 关键字。

7.3.6　分支条件只是表达式

你已经看到了分支的不同表达式的一些变体。在 when 的初始行中有变量的，那么可在每个分支中给出部分表达式。如果将变量从初始行中移除，则每个分支中可以有完整的表达式。

还有一些其他变体。首先，在 when 的初始行中，实际上还可以执行计算：

```
when (anotherNumber % 2) {
    0 ->println("The number is even!")
    else ->println("The number is odd!")
}
```

这并不奇怪。Kotlin 会评估(anotherNumber % 2)，并将结果与每个分支的部分表达式进行比较，以确定要执行哪一个分支。你也可以在第一行中使用函数：

```
when (mom.children.size % 2) {
    0 ->println("The kids can pair up!")
    else ->println("Uh oh, someone will be left out!")
}
```

你也可以在分支条件中进行函数调用：

```
when {
    canPlayBasketball(mom.children.size) ->println("You can play a
good game of hoop!")
    canPlayTag(mom.children.size) -> "Plenty for tag!"
    else ->println("Uh oh, no good game ideas!")
}
```

警告：
仔细看你就会发现这段代码实际上不能正常工作，因为没有在任何地方定义 canPlayBasketball()或 canPlayTag()方法。这纯粹是为了演示目的。

所有这些都只是表达式，无论是在 when 的初始行中还是在分支中，无论是部分的表达式还是完整的。

7.3.7　when 语句也可作为一个整体来赋值

你应该还记得，if 语句实际上可以作为一个整体来评估：

```
print("The number you guessed is ")
var hasRightNumber = if (guess.toInt() == theNumber) {
    println("right!")
```

```
        true
    } else {
        println("wrong.")
        false
    }

    println(hasRightNumber)
```

when 也具有相同的功能：

```
fun isPositiveInteger(theValue: Any): Boolean =
    when {
        (theValue !is Int) && (theValue !is Byte) &&
            (theValue !is Short) && (theValue !is Long) -> false
        (theValue is Int) -> (theValue as Int> 0)
        (theValue is Short) -> (theValue as Short> 0)
        (theValue is Byte) -> (theValue as Byte> 0)
        (theValue is Long) -> (theValue as Long> 0)
        else -> false
    }
```

在这里，一个函数被定义为 when 语句，如同 if 语句那样，每个分支返回最后一行语句。

第一个条件是多条件组合：它检查值(theValue)是否是一组类型之一。如果是这些类型之一，它将被转换为适当的表达式(Int、Short、Byte，或 Long 类型)。

但请记住，如果没有找到匹配项，则 else 代码块将运行。这意味着你可以删除第一个条件，仅留下：

```
when {
        (theValue is Int) -> (theValue as Int> 0)
    (theValue is Short) -> (theValue as Short> 0)
    (theValue is Byte) -> (theValue as Byte> 0)
    (theValue is Long) -> (theValue as Long> 0)
    else -> false
```

现在，如果没有类型匹配，你会得到相同的 false 返回值，这可以减少第一个条件带来的杂乱无章。

> **注意：**
> 这里有一个较新的函数语法。不是使用一组花括号用来定义函数，而是完全用一个=后跟单行语句来表示。

7.4 for 循环

for 控制结构可能是第二种常见的结构,仅次于 if 控制结构,如果你已经编写过程序,那么对它一定很熟悉。之前你已在集合实战中看到过它,当然这不是它唯一的用法。

for,最简单的功能是实现循环,用来遍历一定数量的东西。这里的"东西"是模糊的概念,因为一个循环可以遍历几乎任何东西——只要有一个起点和一个终点。

7.4.1 Kotlin 中的 for 循环需要一个迭代器

如果你编程有很长一段时间了,那么可能遇到过用简单的循环来提供某种索引或计数器。以下是一个 Java 的示例:

```
for (int i = 0; i < 5; i++) {
    System.out.println(i);
}
```

而 JavaScript 中代码如下:

```
for (i = 0; i < 5; i++) {
    text += i + "<br>";
}
```

Kotlin 中则有点不同,以下是 Kotlin 中的相同循环:

```
for (i in 0..4) {
    println(i)
}
```

这看起来可能差别不大,但其中隐藏着一些重要的差异。

首先,Kotlin 不支持典型的格式:

```
for (statement 1; statement 2; statement 3) {
    // code block to be executed
}
```

这种格式在 Java、JavaScript 和许多其他语言中很常见,statement1 通常是赋值,statement 2 通常是条件,当条件为真时执行代码块,statement 3 会在每次循环的末尾执行。

不过,Kotlin 需要一个迭代器,实际上是由迭代器在内部对代码执行所有这些操作。以下仍是 Kotlin 代码:

```
for (i in 0..4) {
    println(i)
}
```

在此代码中，0..4 实际上即时创建了一个迭代器。换句话说，它在某种程度上等价于以下代码：

```
val numbers = listOf(0, 1, 2, 3, 4)
val numbersIterator = numbers.iterator()
```

你也已经知道如何在集合中用 while 循环遍历每一项并输出，代码如下：

```
val numbers = listOf(0, 1, 2, 3, 4)
val numbersIterator = numbers.iterator()
while (numbersIterator.hasNext()) {
    println(numbersIterator.next())
}
```

> **注意：**
> 我们稍后会介绍 while，现在只是简单提一下。

然后，你可以将此简化为：

```
val numbers = listOf(0, 1, 2, 3, 4)
for (item in numbers) {
    println(item)
}
```

虽然这些都已过时，但实际上有很棒的意义：一旦你意识到 Kotlin 实际上只是在内部做了同样的事情，就已经深入了解了 for 循环。

7.4.2 你做得越少，Kotlin 做得越多

因此，当你编写以下代码时：

```
for (i in 0..4) {
    println(i)
}
```

Kotlin 实际上把 0..4 视为一个集合，而 i 用作该集合的迭代器。你几乎可以看到 Kotlin 将此代码转换为类似下面的代码：

```
for (i in listOf(0, 1, 2, 3, 4)) {
    println(i)
}
```

够简单，对吧？然后，每一次循环中，i 就等于集合的下一项。

警告:
Kotlin 并没能完全做到这一点,尽管很接近。老实说,现在就深入了解生成的字节码并没用。只需要专注于关键的概念,即 Kotlin 将范围转换为集合,然后在该集合上创建一个迭代器,知道这些就够了。

7.4.3 for 对迭代有要求

既然你已经看到了实战,那么对于哪些对象可被遍历的要求就能更具体一点了。因为 for 可以重复任何迭代器,这意味着它需要:

- 对象(如一个范围)具有成员或 iterator()函数,以及:
  - ➤ 该迭代器具有 next()函数。
  - ➤ 该迭代器具有 hasNext()函数,可以返回一个 Boolean 值。
- 它不一定是一个集合,但通常是集合或 Kotlin 可将其变成一个集合(如范围,例如 0..4)。

只要满足所有这些要求,你就可以使用 for 循环。

7.4.4 可以用 for 获取索引而不是对象

使用迭代器的一个明显限制是,你通常会遍历所创建集合中的每一项。最重要的是,你只是得到项目本身,而不是一个索引。

因此在 Java 中,你就会有这样的代码:

```
int ar[] = { 1, 2, 3, 4, 5, 6, 7, 8 };
int i, x;

// iterating over an array
for (i = 0; i < ar.length; i++) {

    // accessing each element of array
    x = ar[i];
    System.out.print(x + " ");
}
```

每次循环时 i 是一个索引,该索引也会作为一个循环计数器。但是,你可以在 Kotlin 中通过索引从集合中获取对应项:

```
int ar[] = { 1, 2, 3, 4, 5, 6, 7, 8 };
int i, x;

for (i in ar.indices) {
```

```
    x = ar[i]
    println("${x} ")
}
```

上述代码并没有直接迭代每一项,而是使用了 indices 属性(这本身会返回一个迭代器),在每次循环中 i 是索引而不是该索引的对应项。

在上一个例子中,它不太有用,最好代码只是获取数组中的每个对象。但有时你可能需要打印出每一项的索引:

```
for (i in ar.indices) {
    x = ar[i]
    println("${x} is at index ${i}")
}
```

但警告一点:总是假设集合返回的索引值(与计数器完全一样)是从 0 或 1 开始的是极不安全的。如果你想要一个严格的计数器,可能需要将索引与正在迭代的对象分开:

```
var counter: Int = 1
for (i in ar.indices) {
    x = ar[i]
    println("Item ${counter}: ${x} is at index ${i}")
    counter++
}
```

注意:

这是一个简单的例子,说明了为什么使用索引作为计数器的代理并不总是安全的。此示例中的索引是从 0 到 7,而计数器的值是从 1 到 8。即使你认为 i 的值每次加 1,这仍然是不可靠的。

无可否认,这有点笨拙。事实上,绝大多数时候你并不想要一个计数器,而只想要那些实际的索引,或者可能是一个总的计数。你可以同时获得这两者,因此前面的代码很少会用到。

代码清单 7.2 将所有这些示例组合成一段代码,你可以用它来验证自己的成果。

代码清单 7.2　将所有代码片段汇成一个示例程序

```
import kotlin.random.Random

fun main() {
    var theNumber = Random.nextInt(0, 1000)

    print("Guess my number: ")
    val guess = readLine()!!
```

```
/*
if (guess.toInt() == theNumber) {
    println("You got it!")
} else {
    println("Sorry, you missed it.")
}
 */

print("The number you guessed is ")
var hasRightNumber = if (guess.toInt() == theNumber) {
        println("right!")
        true
    } else {
        println("wrong.")
    false
    }

println(hasRightNumber)

var anotherNumber = Random.nextInt(0, 1000)

var even = false
when {
    (anotherNumber % 2 == 0) ->println("The number is even!")
    else ->println("The number is odd!")
}

when {
    (anotherNumber % 2 == 0) ->println("The number is divisible by 2!")
    (anotherNumber % 3 == 0) ->println("The number is divisible by 3!")
    (anotherNumber % 5 == 0) ->println("The number is divisible by 5!")
    (anotherNumber % 7 == 0) ->println("The number is divisible by 7!")
    (anotherNumber % 11 == 0) ->println("The number is divisible by 11!")
    else ->println("This thing is hardly divisible by anything!")
}

if (anotherNumber % 2 == 0) {
    println("The number is divisible by 2!")
} else if (anotherNumber % 3 == 0) {
    println("The number is divisible by 3!")
} else if (anotherNumber % 5 == 0) {
    println("The number is divisible by 5!")
} else if (anotherNumber % 7 == 0) {
    println("The number is divisible by 7!")
} else if (anotherNumber % 11 == 0) {
    println("The number is divisible by 11!")
} else {
```

```
    println("This thing is hardly divisible by anything!")
}

println("The actual number was $anotherNumber")

var foo: Long = 23

println(isPositiveInteger(foo))

val numbers = listOf(0, 1, 2, 3, 4)
for (item in numbers) {
    println(item)
}

val ar = intArrayOf(1, 2, 3, 4, 5, 6, 7, 8)
var i: Int
var x: Int

var counter: Int = 1
for (i in ar.indices) {
    x = ar[i]
    println("Item ${counter}: ${x} is at index ${i}")
    counter++
}
}
```

7.5 执行 while 循环直至条件为假

到目前为止，已经很容易能遍历集合，你也可以遍历任何可以变成迭代器的东西。但有时，你只是想在某个特定条件为真的情况下能持续不断地循环。换句话说，你想一直循环下去，直到条件为假。

这就是 while 的用途。就像 if 和 else 一样，while 运算符的作用与它在其他语言中的功能非常类似，所以你可能会发现它特别容易掌握。

7.5.1 while 与 Boolean 条件有关

如果你现在有些时间，可编写并运行以下代码：

```
while (true) {
    // this will loop endlessly!
}
```

虽然这没什么用处，一个无限循环，但它也说明了 while 循环的最简单的形式。你有一个条件，只要该条件为真，则循环体将被执行：

```
while (CONDITION) {
    // this will loop endlessly!
}
```

这里的条件(CONDITION)必须评估为一个 Boolean 值。此外，该条件也是退出循环的方式。

> **注意：**
> 还有其他几种方法可以用来摆脱循环，如使用 break，稍后会在本章介绍。

这实际上意味着你应该在循环体内设置条件不为真的机关。否则，条件将继续为真，你会得到一个无限循环。

最简单的是，你可以在 while 内创建一个计数器：

```
var x: Int = 1
while (x < 6) {
    println(x)
    x++
}
```

> **警告：**
> 你可能需要对代码做一些调整才能运行。首先，如果你已经提前声明了 x，则删除声明行并替换为 x=1。其次，如果你编译了之前的无限循环代码，请先删除它，否则你的代码将永远不会停止，更不用说执行位于无限循环之后的任何内容了。

这有点傻，因为你可以用 for 做同样的事情，并且更简洁易懂：

```
for (x in 1..5) {
    println(x)
}
```

事实证明除了复制 for 循环的功能，while 很难实现其他有趣的功能——除非你还使用了一些其他的控制结构。

一个更现实的简单示例是从其他代码中提取一个值，然后将该值用作条件的一部分：

```
var condition: Boolean = Random.nextBoolean()
while (condition) {
    println("Still true!")
    condition = Random.nextBoolean()
```

```
}
println("Not true any more!")
```

Random.nextBoolean()是一个简单的帮助函数，返回随机真假值。该 while 循环会获取该值，然后只要条件为真就一直循环。请注意在 while 循环中，每次都会获取一个 Boolean 值。不要忘记这一点，否则条件永远不会发生改变，你将会得到另一个无限循环！

> **注意：**
> 有一种方法可以避免此类无限循环：在它开始之前设置条件为假，那么循环将永远不会被执行。

这段代码虽然让人无感，但它确实让你看到了大多数循环的样子：它们从另一段代码中提取一个值，或者计算一个值，然后将该值插入条件中。

7.5.2　巧用 while：多个运算符，一个变量

提醒一点：到目前为止，代码(以及关于 while 如何工作的语句)都基于一个相当安全的假设，即你的代码以外的任何代码都不会改变循环条件中使用的值。然而，情况可能并非如此。

例如一个 condition 变量，该变量可为真或假，该值在 while 循环中被用作条件。如果该变量被任何其他代码更改了，它就有可能影响到你的循环。但如果不是你在自己的代码中改变 condition，改变又是如何发生的呢？

最简单的情况是将 condition 传递给一个函数，然后在函数内更改 condition 的状态。例如以下代码：

```
var condition: Boolean = Random.nextBoolean()
while (condition) {
    println("Still true!")
    condition = Random.nextBoolean()

    thisMightChangeThings(condition)
}
```

Kotlin 最初允许这样做，但现在不再允许。因此，在 Kotlin 中这实际上是非法的。

> **注意：**
> Kotlin 中采用的是所谓的"值传递"。即参数以传值的方式传入函数中，而不是通过"引用传递"将内存中的实际对象或值传入函数中。这意味着任何函数都无法直接更改传入的值。

但是，如果你正在编写多线程的代码，那么实际上可以设置一个供多个线程访问的变量。这有点复杂，远远超出了本章的内容。然而，值得一提的是：在多线程的环境中，两段不同的代码可以同时操作同一个变量。这种情况可能会对该变量产生不可预知的变化，如果该变量被你的循环用作条件，则无法预测该条件是 true 还是 false。

> **注意：**
> 这是一个相对简短、粗略的线程概述，不必过于认真。这里也没有提到协程 (coroutine)，它是 Kotlin 处理这些情况的一个重要部分。这里的主要收获是，你应该知道在极少数情况下，条件有可能在你不知情的情况下被修改。

7.5.3 组合控制结构，获得更有趣的解决方案

有了 if、while 和 for，你可以开始做一些有趣的事。请记住，当你的外循环是 while 时，务必对循环条件中的变化部分进行设置，以使条件在某个时候为假。

例如以下代码，使用多重循环来计算 low 和 high 之间的素数：

```
var low = 1
var high = 100

while (low < high) {
    var foundPrime = false

    for (i in 2 .. low/2) {
        if (low % i == 0) {
            foundPrime = true
            break
        }
    }

    if (!foundPrime) print("$low ")

    low++
}
```

> **注意：**
> 此代码基于 Programiz 网站(www.programiz.com)上的类似代码。该网站是提供 Kotlin(以及其他语言)示例的一个很好的资源。示例中还使用了 break，如前所述你很快就会学到。

7.6 do...while 循环至少运行一次

while 循环总是在执行任何代码之前评估其条件。因此，以下面这个(微不足道的)例子为例：

```
while (false) {
    println("Code that never runs!")
}
```

println()永远不会被执行，因为条件被评估为 false。但如果你希望代码至少执行一次，那么可使用 do...while 循环：

```
do {
    println("Gonna run at least once!")
} while (false)
```

与 while 不同，这里的条件是在执行代码块后评估的。这是 while 和 do ... while 的唯一区别。

7.6.1 每个 do ... while 循环都可以改写成一个 while 循环

你可能已经发现很重要的一点：每个 do... while 循环可以重写为一个 while 循环。对于每种能使用 do...while 的情况，也可以使用 while 循环来完成。但你有时要对循环做相应的修改才能实现此转换。因此，请看以下代码：

```
condition = false
do {
    println("Gonna run at least once!")
} while (condition)
```

你不能简单地把 do ...while 换成 while。因为这无法模拟之前的代码：

```
condition = false
while (condition) {
    // This line actually will NOT run now
    println("Gonna run at least once!")
}
```

在一个 do ...while 中，条件的初始值是什么并不重要，代码将运行一次。而在 while 中，条件的初始值确实很重要。所以你需要解决这个问题：

```
condition = true
while (condition) {
    // This line actually will run with condition initially set to true
```

```
    println("Gonna run at least once!")
    condition = false
}
```

现在你会得到相同的输出。

7.6.2 如果必须先执行一定的操作，那么使用 do ... while

对于何时使用 do...while 比 while 更合理，你需要多留意并稍加动脑。根据经验，这与循环中的代码关系不大，而与代码所操作的对象的预备状态有关。

例如，假设你需要用一些数据初始化列表。首先，可以使用一个快速辅助函数来创建随机字符串：

```
fun randomString(length: Int): String {
    val allowedChars = ('A'..'Z')
    return (1..length)
            .map { allowedChars.random() }
            .joinToString("")
}
```

> **注意：**
> 这里的有些功能，比如映射(map)和 joinToString()你可能还不曾见过，不必担心。你可以先大概知道它们的作用，然后在之后的章节中更多地进行了解。

下面是一个 do... while 循环，用随机字符串填充空字符串列表：

```
var emptyList: MutableList<String> = mutableListOf()

do {
    emptyList.add(randomString(10))
} while (emptyList.size < 10)

println(emptyList)
```

这里真的不必使用 while 来评估条件，因为你知道列表最初是空的，包含不到 10 项。这是一个很好的 do...while 示例，因为你知道你想让代码至少运行一次。

实际上此示例还是精心策划的，因为你知道循环需要运行 10 次，所以可以使用 for 循环。当你知道检查 9 次条件并不必要时，用 for 循环也可以做到你想做的，而不必检查 9 次条件：

```kotlin
var anotherEmptyList: MutableList<String> = mutableListOf()

for (i in 1..10) {
    anotherEmptyList.add(randomString(10))
}

println(anotherEmptyList)
```

一个更好的示例是，当你操作变量时，不确定该操作会执行多少次。比如将填充数组的操作交给一个你无法看到内容的函数。下面添加新的工具函数，创建一个具有随机数量字符串的列表：

```kotlin
fun someStrings(): List<String> {
    var someStrings = mutableListOf<String>()
    for (i in 1..Random.nextInt(10))
        someStrings.add(randomString(10))
    return someStrings
}
```

现在，看看刚才的 do...while 循环的修改版本：

```kotlin
var emptyList: MutableList<String> = mutableListOf()

do {
    emptyList.addAll(someStrings())
} while (emptyList.size < 100)

println(emptyList)
```

这里最大的区别是，现在还不清楚代码将执行多少次，但由于 emptyList 最开始为空列表，因此它确实需要至少执行一次。这两件事共同决定了此例适合采用 do ...while 循环：

- 系统的状态已知，这样循环中的代码总是至少要运行一次
- 不知道代码块中将对条件的某些部分做多少或多大程度的更改

代码清单 7.3 更新了代码清单 7.2，添加了所有这些新的示例代码片段。

代码清单 7.3　更多代码、更多循环、更多控制结构

```kotlin
import kotlin.random.Random

fun main() {
    var theNumber = Random.nextInt(0, 1000)

    print("Guess my number: ")
    val guess = readLine()!!
```

```
/*
if (guess.toInt() == theNumber) {
    println("You got it!")
} else {
    println("Sorry, you missed it.")
}
 */


print("The number you guessed is ")
var hasRightNumber = if (guess.toInt() == theNumber) {
        println("right!")
        true
    } else {
        println("wrong.")
    false
    }


println(hasRightNumber)

var anotherNumber = Random.nextInt(0, 1000)

var even = false
when {
    (anotherNumber % 2 == 0) ->println("The number is even!")
    else ->println("The number is odd!")
}

when {
    (anotherNumber % 2 == 0) ->println("The number is divisible by 2!")
    (anotherNumber % 3 == 0) ->println("The number is divisible by 3!")
    (anotherNumber % 5 == 0) ->println("The number is divisible by 5!")
    (anotherNumber % 7 == 0) ->println("The number is divisible by 7!")
    (anotherNumber % 11 == 0) ->println("The number is divisible by 11!")
    else ->println("This thing is hardly divisible by anything!")
}

if (anotherNumber % 2 == 0) {
    println("The number is divisible by 2!")
} else if (anotherNumber % 3 == 0) {
    println("The number is divisible by 3!")
} else if (anotherNumber % 5 == 0) {
    println("The number is divisible by 5!")
} else if (anotherNumber % 7 == 0) {
    println("The number is divisible by 7!")
} else if (anotherNumber % 11 == 0) {
    println("The number is divisible by 11!")
```

```kotlin
} else {
    println("This thing is hardly divisible by anything!")
}

println("The actual number was $anotherNumber")

var foo: Long = 23

println(isPositiveInteger(foo))

val numbers = listOf(0, 1, 2, 3, 4)
for (item in numbers) {
    println(item)
}

val ar = intArrayOf(1, 2, 3, 4, 5, 6, 7, 8)
var i: Int
var x: Int

var counter: Int = 1
for (i in ar.indices) {
    x = ar[i]
    println("Item ${counter}: ${x} is at index ${i}")
    counter++
}

x = 1
while (x < 6) {
    println(x)
    x++
}

for (x in 1..5) {
    println(x)
}

outer_loop@ for (i in 1..10) {
    var low = 1
    var high = 100

    while (low < high) {
        var foundPrime = false

        prime_loop@ for (i in 2..low / 2) {
            if (low % i == 0) {
                foundPrime = true
                break@outer_loop
```

```
                }
            }

        if (!foundPrime) print("$low ")

        low++
    }
    println()
}

var condition: Boolean = Random.nextBoolean()
while (condition) {
    println("Still true!")
    condition = Random.nextBoolean()

    // thisMightChangeThings(condition)
}
println("Not true any more!")

while (false) {
    println("Code that never runs!")
}

condition = false
do {
    println("Gonna run at least once!")
} while (condition)

condition = false
while (condition) {
    // This line actually will NOT run now
    println("Gonna run at least once!")
}

condition = true
while (condition) {
    // This line actually will NOT run now
    println("Gonna run at least once!")
    condition = false
}

var emptyList: MutableList<String> = mutableListOf()

do {
    emptyList.addAll(someStrings())
```

```
} while (emptyList.size < 100)

println(emptyList)
```

7.6.3　选用 do ... while 可能是基于性能的考虑

现在你已经了解了 while 和 do...while，并意识到真的可以在一切场景中使用 while，这就提出了一个问题：为什么要使用 do ...while 呢？当然，正如你之前见过和编写的例子那样，它们之间的差别很小，可以说是微不足道的。

鉴于这一点，采用 do...while 而不是 while 很可能是由于以下两个较具说服力的理由：

- 你希望尽可能清楚地说明代码的意图，并且知道代码块中的代码将至少运行一次(向阅读、审核或维护代码的其他人表明这一点可能很有用)。
- 其实 while 和 do ... while 之间的细微区别(可忽略不计)很重要，你预计这种差异会随着时间的推移而累积。

当然，以上这两种编码需求可能不常遇到，因此将 while 作为标准结构使用是绝对可以的。但是如果你发现自己处在一个性能至关重要的情况下，那选择往往就很重要。总而言之，do ... while(至少会执行一次)和 while 之间的那点区别导致的时间差异，可能根本不足以改变游戏规则。

7.7　break 可以立即跳出循环

到目前为止，你已经见识了许多控制结构。各控制结构要么允许你执行不同路径中的一个，要么一遍又一遍地重复执行某部分路径。这些不同的结构和迭代可以简单或者复杂，需要的话你可以通过条件和迭代器实现相当花哨的功能。

本章的最后两部分侧重于介绍控制代码流的更有力的方法。break(本节介绍)和 continue(下一节介绍)是两个伟大的工具，但使用频率低于 if、for，以及 while。它们是较为生硬的手段，把你从正在执行的代码序列中硬拽出来，可能会跳过数行代码，或者从一个代码位跳到另一个，比你目前看到的都要突然一些。

7.7.1　break 跳过循环中剩余的部分

假设你有这样一个循环：

```
var low = 1
var high = 100
```

```
while (low < high) {
    var foundPrime = false

    for (i in 2 .. low/2) {
        if (low % i == 0) {
            foundPrime = true
            break
        }
    }

    if (!foundPrime) print("$low ")

    low++
}
```

之前在一个使用多个控制流程结构的示例中出现过此代码。此代码在一个数字范围内(介于 low 和 high 之间)逐个搜寻，检查每个数字是否为素数。一旦找到素数，循环就要停止执行。

这一点很重要，因为查找到素数实际上是循环的第二个退出条件。第一个退出条件是从 2 迭代到 low/2。当然，for 循环不会提供第二个退出条件，这就是为什么需要 break。

使用 if 与 break 关键字时，可额外多出一个退出条件：

```
if (low % i == 0) {
    foundPrime = true
    break
}
```

如果此条件评估为真，则 foundPrime 被更新，并且 break 关键字退出最近的循环。那就是 for 循环：

```
for (i in 2 .. low/2) {
    if (low % i == 0) {
        foundPrime = true
        break
    }
}
```

7.7.2 可以使用带标签的 break

有时，与大多数控制结构一样，很难确切地知道程序执行的去向。break 尤其如此，因为控制不会继续到下一行，也不会移到代码下游的某处特定代码块。

为了解决这一点，你可以使用标签。Kotlin 的标签是以@结尾的单词。Kotlin 编译器会在语法方面忽略该单词，但它可以被代码的其他部分使用。

以下是与前面相同的 for 循环，但添加了一个标签：

```
prime_loop@ for (i in 2 .. low/2) {
    if (low % i == 0) {
        foundPrime = true
        break
    }
}
```

现在，你可以在 break 语句中使用该标签。如往常使用 break 那样，后跟一个@符号，然后是标签的名称：

```
prime_loop@ for (i in 2 .. low/2) {
    if (low % i == 0) {
        foundPrime = true
        break@prime_loop
    }
}
```

警告：

Kotlin 语法中的@用法刚开始可能容易混淆。设置标签时，@字符位于循环名称之后，但使用 break 时，它位于循环名称之前。这点你可能需要一些时间才能适应。

在这个特定的例子中，不需要标签：break 已经跳出 for 循环，因为它是当前执行的最近的 for 循环。从某种意义上说，该标签确实增加了清晰度：它指示了 break 中断退出的循环。因此，控制将继续执行标记着匹配标签的 for 循环之后的下一行。

但这个示例还不是特别清楚，使用标签并不"只是因为"这个标签能提高代码的清晰度。

下面是一个具有两个循环的示例，每个循环都有一个截然不同的标签：

```
outer_loop@ for (j in 1..10) {
    var low = 1
    var high = 100

    while (low < high) {
        var foundPrime = false

        prime_loop@ for (i in 2..low / 2) {
            if (low % i == 0) {
                foundPrime = true
                break@outer_loop
            }
        }
```

```
            if (!foundPrime) print("$low ")

            low++
        }
    println()
}
```

在此示例中，当发现素数时，break 使用 outer_loop 标签跳出"1 到 10"的循环，而这不是当前执行的最近的循环。

> **注意：**
> 需要说明的是，找出一个使用标签的 break 实际示例，实际上相当困难。在近 20 年的编程中，我想不出一个案例是使用了类似的标签。所以，你知道可以这样做即可，不要真的去这样做！

7.8　使用 continue 立即进入下一次迭代

break 是一个相对极端的流控制语句，因为它立即(在某些情况下，突然)跳出当前或标记的循环。而另一方面，continue 语句的作用则是立即进入当前循环的下一次迭代。因此，它将停止当前迭代——忽略该循环中的任何剩余代码——并继续下一次迭代。

下面是一个简单的循环，使用 continue：

```
for (i in 1..20) {
    if (i % 2 == 0) continue
    println("${i} is odd")
}
```

此循环具有 if，如果条件为真，则 continue 会继续下一次迭代。这意味着对于偶数，以下语句会被跳过：

```
println("${i} is odd")
```

这是 continue 的重要用处：它使你的循环完好无损。你就像往常一样编写循环主体，知道在此次迭代中 continue 之后的任何代码都会被忽略。

7.8.1　continue 也可以使用标签

正如你可以使用带有标签的 break 一样，也可以同样对 continue 使用标签：

```
measure@ for (measure in 1..10) {
```

```
print("Measure ${measure}: ")
for (beat in 1..4) {
    // Lay out on beats 3 and 4 of measures 5 and 10
    if ((measure == 5 || measure == 10) && (beat in 3..4)) {
        println(".....")
        continue@measure
    }


    // only "play" on the 2 and 4
    if (beat % 2 == 0)
        print("snare ")
    else
        print("${beat} ")
}
println()
}
```

此循环包含几个控制结构，并在满足某些条件时使用 continue 跳出外层循环(用 measure 作为计数器的 for 循环)。

7.8.2 if 和 continue 对比：通常风格更胜过实质

请仔细查看以下代码：

```
for (i in 1..20) {
    if (i % 2 == 0) continue
    println("${i} is odd")
}
```

你也可以很容易地使用 if 而不是 continue 重写此代码：

```
for (i in 1..20) {
    if (i % 2 != 0) println("${i} is odd")
}
```

if 的条件必须是否定的(使用!=而不是==)，但随后 if 语句有条件地执行打印，你会得到相同的结果。

事实上，如果你喜欢，几乎总是可以使用 if 代替 continue。假设循环看起来像下面这样：

```
for (CONDITION) {
    // Code that always runs
    if (CONDITION) {
        continue
```

```
    }
    // Code that only runs if the above CONDITION was false
}
```

此循环可以转换为使用 if 而不是 continue，如下：

```
for (CONDITION) {
    // Code that always runs
    if (!CONDITION) {
        // Code that only runs if the above CONDITION was true
    }
}
```

那么为什么要用这个而不用那个呢？这真的是一个偏好的问题。总是会有某种与 continue 相关的条件，否则你永远不会完成循环体。这意味着你可以对相同条件取反来执行循环体的其余部分。无论哪种方式，效果都是一样的。

使用 continue 的主要优点是，很容易看清要执行什么操作，你不必把大量的代码放入一个 if 代码块。如果你有 20 或 30 行代码仅在某些情况下执行，特别是如果该代码具有自己的控制结构，那么 continue 真的可以帮助你清理代码。

另一方面，如果你只是通过 continue 跳过一两行代码，那实际上使用 if 比 continue 更容易。这将使你的代码更易于阅读。

7.9　return 语句用于返回

最后简要介绍 return，尽管你已经使用了相当多的 return。简单地说，return 可用来返回。从技术上讲，return 可以退出最近的函数体。

在大多数情况下，你已经看到在函数结束时使用的 return，如下：

```
fun someStrings(): List<String> {
    var someStrings = mutableListOf<String>()
    for (i in 1..Random.nextInt(10))
        someStrings.add(randomString(10))
    return someStrings
}
```

但你可以把 return 放在任何地方。下面是另一个简单的实用函数，用来在提供的列表中找到以特定字符开头的字符串：

```
fun findFirstStringStartingWith(starts: Char, strings: List<String>):
String {
    for (str in strings) {
        if (str.startsWith(starts)) return str
    }
```

```
    return ""
}
```

在此，return 用于在找到匹配的字符串后立即跳出此代码。这可能导致此代码的执行方式发生重大变化。假设你有一个包含 1000 个字符串的列表，然后第二个字符串即以所希望的字符开头，通过使用 return，你将跳过此循环的另外 998 次迭代。

本章介绍了一些新的控制结构和调整程序流程的方法。掌握了这些内容后，是时候再次讨论一下类了，并且要更深入地了解 Kotlin 提供了什么。

第**8**章

数 据 类

本章内容

- 使用类对功能建立模型
- 为效率而生的数据类
- 从数据类解构数据

8.1 现实世界中的类是多种多样，但经过广泛研究的

如果你已经学习了如何使用 Java 这样的语言编程，如果你已经从事编程工作多年，那么你在编程方面就有机会真切地见证编程语言的演变——尤其是面向对象的编程语言，从而拥有重要的编程远见。从许多方面来说，本章都是程序员与类及对象共处数十年的经验总结。

8.1.1 许多类具有共同的特征

最初，类要尽可能是一块白板。你经常会看到与你正在创建的类相似的类。作为一个很好的示例，Person 类再次被展示在代码清单 8.1 中。这是一个相当典型的类。

代码清单 8.1 重温 Person 类

```
package org.wiley.kotlin.person

open class Person(_firstName: String, _lastName: String,
                  _height: Double = 0.0, _age: Int = 0) {

var firstName: String = _firstName
```

```kotlin
var lastName: String = _lastName
var height: Double = _height
var age: Int = _age

var partner: Person? = null

constructor(_firstName: String, _lastName: String,
            _partner: Person) :
            this(_firstName, _lastName) {
partner = _partner
    }

    fun fullName(): String {
        return "$firstName $lastName"
    }

    fun hasPartner(): Boolean {
        return (partner != null)
    }

    override fun toString(): String {
        return fullName()
    }

    override fun hashCode(): Int {
        return (firstName.hashCode() * 28) + (lastName.hashCode() * 31)
    }

    override fun equals(other: Any?): Boolean {
        if (other is Person) {
            return (firstName == other.firstName) &&
                    (lastName == other.lastName)
        } else {
            return false
        }
    }
}
```

这个典型的类具有以下常见特征：

- 该类直接继承自 Any 类。
- 该类主要包含一些关键属性上的访问器(getter)和更改器(setter)。
- 这些属性可以在构造函数中设置，也可以在类实例上更改。
- 该类覆盖了 hashCode()和 equals(x)方法，通过使用该类的属性来确保这两种方法的有效性。

8.1.2 共同的特征导致共同的用法

现在，由于类是一组共同的特征，自从面向对象编程出现以来，程序员就一直在创建并使用这样的类。这形成了一种有关类的共享的知识体系，一组经过时间和经验检验的典型用例。

> **注意：**
> 值得一提的是，除了阅读其他程序员的代码外，你还应该尝试理解为什么其他程序员会那样编写代码。尽可能多地编程是很好的，你将会不断地吸取总结自己的教训。最好是向那些长期从事编程工作的人学习，并建立一套关于如何编写和使用 Kotlin 或任何其他语言的，通常被称为最佳实践的方法。

最终结果是现代语言(如 Kotlin)和现代版本的旧语言(如 Java)开始考虑到这些共性，并将它们引入语言本身。就该组特征而言，它意味着一种新型类：数据类。

8.2 数据类是指专注于数据的类

标题听起来有点绕。更好的方法是通过代码来简单地审视一下自己对类定义的了解。代码清单 8.2 显示了 Kotlin 的一个新数据类。

代码清单 8.2 作为数据类的新 User 类

```
package org.wiley.kotlin.user

data class User(val email: String, val firstName: String, val lastName:
String)
```

这是一个非常简洁的类。它似乎缺少大部分类中常见的代码：大括号、构造函数中的代码、次构造函数、有用的 toString()方法、有效的 hashCode()方法，等等。事实上，代码清单 8.1 所示的 Person 类中的代码几乎都没有出现在代码清单 8.2 的 User 类中。

但它绝对能编译。试试吧！

8.2.1 数据类提供处理数据的基本功能

要想了解你可以使用 User 类来做什么，创建一个测试类即可，这只需几行代码。如果想要与示例代码保持一致，可以将其命名为 DataClassApp。代码清单 8.3 展示了该类。

代码清单 8.3　测试 User 数据类

```
import org.wiley.kotlin.user.User

fun main() {
    val robert = User("powell@rockwallblackbelt.com", "Robert", "Powell")

    println(robert)
}
```

运行此类，你将获得以下输出：

```
User(email=powell@rockwallblackbelt.com, firstName=Robert,
lastName=Powell)
```

将以下这些代码添加到你的测试类中：

```
fun main() {
    val robert = User("powell@rockwallblackbelt.com", "Robert", "Powell")

    robert.email = "rpowell@rockwallblackbelt.com"
    robert.firstName = "Bob"

    println(robert)
}
```

现在重新编译，你会得到以下两个错误：

```
Error:(6, 5) Kotlin: Val cannot be reassigned
Error:(7, 5) Kotlin: Val cannot be reassigned
```

这很合理。再看看 User 的声明，确实使用了 val：

```
data class User(val email: String, val firstName: String, val lastName:
String)
```

如果你希望这些属性可以更改，则需要使用 var：

```
data class User(var email: String, var firstName: String, var lastName:
String)
```

现在重新编译，错误就会消失。你还会注意到，打印 robert 实例时，会使用更新后的 email 和 firstName 值：

```
data class User(var email: String, var firstName: String, var lastName:
String)
```

因此，除了类声明，你并没有编写其他代码，但已经得到了很多基本代码：

- 任何使用 val 定义的属性会得到访问器(getter)方法
- 任何使用 var 定义的属性会得到更改器(setter)和访问器方法
- toString()方法即刻生效，并且它能使用该类的属性值

8.2.2 数据的基本功能包括 hashCode()和 equals(x)方法

记住，在相当长的一段时间里，hashCode()和 equals(x)方法都将成为你思考类时要重点考虑的部分。还要记住，当你创建一个空白类时，并不会得到这些方法的有效版本——至少目前不行。

为了真正理解这一点，代码清单 8.4 是一个简单版本的 User 类，名为 SimpleUser，它不是一个数据类。

代码清单 8.4　非数据类版本的 User 类

```
package org.wiley.kotlin.user

class SimpleUser(_email: String, _firstName: String, _lastName: String) {
    var email: String = _email
    var firstName: String = _firstName
    var lastName: String = _lastName
}
```

至少从表面上看，此类与 User 类的功能相同。代码清单 8.5 是测试类的更新版本，用以比较 User(数据类)与 SimpleUser(非数据类)的差别。

代码清单 8.5　User 类和 SimpleUser 类之间的比较

```
import org.wiley.kotlin.user.SimpleUser
import org.wiley.kotlin.user.User

fun main() {
    val robert = User("powell@rockwallblackbelt.com", "Robert", "Powell")
    val simpleRobert = SimpleUser("powell@rockwallblackbelt.com",
"Robert", "Powell")

    robert.email = "rpowell@rockwallblackbelt.com"
    robert.firstName = "Bob"

    simpleRobert.email = "rpowell@rockwallblackbelt.com"
    simpleRobert.firstName = "Bob"

    println(robert)
```

```
    println(simpleRobert)
}
```

输出结果即时可见并且有明显的区别：

```
User(email=rpowell@rockwallblackbelt.com, firstName=Bob,
lastName=Powell)
org.wiley.kotlin.user.SimpleUser@58ceff1
```

这是 SimpleUser 的默认 toString()版本，当然 User 作为数据类有一个更好的版本。但还有更多的区别！数据类还根据数据类的属性为你提供了一个有效且有用的 equals(x)方法。试试下面的代码：

```
fun main() {
    val robert = User("powell@rockwallblackbelt.com", "Robert", "Powell")
    val simpleRobert = SimpleUser("powell@rockwallblackbelt.com",
"Robert", "Powell")

    robert.email = "rpowell@rockwallblackbelt.com"
    robert.firstName = "Bob"
    val robert2 = User(robert.email, robert.firstName, robert.lastName)

    simpleRobert.email = "rpowell@rockwallblackbelt.com"
    simpleRobert.firstName = "Bob"
    val simpleRobert2 = SimpleUser(simpleRobert.email,
simpleRobert.firstName, simpleRobert.lastName)

    println(robert)
    if (robert.equals(robert2)) {
        println("robert and robert2 are equal")
    } else {
        println("robert and robert2 are not equal")
    }

    println(simpleRobert)
    if (simpleRobert.equals(simpleRobert2)) {
        println("simpleRobert and simpleRobert2 are equal")
    } else {
        println("simpleRobert and simpleRobert2 are not equal")
    }
}
```

输出结果可能会令你感到惊讶：

```
User(email=rpowell@rockwallblackbelt.com, firstName=Bob,
lastName=Powell)
robert and robert2 are equal
```

```
org.wiley.kotlin.user.SimpleUser@58ceff1
simpleRobert and simpleRobert2 are not equal
```

不出所料，simpleRobert 和 simpleRobert2 是不相等的。记住，在默认情况下，对象是否相等实际上是通过比较内存中的对象来确定的。由于 simpleRobert 和 simpleRobert2 不是相同的实际对象，因此认为它们不相等。

但 robert 和 robert2 这两个数据类实例，被报告为相等。它们的属性是相同的，并且得益于 equals(x)实现，因此它们被报告为相等。

当然，你也应该想到，如果有一个修改后的 equals(x)方法，就会有一个配套的hashCode()方法。这里不再赘述，你可以自行练习，数据类也提供了有用的 hashCode()方法实现。

8.3 通过解构声明获取数据

数据类还有一个有趣的功能，但我们需要先学习一些新概念。通常，Kotlin 会允许你做一些称为解构声明的操作，而这通常在你拥有保存数据的对象(如数据类)时适用。

在此模型中，你实际上可以将整个类视为数据集合，而不用考虑类的方法或功能。

8.3.1 获取类实例中的属性值

将如下代码添加到你的测试类：

```
val(email, firstName, lastName) = robert
```

> **警告：**
> 只要你一直参照本章的代码示例逐步构建代码，并且此代码是在实例化 User 的robert 实例之后出现，那么此代码就可以正常工作。如果你没有遵循本章的示例，只需创建一个数据类的新实例，并设置好类实例的属性，然后就可以按照前面的代码进行解构。

这行代码看起来有点奇怪，但如果你看久一点，就会看出门道。这行代码创建了三个变量：email、firstName 和 lastName。然后，它们都通过解构声明同时被赋值。此声明从 robert 中获取属性值，并分别分配给三个变量。

以下是输出：

```
Email is rpowell@rockwallblackbelt.com
First name is Bob
Last name is Powell
```

在这种情况下，Kotlin 再次帮助你以快捷的方式获取数据。

8.3.2 解构声明并不十分聪明

现在，别急着兴奋，先尝试以下代码，这看起来很像之前的代码，但实际上是完全不同的：

```
val(firstName, lastName, email) = robert
println("Email is ${email}")
println("First name is ${firstName}")
println("Last name is ${lastName}")
```

这里的输出与你所希望的不同：

```
Email is Powell
First name is rpowell@rockwallblackbelt.com
Last name is Bob
```

怎么会这样？因为 Kotlin 不知道命名为 email 的变量意味着什么，认为它只是一串字母。因此，当你有一个解构声明时，Kotlin 不会将对象属性名称与变量名称进行匹配。例如以下简单代码：

```
val(a, b, c) = robert
```

此代码能正常工作，并且 a 将获得 email，b 将得到 firstName，c 将得到 lastName。Kotlin 只是将 User 中的第一个属性分配给解构声明中的第一个变量，将第二个属性分配给第二个变量，以此类推。这个操作有点愚蠢，尽管是一个有用的愚蠢操作。

事实上，如果你改变了数据类，也会改变分配的内容。因此，假设你将以下代码作为 User 的开头：

```
data class User(var firstName: String, var lastName: String, var email:
String)
```

现在假设使用相同的代码：

```
val(a, b, c) = robert
```

现在 a 得到 firstName 的值，b 得到 lastName，c 得到 email。

> **注意：**
> 如果你想继续遵循本章示例(最好能这样)，那么请确保恢复 email 为 User 的第一个属性，firstName 为第二个，lastName 为第三个。这样你的输出将与本章其余部分保持一致。

8.3.3 Kotlin 使用 componentN()方法使声明生效

先别过于兴奋，你应该意识到使用解构声明并不是自动的。换句话说，这个功能不是任何类都支持的。可以回到 SimpleUser 类(如代码清单 8.4 所示)，然后在测试类中尝试如下代码：

```
val(email, firstName, lastName) = simpleRobert
println("Email is ${email}")
println("First name is ${firstName}")
println("Last name is ${lastName}")
```

> **注意：**
> 你务必要更改第一行以使用 simpleRobert(或任何其他 SimpleUser 实例)，而不是 robert，robert 是一个 User(你的数据类)实例。

编译器不会喜欢这段代码，它会告诉你：

```
Error:(30, 39) Kotlin: Destructuring declaration initializer of type
SimpleUser must have a 'component1()' function
Error:(30, 39) Kotlin: Destructuring declaration initializer of type
SimpleUser must have a 'component2()' function
Error:(30, 39) Kotlin: Destructuring declaration initializer of type
SimpleUser must have a 'component3()' function
```

那么这里发生了什么？实际上，这个错误给了你一个有用的提示：Kotlin 常使用 componentN()方法来支持解构声明。N 仅表示一个数字。因此，要支持具有三个属性的解构声明，该类需要 component1()、component2()和 component3()这三个方法。

请再次查看可以正常工作的(使用 User 实例而不是 SimpleUser 实例)解构声明：

```
val(email, firstName, lastName) = robert
```

可以这样重写代码：

```
val email = robert.component1()
val firstName = robert.component2()
val lastName = robert.component3()
```

事实上，现在的代码可以编译！User 类对其所有属性都有实际方法，这通常表述"数据类会提供 componentN()方法"。

8.3.4　可以向任何类添加 componentN()方法

数据类免费为你提供了这些方法，但这并不意味着不能将它们添加到任何其他类中。代码清单 8.6 是 SimpleUser 的扩展版本，添加了这些方法。

代码清单 8.6　将 componentN()方法添加到 SimpleUser 类

```
package org.wiley.kotlin.user

class SimpleUser(_email: String, _firstName: String, _lastName: String) {
    var email: String = _email
    var firstName: String = _firstName
    var lastName: String = _lastName

    operator fun component1(): String {
        return email
    }

    operator fun component2(): String {
        return firstName
    }

    operator fun component3(): String {
        return lastName
    }
}
```

注意:

你需要将 operator 关键字用于 component()方法。

现在，你可以成功使用之前无法工作的代码:

```
val(email, firstName, lastName) = simpleRobert
```

8.3.5　能使用数据类则尽量使用

这确实突出了数据类的价值。虽然在 SimpleUser 中添加 component1()、component2()和 component3()方法的工作量并不算巨大，但维护工作意义重大。试想一下这些方法可能需要更改的频率:

- 当一个新的属性被添加到类中时，需要添加一个新的 componentN()方法。
- 属性的顺序发生变化时，需要更改方法的主体才能返回正确的属性。

- 属性被删除时，还需要删除所附带的 component 方法。

将此与数据类进行比较。如果你使用的是数据类，并且出现上述任何情况，那么必须这样做吗——答案是不用。只需重新编译，其余工作 Kotlin 自会处理。

8.4 可以"复制"一个对象或创建一个对象副本

可以通过两种不同的方法来创建一个对象实例的副本，而数据类在这方面真的很有帮助。

8.4.1 使用=实际上不会创建副本

首先，你可以通过简单的=赋值进行复制。但这实际上不会创建副本(本节标题中的"复制"带有引号的原因)。例如，以下形式经常看到：

```
val bob = robert
```

这看起来很简单，但存在一些问题。它实际上并没有创建任何副本。相反，你现在有两个变量：robert 和 bob。两者都指向相同的内存，并且都指向 User 的相同实际实例。这意味着对一个的更改会影响另一个。

可尝试代码清单 8.7 所示的代码。

代码清单 8.7　使用=而不是 copy()方法

```
// Create another variable pointed at the robert instance
val bob = robert

// Change things and see the effect
bob.firstName = "Percy"
println("Bob's first name: ${bob.firstName}")
println("Robert's first name: ${robert.firstName}")
robert.firstName = "Bob"
println("Bob's first name: ${bob.firstName}")
println("Robert's first name: ${robert.firstName}")
```

以下是输出：

```
Bob's first name: Percy
Robert's first name: Percy
Bob's first name: Bob
Robert's first name: Bob
```

这里最重要的一点是，要意识到实际对象实例存在于内存中，而 robert 变量只是引用该内存。当你使用=将 robert 赋值给一个新的变量(bob)时，你只是把那个引用分配给了 bob。

当你改变 bob 的 firstName 属性时，你正在改变 bob 实际上指向的内容——这恰好也是 robert 所指向的。因此，变化将反映在这两个变量中，实际上反映在任何引用相同内存的变量中。

8.4.2　使用 copy()方法才创建真正的副本

如果你想要一个实际的副本，就不能使用=，你必须使用 copy()方法。

copy()方法就像你想象的那样工作。你会得到一个拥有新实例的新变量，该新实例的值等同于旧实例的所有值。如下所示：

```
// Create a variable that is a copy of the robert instance
val differentBob = robert.copy()
```

> **注意：**
> 非数据类默认情况下不会得到有用的 copy()实现，因此请确保是在数据类实例上使用 copy()。

这里的实际情况是，现在有两个对象实例在起作用：robert 指向的原始实例和 bob 指向的新实例(它有自己的内存)。

你可以在实战中看到这些代码以及更多测试代码，如代码清单 8.8 所示。

> **代码清单 8.8　将=改为 copy()**

```
// Create a variable that is a copy of the robert instance
val differentBob = robert.copy()

// Change the original instance
robert.firstName = "Robert"
robert.email = "powell@rbba.com"

println("Bob's email is ${bob.email}")
println("Bob's first name is ${bob.firstName}")
println("Bob's last name is ${bob.lastName}")

println("Different Bob's email is ${differentBob.email}")
println("Different Bob's first name is ${differentBob.firstName}")
println("Different Bob's last name is ${differentBob.lastName}")
```

输出显示这两个实例现在完全独立：

```
Bob's email is powell@rbba.com
Bob's first name is Robert
Bob's last name is Powell
Different Bob's email is rpowell@rockwallblackbelt.com
Different Bob's first name is Bob
Different Bob's last name is Powell
```

事实上，在最初的 copy() 之后，bob 和 robert 之间已经没有任何联系。

8.5　数据类需要你做几件事

显然，数据类提供了许多优势。你会发现许多类几乎都可以无缝地过渡到数据类，只需在类声明中的 class 前添加 data 关键字即可：

```
data class User(var email: String, var firstName: String, var lastName:
String)
```

但也有一些其他要求，尽管这些要求通常很容易满足。

8.5.1　数据类需要有参数并指定 val 或 var

在数据类的主构造函数中，必须至少有一个参数。以下代码在 Kotlin 中是无效的：

```
data class User
```

主构造函数中要有一些内容，如名为 email 或 firstName 的参数：

```
data class User(var email: String, var firstName: String, var lastName:
String)
```

不过，这也应该很合理。数据类是关于数据的，数据是通过主构造函数中的参数提供给类的，如果你的类实际上并不表示任何数据，那么整个想法就不成立。

此外，该类的主构造函数的参数必须是 var 或 val 的。这也是明智的，因为数据类实际上只是一个对象，目的是轻松地存储属性值。var 告诉数据类该属性是可以设置和获取的，而 val 告诉数据类该属性是只读的。

提醒一句，当主构造函数用接收的值来创建新的值时，情况就会不同。例如，假设你创建了一个类，该类接收一组值，但仅存储其中的最小值和最大值，还计算了平均值：

```
class Calculator(values: Set)
```

然后，该类大概会使用构造函数中的 Set 中的值进行一些计算。由于不存储 Set 中的实际值，因此值属性之前没有添加 val 或 var 关键字。

不过，这样的数据类无法工作。要使其正常工作，则必须存储值：

```
data class Calculator(val values: Set)
```

> **注意：**
> 直截了当地说，这个例子有点愚蠢。使用这些值的类，几乎没有理由不将这些值存储为属性。事实上，有人认为，如果一个类(如 Calculator)使用一组值而不存储它们，那么它的设计就很糟糕。

8.5.2　数据类不能是抽象的、开放的、密封的或内部的

数据类的另一个要求是它们不能是抽象的、开放的、密封的或内部的。你已经学习了开放类，但还没有学习密封的、内部的或抽象的类。不过不必担心，第 9 章中将介绍这些内容。

这基本上可以归结为一个简单的原则：数据类可以继承自非数据类，但不能继承自数据类。如果你创建一个 User 数据类，就无法继承并创建 SuperUser 类。这就是抽象、开放、密封和内部类的共性，这是有关联的：它们都被设置为很容易从中继承。

当然，问题在于数据类几乎完全由编译器生成的数据方法和属性组成，这些方法和属性没有明确声明。但是，当你从一个类继承时，这些都是你通常会推翻或扩展的东西。对于子类来说，在不了解被 Kotlin 隐藏的代码的情况下，根本没有统一的方法可以修改编译器生成的代码。

不过，数据类从父类继承仍然是合法的。这也应该是相当直观的，因为现在你已经知道，所有的 Kotlin 类隐式地继承自 Any 类。

> **警告：**
> 除了来自 Any 类的隐性继承，你应该尽量避免创建从其他自定义类继承的数据类，或者从 Any 类之外的任何类进行继承。许多棘手的逻辑问题可能就是由于数据类中编译器生成的代码与正常继承的代码冲突造成的。
> 在数据类中，关于不允许继承的讨论在不断增多。虽然这种写法仍是合法的，也许在 Kotlin 的未来版本将不再合法，所以最好现在就走在前面，让数据类单独成立。

8.6 数据类能为生成的代码添加特殊行为

除了对它们的一些限制外，数据类还为一些常规继承规则和一些你已知道的特殊方法(如 toString()和 hashCode()方法)添加了一些特殊行为。

8.6.1 可以覆盖许多标准方法的编译器生成版本

数据类将自动为你提供有效且可用的 equals()、hashCode()和 toString()方法，可以在之前的代码清单 8.2、8.3、8.4 和 8.5 中看到这些方法。但这并不能阻止你为这些方法创建自己的版本。

你所需要做的是，自己定义这些方法的版本，然后 Kotlint 就不会生成该方法的版本。代码清单 8.9 将一个自定义的 toString()方法添加到 User 类。

代码清单 8.9 具有 toString()覆盖版本的数据类

```
package org.wiley.kotlin.user

data class User(var email: String, var firstName: String, var lastName:
String) {

    override fun toString(): String {
        return "$firstName $lastName with an email of $email"
    }
}
```

如果你执行这个方法，比如使用 println(robert)(当然假设 robert 是 User 的实例)，会得到如下结果:

```
Bob Powell with an email of rpowell@rockwallblackbelt.com
```

Kotlin 使用的是你的 toString()版本，并没有生成自己的版本。

equals()和 hashCode()方法也是如此，覆盖这些方法后 Kotlin 将使用你的版本。但是，与前面几章中提到的最佳实践相同: 如果你覆盖 equals()方法，则必须使用相应的代码版本覆盖 hashCode()方法。

注意:
在覆盖这些编译器生成的方法时要小心。当你要自己编写那些原本由 Kotlin 自动生成的代码时，就放弃了数据类的很多价值。

虽然你可以覆盖 equals()、hashCode()和 toString()方法，但不能覆盖 copy()或 componentN()方法。这些方法必须保留编译器生成的版本。

8.6.2　父类函数优先

一般来说，如果你通过父类继承来创建一个数据类，那么数据类中标注为 final 的任何父类函数最终都不会再次生成这些方法。因此，如果数据类继承的父类有 final 版本的 toString()函数，该版本也将用于数据类。

> **注意：**
> 你还没有学习 final 关键字，但它确实像字面意思那样：如果将一大块代码标记为 final，则不允许子类覆盖或替换该代码。

如果父类具有 componentN()函数，那么事情就会有点棘手。只要 componentN()函数标记为 open 并返回兼容的类型，数据类就不会生成这些函数的代码。但如果它们未被标记为 open，或者在返回类型上不兼容，那么 Kotlin 将抛出一个错误，因为数据类将无法生成可适用于父类的合法代码。

如果父类的 copy()函数的签名与数据类要用到的签名雷同，那么工作将完全中断。Kotlin 将抛出一个错误，你将不得不删除继承，或者删除、更改父类的 copy()函数。

> **警告：**
> 注意，如果你遵循先前的建议，避免创建一个从 Any 类之外的任何类继承来的数据类，那么最后几节涉及的问题大可不必在意。最好的方法，也是最简单的方法就是：尽可能保持数据类简单，并尽可能地减少覆盖。

8.6.3　数据类仅为构造函数参数生成代码

你已经在几个案例中看到，构造函数并不是将数据传入类的唯一方法。还可以在类主体内声明属性。这些通常都源自构造函数参数。代码清单 8.10 是 Person 类的旧版本，在类的内部有声明属性的代码。

代码清单 8.10　具有额外属性的 Person 类

```
package org.wiley.kotlin.person

class Person(var firstName: String, var lastName: String) {
    var fullName: String

    // Set the full name when creating an instance
    init {
        fullName = "$firstName $lastName"
    }
```

```
override fun toString(): String {
    return fullName
}
```

}

在这里，fullName 属性的赋值是基于两个参数(即 firstName 和 lastName)传入构造函数的值。如果你愿意，可以将其转换为数据类，如代码清单 8.11 所示。

代码清单 8.11　转换为数据类的 Person，具有额外的属性

```
package org.wiley.kotlin.person

data class Person(var firstName: String, var lastName: String) {
    var fullName: String

    // Set the full name when creating an instance
    init {
        fullName = "$firstName $lastName"
    }

    override fun toString(): String {
        return fullName
    }
}
```

Kotlin 将生成 firstName 和 lastName 属性的访问器和更改器函数。它还将使用覆盖版本的 toString()方法，而不是生成一个新的版本。但 Kotlin 不会生成与 fullName 属性交互的函数。因此，以下代码将正常工作：

```
val brian = Person("Brian", "Truesby")
brian.lastName = "Tannerton"
```

以下代码也可以工作，但并不是因为 Person 现在是一个数据类：

```
val brian = Person("Brian", "Truesby")
println(brian.fullName)
```

它正常工作是因为 Kotlin 始终会对你以这种方式声明的属性设置访问器。但是，fullName 属性不会生成 equals()、hashCode()和 toString()等方法。

为了更好地说明这一点，删除覆盖版本的 toString()方法，如代码清单 8.12 所示。

代码清单 8.12　具有声明属性的数据类 Person

```
package org.wiley.kotlin.person

data class Person(var firstName: String, var lastName: String) {
```

```
    var fullName: String

    // Set the full name when creating an instance
    init {
        fullName = "$firstName $lastName"
    }
}
```

> **注意:**
> 如果你正跟进本书中的示例,那么此处的唯一更改是删除了代码清单 8.10 中的相应代码。

现在,创建 Person 的新实例并显示 toString() 消息:

```
val brian = Person("Brian", "Truesby")
println(brian)
```

输出看起来如下所示:

```
Person(firstName=Brian, lastName=Truesby)
```

为了进行比较,现在更新 **Person** 的数据类版本,接受 fullName 作为构造函数的参数,如代码清单 8.13 所示。

代码清单 8.13   数据类 Person,在构造函数中接受所有属性

```
package org.wiley.kotlin.person

data class Person(var firstName: String, var lastName: String, var
fullName: String) {
    // var fullName: String

}
```

执行与以前相同的实例创建和打印:

```
val brian = Person("Brian", "Truesby", "Brian T. Truesby")
println(brian)
```

现在,toString() 的输出增加了额外的参数:

```
Person(firstName=Brian, lastName=Truesby, fullName=Brian T. Truesby)
```

这是因为将 fullName 作为构造函数的参数后,当编译器生成 toString() 的代码时,fullName 也将自动包含在内。equals() 和 hashCode() 也是如此。

在这种情况下,这可能是没问题的。由于 fullName 是一个完全衍生的属性,因此只需要能被访问就足够了。它不需要成为 equals()、hashCode()、toString()等函数的一部分。

8.6.4　equals()方法仅使用构造函数中的参数

生成代码有一个更微妙的方面，它只使用主构造函数中的属性：生成的 equals()方法仅比较传入该构造函数中的属性。

代码清单 8.14 是 Person 类的另一个简单变体。在这个版本中，Person 是一个数据类，其中有两个参数传入构造函数中，另外还有一个参数 numChildren。你可以想成是使用内部属性来导出该值。

代码清单 8.14　具有单个内部属性的数据类 Person

```
package org.wiley.kotlin.person

data class Person(var firstName: String, var lastName: String) {
    var numChildren: Int = 0
}
```

Kotlin 将基于 firstName 和 lastName 属性生成所有函数，包括 equals()。这些函数根本不会在内部使用 numChildren 属性。

例如以下代码：

```
val jason = Person("Jason", "Smith")
jason.numChildren = 2

val anotherJason = Person("Jason", "Smith")
anotherJason.numChildren = 1
```

创建了两个 Person 实例，名称相同，但孩子的数量不同。如果考虑到孩子的数量，那么这些实例并不相等。但是，请尝试用 equals()对它们进行比较：

```
val jason = Person("Jason", "Smith")
jason.numChildren = 2

val anotherJason = Person("Jason", "Smith")
anotherJason.numChildren = 1

println(jason.equals(anotherJason))
```

此处的输出很简单：

```
true
```

生成的 equals()认为两者相等，因为它只是比较了 firstName 和 lastName，这样 jason 和 anotherJason 是相等的。numChildren 属性被完全忽略了，导致 equals()本应该报告为假时却报告为真。

8.7 最好单独使用数据类

除了简单的属性创建和声明，你可以使用数据类做很多事情。代码清单 8.15 是最简形式的数据类。

代码清单 8.15 最简形式的 User 数据类

```
package org.wiley.kotlin.user

data class User(val email: String, val firstName: String, val lastName:
String)
```

该数据类已经不能再简单了，而且在许多方面，它是数据类的缩影。仅包含一个有着几个属性的类，而 Kotlin 只能生成与此类相关的所有代码。

相比而言，代码清单 8.16 是数据类的一个更复杂的版本。

代码清单 8.16 生成代码较少的数据类

```
package org.wiley.kotlin.person

data class Person(var firstName: String, var lastName: String) {
    var numChildren: Int = 0
    var fullName: String

    init {
        fullName = "$firstName $lastName"
    }

    override fun toString(): String {
        return fullName
    }
}
```

其中有额外的属性(numChildren 和 fullName)、init 代码块和 toString()函数，避免创建相应的生成版本。你甚至可以将此类改为继承类，使其进一步复杂化。

但最终，当你添加自定义内容时，数据类实际上已经开始失去价值。作为一名程序员，在将尽可能多的工作交给 Kotlin 时，数据类处于最佳状态也最有用。此外，你越是覆盖生成的代码，你就越有责任保持类的一致性，它就越不可能会成为一个简单的"由 Kotlin 管理"的辅助类。

在许多方面，数据类有点像你在 Any 的子类中获取的 equals()和 hashCode()方法的默认版本。如果你可以"照原样"使用数据类以及 equals()和 hashCode()方法的默认实现，则数据类就是最棒的。但请记住：当改变 equals()方法时，也必须改变 hashCode()方法，并且很快就需要更多的管理工作。同样，一旦你开始改变一个数据类，就失去了很多优势和灵活性。

最好的选择是简单地声明类，然后尽可能让类保持原样。仅仅是因为你可以覆盖功能和添加行为就总是这样做并不科学。此外，如果你确实觉得必须在构造函数之外添加功能、属性或防止生成函数，那么请三思，应确保从数据类中获得最大益处。你经常会发现有很多办法可以让类保持简单，并且简单性可使数据类变得更有价值。

现在你已经明白了 Kotlin 如何使用数据类让数据处理变得更容易，接下来一起学习更多的 Kotlin 内置帮手：常数、枚举和密封类。

第**9**章

枚举和密封类，以及更多专业类

本章内容

- 字符串类型涉及的问题
- Kotlin 的伴生对象和常量
- 类型安全的枚举
- 枚举及其与匿名类的关系
- 枚举和实现接口
- 用密封类表示类的层次结构

9.1　字符串是可怕的静态类型表示法

　　现在让我们看一下建立类结构时最常见、也最令人讨厌的一个方面：常量以及使用这些常量的变量。更具体地说，这涉及要确保特定属性只能具有某一组值的常见问题。

　　代码清单 9.1 是一个非常简单的测试类，能快速说明此问题。

代码清单 9.1　创建一个特定类型的用户

```kotlin
import org.wiley.kotlin.user.User

fun main() {
    val bardia = User("bardia@gmail.com","Bardia", "Dejban", "ADMIN")

    if (bardia.isAdmin()) {
        println("You are frothing with power!")
    } else {
        println("Keep at it, you'll be an admin one day!")
```

```
    }
}
```

下面将此类与代码清单 9.2 搭配使用，该代码清单对第 8 章的 User 类略微做了改进。

代码清单 9.2　具有类型的 User 类

```
package org.wiley.kotlin.user

data class User(var email: String, var firstName: String, var lastName:
String, var type: String) {

    fun isAdmin(): Boolean {
        return type.equals("Admin")
    }

    override fun toString(): String {
        return "$firstName $lastName with an email of $email has a user
type of $type"
    }
}
```

构建并运行此代码，会得到一个解决枚举类(本章的主要主题)问题的提示:

```
Keep at it, you'll be an admin one day!
```

为什么这个用户被赋予的类型是 "ADMIN"，却报告不是管理员？从表面上看，这是一个由大写引发的问题。然而，还有更多的事情值得思考。

字符串是可怕的类型表示法

代码清单 9.1 的核心只有几行重要的代码。首先，是实例化 User 的代码:

```
val bardia = User("bardia@gmail.com","Bardia", "Dejban", "ADMIN")
```

其次，是 User 类实际上报告用户是否为管理员的代码:

```
fun isAdmin(): Boolean {
    return type.equals("Admin")
}
```

当然，你现在可以很快明白为什么 bardia 实例没有以管理员的身份被报告：bardia 的 type 是 "ADMIN"，而 User 类检查 type 是否为 "Admin"。

1. 大写会导致比较上的问题

一个简单的解决办法是解决大写的问题。将 isAdmin() 更改为如下：

```
fun isAdmin(): Boolean {
    return type.equals("Admin", true)
}
```

此 equals() 方法的变体提供了字符串比较的附加参数：ignoreCase。默认情况下，ignoreCase 为 false，因此 "Admin" 和 "ADMIN" 将不会被视为相等。随着 ignoreCase 参数被设置为 true，"Admin" 和 "ADMIN" (以及 "aDMin" 和 "admin")都将被报告为相等。

现在，可以重新运行测试类，你将看到 bardia 实例正确地以管理员的身份被报告：

```
You are frothing with power!
```

不过先不要高兴，此代码仍然很脆弱。经验丰富的开发者知道接下来会发生什么。代码清单 9.3 将另一个预期的管理员添加到测试类中，并遍历所有实例来检查他们是否是管理员。

代码清单 9.3　检查管理员的测试类的更新版本

```
import org.wiley.kotlin.user.User

fun main() {
    val users = mutableListOf<User>()

    users.add(User("bardia@gmail.com","Bardia", "Dejban", "ADMIN"))
    users.add(User("shawn@gmail.com", "Shawn", "Khorrami", "Administrator"))

    for (user in users) {
        if (user.isAdmin()) {
            println("${user.firstName} ${user.lastName} is frothing
with power!")
        } else {
            println("${user.firstName} ${user.lastName} is still
working at it… maybe one day!")
        }
    }
}
```

输出结果不出意料，如下所示：

```
Bardia Dejban is frothing with power!
Shawn Khorrami is still working at it... maybe one day!
```

这次的问题不是大写，而是使用了"Administrator"而不是某种形式的"Admin"。结果是，"Admin"(User 类的 isAdmin()所使用的基准值)与"Administrator"不匹配，因此第二个实例的 isAdmin()报告为 false。

同样，可以通过调整 isAdmin()函数来修复此问题：

```
fun isAdmin(): Boolean {
    return type.equals("Admin", true) ||
        type.equals("Administrator", true)
}
```

不过，这种解决方案很快就会变得相当愚蠢。你愿意用多大代价去捕捉"Admin"的每一个可能的变体？

2. 这个问题一直存在

这个问题在编程中很常见。当你构建不同的对象时，无论他们是用户还是人(前几章中使用的 Person 类)，代表的是汽车还是产品，甚至是交易等对象，你都需要对这些对象的实例进行分类。该属性可能并不总是像 User 中那样被称为 type，但你通常需要一种方法来查看实例是"这类东西"还是"那类东西"。

换句话说，这个问题比处理字符串更棘手。这是编程的基础，需要一种优雅的解决方案，因为你必须一次又一次地实施这个解决方案。

3. 字符串常量可以有一些改善

处理这些类型的常见"下一步"是使用常量。提供一个具有值的固定名称，随后允许其他代码使用该固定名称，而不必关心该值。

在 Kotlin 中，你可以在 val 的前面使用 const 关键字来实现这一点。代码清单 9.4 在 User 类中添加了几个常量。

代码清单 9.4　向 User 类添加常量

```
package org.wiley.kotlin.user

data class User(var email: String, var firstName: String, var lastName:
String, var type: String) {
    const val ADMIN = "Admin"

    fun isAdmin(): Boolean {
```

```
        return type.equals(ADMIN)
    }

    override fun toString(): String {
        return "$firstName $lastName with an email of $email has a user
type of $type"
    }
}
```

坦白而言，const 关键字不会改变变量的类型。换句话说，下面这行代码：

```
const val ADMIN = "Admin"
```

与以下代码创建的类型不会有什么不同：

```
val ADMIN = "Admin"
```

> **注意：**
> 如果你具有 Java 编程经验，可能会认识到这相当于一个 public static final 变量。然而，正如你即将看到的，Kotlin 中的静态(static)变量的表示方法与 Java 中的不同。

在这两种情况下，你最终都会有一个 String。该字符串可能是 "Admin"(这里就是)或 "giraffe" 或 "asd8asd832nsa"。但是现在，isAdmin()中的比较变得很容易：

```
fun isAdmin(): Boolean {
    return type.equals(ADMIN)
}
```

只要在比较的 "两侧" 都使用常量 ADMIN，这就会起作用。你需要更改测试类中的代码以使用相同的常量：

```
users.add(User("bardia@gmail.com","Bardia", "Dejban", User.ADMIN))
```

遗憾的是，你很快就会撞南墙。当你遇到如下编译错误时，说明已经撞到了南墙：

```
Kotlin: Const 'val' are only allowed on top level or in objects
```

要解决这个问题，你必须从字符串比较中后退一步，了解什么是伴生对象(companion object)。

9.2　伴生对象为单例

下面代码清单 9.5 中的代码有什么问题？

代码清单 9.5　当前的 User 类无法编译

```
package org.wiley.kotlin.user

data class User(var email: String, var firstName: String, var lastName:
String, var type: String) {
    const val ADMIN = "Admin"

    fun isAdmin(): Boolean {
        return type.equals(ADMIN)
    }

    override fun toString(): String {
        return "$firstName $lastName with an email of $email has a user
type of $type"
    }
}
```

此处的问题与存在的多个 User 实例有关。

9.2.1　常量必须只有一个

这个要求并不明显，但这里的问题是 User 是一个对象，可以(而且必须)实例化。作为回顾，以下是使用 User 对象的测试代码片段：

```
users.add(User("bardia@gmail.com","Bardia", "Dejban", "ADMIN"))
users.add(User("shawn@gmail.com", "Shawn", "Khorrami",
"Administrator"))
```

执行这两行代码后，将产生两个 User 实例。但每个实例都有一个常量定义。第一个实例名为"Bardia"，有一个 ADMIN 常量，第二个实例名为"Shawn"，也有一个常量。

Kotlin 识别到这是一个问题。ADMIN 常量并非在所有实例中只存在一次：它作为每个 User 实例的属性存在。对于 String 常量来说，这不是一件大事。假设第一个 User 实例被命名为 bardia，第二个为 shawn。在这种情况下，你可以比较 bardia.ADMIN 和 shawn.ADMIN 的值，并获得 true 结果。这是因为 String 比较使用的 equals()只是比较实际的 String 值。

但是，如果你使用的是= =或任何实际进行内存级别比较的 equals()版本，则在两个对象实例中，对相同常量进行比较可能会返回 false。这是个大问题。

注意：
对于 Java 程序员来说，这正是使用 static 关键字可以避免的情况。它告诉 Java 在类的所有实例中共享变量或方法。这也是你在 Kotlin 中所需要的，但你需要学习如何用 Kotlin 的方式去实现。

在某种程度上，这里的问题是 bardia.ADMIN 和 shawn.ADMIN 不仅会返回相等的值，还会返回相同的值。在这种情况下，"相同"并不仅仅意味着 shawn.ADMIN.equals (bardia.ADMIN)可以返回 true。这意味着 shawn.ADMIN 和 bardia.ADMIN 实际上在最底层位于相同的内存位，是相同的实际对象。

为了清楚起见，这里的目标是实际引用 User.ADMIN，要在所有 User 实例中共享单个 ADMIN 属性。

9.2.2 伴生对象是单例

现在有一个重要的概念需要理解：单例(singleton)。单例是指在特定系统中只有一个实例的类。因此，即使你在代码中的一百处有几处引用了这个对象(单例)，但每个引用也使用的是同一个实例。

在 Kotlin 中，这就是伴生对象的角色：伴生对象在它伴生的对象内被声明。代码清单 9.6 以代码清单 9.5 的代码为基础，并引入了一个伴生对象，然后将 ADMIN 定义放置在该伴生对象中。

代码清单 9.6　向 User 添加未命名的伴生对象

```
package org.wiley.kotlin.user

data class User(var email: String, var firstName: String, var lastName:
String, var type: String) {
    companion object {
        const val ADMIN = "Admin"
    }

    fun isAdmin(): Boolean {
        return type.equals(ADMIN)
    }

    override fun toString(): String {
        return "$firstName $lastName with an email of $email has a user
type of $type"
    }
}
```

在本例中，伴生对象没有名称，因此可以通过 User 引用 ADMIN 属性：

```
println(User.ADMIN)
```

现在你可以回到测试类，更改代码来使用此伴生对象属性：

```
users.add(User("bardia@gmail.com","Bardia", "Dejban", User.ADMIN))
users.add(User("shawn@gmail.com", "Shawn", "Khorrami", User.ADMIN))
```

此代码现在可以编译，并返回预期的输出：

```
Bardia Dejban is frothing with power!
Shawn Khorrami is frothing with power!
```

下面有必要通过代码所执行的操作来真正弄清楚单例的影响。

首先，创建两个 User 实例。

```
users.add(User("bardia@gmail.com","Bardia", "Dejban", User.ADMIN))
users.add(User("shawn@gmail.com", "Shawn", "Khorrami", User.ADMIN))
```

两者的 type 都是 User.ADMIN，这是在伴生对象中定义的值。因此，两者都有完全相同的 type 值。同样，这不仅意味着两者都有一个 String 值"ADMIN"，还意味着它们都指向内存中的相同位置，该位置由 User 的伴生对象"拥有"。

然后，对于每个实例，isAdmin()函数会被调用，该函数运行如下代码：

```
fun isAdmin(): Boolean {
    return type.equals(ADMIN)
}
```

type 的值是 User.ADMIN 属性，将其与完全相同的属性进行比较。请记住，这实际上会返回内存相等的比较结果，因为每次你看到 User.ADMIN，或只是 User 类中的 ADMIN 时，都会引用完全相同的单个实例对象属性。

这就是一个伴生对象同时也是一个单例的作用：它消除了任何关于值的模糊性，并确保在尽可能最深、最低的层次上进行相等性的比较。

9.2.3 伴生对象仍然是对象

在开始解决问题——User 类及一般情况下的常量和类型安全之前，先花些时间多了解一下伴生对象。就本质而言，伴生对象是单例，但它们也只是对象。它们可以有名称，有它们自己的属性和函数。

代码清单 9.7 在代码清单 9.6 的 User 版本的基础上，向伴生对象添加了不少内容，包括一个名称和一些函数。

代码清单 9.7　填充 User 的伴生对象

```
package org.wiley.kotlin.user
```

```
data class User(var email: String, var firstName: String, var lastName:
String, var type: String) {
    companion object Factory {
        const val ADMIN = "Admin"
        const val MANAGER = "Manager"
        const val END_USER = "End User"
        const val DEFAULT = END_USER

        fun createAdmin(email: String, firstName: String, lastName:
    String): User {
            return User(email, firstName, lastName, ADMIN)
        }

        fun createManager(email: String, firstName: String, lastName:
    String): User {
            return User(email, firstName, lastName, MANAGER)
        }
    }

    fun isAdmin(): Boolean {
        return type.equals(ADMIN)
    }

    override fun toString(): String {
        return "$firstName $lastName with an email of $email has a user
type of $type"
    }
}
```

注意，当开始使用伴生对象时以下几点都很重要：

- 伴生对象可以有一个名称，在本例中是 Factory。
- 伴生对象可以有函数。
- 伴生对象的函数通常返回所包含对象(伴生对象所陪伴的对象)的类型。

还有一个比较明显的补充。伴生对象现在名为 Factory，除了 ADMIN 常量，它还定义了其他几个用户类型：MANAGER 和 END_USER。它还定义了一个 DEFAULT 类型，其中引用了 END_USER 类型。

它还添加了一些函数，以便使用电子邮箱、名字和姓氏创建几个特定用户类型。这意味着拥有代码的用户(不是指 User 实例，而是实际的开发者)，不需要了解类似 User.ADMIN 这样的常量。相反，他们可以调用 createAdmin()或 createManager()，然后类型的具体细节交由 Factory 伴生对象处理。

9.2.4　可以使用没有名称的伴生对象

如果按照代码清单 9.7 更新代码，然后编译或运行你的项目，可能会注意到一些不寻常的事。这些代码不会导致编译器错误：

```
users.add(User("bardia@gmail.com","Bardia", "Dejban", User.ADMIN))
users.add(User("shawn@gmail.com", "Shawn", "Khorrami", User.ADMIN))
```

你会希望所有对 User.ADMIN 的引用更改为 User.Factory.ADMIN。但这是伴生对象的另一个妙处(或便利性)：你可以使用伴生对象的名称，但不是非得这样。你可以直接引用伴生类的属性和函数。

1. 伴生对象的名称是可选的

你可能认为需要做如下修改：

```
users.add(User("bardia@gmail.com","Bardia", "Dejban", User.Factory.ADMIN))
users.add(User("shawn@gmail.com", "Shawn", "Khorrami", User.Factory.ADMIN))
```

但事实并非如此，这使得伴生对象的使用变得相当简单。你现在还可以使用辅助函数，如代码清单9.8 所示。

代码清单 9.8　在测试类中使用辅助函数

```
import org.wiley.kotlin.user.User

fun main() {
    val users = mutableListOf<User>()

    users.add(User("bardia@gmail.com","Bardia", "Dejban", User.ADMIN))
    users.add(User("shawn@gmail.com", "Shawn", "Khorrami", User.ADMIN))

    users.add(User.createAdmin("bahar@gmail.com", "Bahar", "Dejban"))
    users.add(User.createManager("bastion@email.com", "Bastion", "Fennell"))

    for (user in users) {
        if (user.isAdmin()) {
            println("${user.firstName} ${user.lastName} is frothing
with power!")
        } else {
            println("${user.firstName} ${user.lastName} is still
working at it… maybe one day!")
        }
    }
}
```

这确实使代码更简单一点，也更加自文档化。

> **注意:**
> 自文档化(self-documenting)是一个术语，通常意味着代码以一种即使你没见过但也能读懂的方式编写。在本例中，函数名 createAdmin 清楚地表明该函数将会创建一名管理员，而 createManager 也是如此。这两个函数名称都是自文档化的。你可以选择创建其命名较神秘的变量，如_a 和 u2; 或者是自文档化的变量，如 index 和 user2。尽可能地编写自文档化的代码当然更好。

注意，代码清单 9.9 是代码清单 9.8 的略微不同的版本，使用相同函数但引入了伴生对象的名称。

代码清单 9.9 使用辅助函数并增加了伴生对象的名称

```
import org.wiley.kotlin.user.User

fun main() {
    val users = mutableListOf<User>()

    users.add(User("bardia@gmail.com","Bardia", "Dejban", User.ADMIN))
    users.add(User("shawn@gmail.com", "Shawn", "Khorrami", User.ADMIN))

    users.add(User.Factory.createAdmin("bahar@gmail.com", "Bahar",
"Dejban"))
    users.add(User.Factory.createManager("bastion@email.com",
"Bastion", "Fennell"))

    for (user in users) {
        if (user.isAdmin()) {
            println("${user.firstName} ${user.lastName} is frothing
with power!")
        } else {
            println("${user.firstName} ${user.lastName} is still
working at it… maybe one day!")
        }
    }
}
```

这两段代码(代码清单 9.8 和代码清单 9.9)执行起来完全一样。那么，困扰开发者的永恒问题是：如果两者都行，哪一个更好？

2. 使用伴生对象的名称是一种风格

老实说，两者都不是最好。但有人认为添加了 Factory 会使得代码更清晰一点，更自文档化一点。当然，很明显 createAdmin()和 createManager()函数是工厂函数，同时很可能是单例，因为工厂方法通常是单例。

> **注意:**
> 工厂方法通常是单例，这很常见，甚至是在预料之中，因为它们通常不保存状态。它们的存在只有一个目的：创建对象实例。

因此，添加 Factory 作为伴生对象名称要清晰一些。当然，只有当伴生对象被命名为 Factory，或其他有用的名称(如 UserCreator 或 UserFactory)时，才会有帮助。

但还要注意的是，在引用该伴生对象中的常量时，添加 Factory 真的没有多大帮助。例如以下代码非常清楚:

```
users.add(User("bardia@gmail.com","Bardia", "Dejban", User.ADMIN))
users.add(User("shawn@gmail.com", "Shawn", "Khorrami", User.ADMIN))
```

而以下代码实际上引入了一个没有太大价值的伴生对象名称:

```
users.add(User("bardia@gmail.com","Bardia", "Dejban",
User.Factory.ADMIN))
users.add(User("shawn@gmail.com", "Shawn", "Khorrami",
User.Factory.ADMIN))
```

因此，规则不一：有时你可能会使用伴生对象名称，有时你可能不使用。这真的成了一个风格和选择的问题。实际上，如果你在给定的情况下做出的选择可以得到最清晰的代码，那么你通常做出的就是最佳选择——即使每次所做的选择不完全一致。

3. 伴生对象的命名很棘手

值得指出的是，恰到好处的伴生对象名称真的不易得——也可能真的很容易。这样说是因为虽难但也有迹可循，例如命名伴生对象时要考虑以下几点:

- 任何对象(如 User)只能有一个伴生对象。
- 任何应该是单例、跨实例共享或单个实例共享的，都必须位于这一个伴生对象中。
- 通常，高级类(如 User，可能具有多个子类)要用到共享功能(如工厂方法)和常量(如 User.MANAGER 和 User.ADMIN)。

如果你不需要同时表示常量和工厂方法，命名就很容易了。代码清单 9.10 展示的 User 版本只需要常量，便使用名为 Constants 的伴生对象，并得到一个非常清晰的自文档化的对象。

代码清单 9.10 在伴生对象中仅有常量的 User 对象

```
package org.wiley.kotlin.user

data class User(var email: String, var firstName: String, var lastName:
String, var type: String) {
    companion object Constants {
        const val ADMIN = "Admin"
        const val MANAGER = "Manager"
        const val END_USER = "End User"
        const val DEFAULT = END_USER
    }

    fun isAdmin(): Boolean {
        return type.equals(ADMIN)
    }

    override fun toString(): String {
        return "$firstName $lastName with an email of $email has a user
type of $type"
    }
}
```

这是很容易。但一旦你添加了工厂方法(比如之前的代码清单 9.7)，Constants 和
Factory 就都无法体现伴生对象中的一切。

那该怎么办？其实完全可以避免这个问题，正如你接下来会看到的，在稍后的章
节中你会看到如何以另一种方式处理常量，并以不同的方式避免问题。

4. 可以完全跳过伴生对象的名称

如果回头查看代码清单 9.6，你会发现伴生对象不必有名称。事实上，正如代码清
单 9.11 所示，它包含之前添加到 User 的伴生对象中的所有常量和辅助函数，但这次没
有伴生对象名称。

代码清单 9.11 具有未命名的伴生对象的 User 对象

```
package org.wiley.kotlin.user

data class User(var email: String, var firstName: String, var lastName:
String, var type: String) {
    companion object {
        const val ADMIN = "Admin"
        const val MANAGER = "Manager"
        const val END_USER = "End User"
        const val DEFAULT = END_USER
```

```
    fun createAdmin(email: String, firstName: String, lastName:
String): User {
        return User(email, firstName, lastName, ADMIN)
    }

    fun createManager(email: String, firstName: String, lastName:
String): User {
        return User(email, firstName, lastName, MANAGER)
    }
}

fun isAdmin(): Boolean {
    return type.equals(ADMIN)
}

override fun toString(): String {
    return "$firstName $lastName with an email of $email has a user
type of $type"
    }
}
```

> **注意:**
> 如果你是跟着示例来操作，那么完成代码清单 9.11 中的更改后，可能会出现一些编译错误。你需要删除测试类中对 Factory 的任何引用，以消除这些问题。

这是一种"两面都好"的方法，尽管它也可被视为"两面都不好"的方法。有利的一面是，你不再在称为 Factory 的伴生对象中拥有常量，或在称为 Constants 的伴生对象中具有工厂方法。在使用对象的类中，你也不必选择是否添加伴生对象的名称。

不利的一面是，特异性越来越小，很容易把任何东西都扔进伴生对象里。像 Constants 或 Factory 这样的名称至少提供了微妙的指导，而无名的伴生对象则不会有这样的效果。

无论如何，这是一个选项，并且确实提供了一致性和某些命名的好处。

9.3 枚举定义常量并提供类型安全

不过，还有另一种方式可以实现常量。首先，你应该认识到，即使有了伴生对象——无论是命名的(如 Factory 或 Constants)，还是没有名称的——仍有可能存在滥用的情况。下面查看 User 类的主构造函数的声明:

```
data class User(var email: String, var firstName: String, var lastName:
String, var type: String) {
```

现在，即使使用 User.ADMIN 和 User.MANAGER 等常量，你仍然只是传入字符串。User.ADMIN 是 String（"Admin"），User.MANAGER 是 String("Manager")。

你可能希望用户这样使用 User 类：

```
users.add(User("bardia@gmail.com","Bardia", "Dejban", User.ADMIN))
users.add(User("shawn@gmail.com", "Shawn", "Khorrami", User.ADMIN))
```

但下面是另一段完全合法的代码：

```
users.add(User("bardia@gmail.com","Bardia", "Dejban", "AdMIN"))
users.add(User("shawn@gmail.com", "Shawn", "Khorrami",
"Administrator"))
```

因此，定义常量并在 equals() 方法中使用这些常量实际上并不能提供任何类型安全性。你仍然允许任何 String 作为输入，并且 String 可能与你的常量匹配，也可能不匹配，甚至可能被错误输入或大小写错误或是完全乱写一气。

你想要的不仅仅是一些预先定义的 String 值。实际上，你需要全面的类型安全性，比如你定义一种新类型(如 UserType)并限制可用类型。然后，你的 User 实例仅接受 UserType 定义的类型。

9.3.1　枚举类提供类型安全值

枚举是一种特殊类型的类，可用于这种情况：特定值和可用于自定义类的新类型。

代码清单 9.12 是一个简单的枚举，定义了一个新类型：UserType。你只要在 class 关键字的前面加上 enum，就像你在数据类的 class 关键字前使用 data 一样。

代码清单 9.12 新的 UserType 枚举

```
package org.wiley.kotlin.user

enum class UserType {
    ADMIN,
    MANAGER,
    END_USER
}
```

这是一个令人难以置信的简单类，将提供比 String 常量更好的类型安全性。你可以像以前一样，通过类名和常量名访问常量：UserType.ADMIN、UserType.MANAGER 和 UserType.END_USER。

这与伴生对象的关键区别在于，伴生对象中的 String 常量是 String 类型，而在这里，你定义了一种新类型：UserType。

这意味着你可以更新 User，要求 UserType 作为 type 属性的输入类型，也可以更新 equals()方法。最后，你可以从伴生对象中删除常量。更新结果如代码清单 9.13 所示。

代码清单 9.13　在 User 中使用 UserType 枚举

```
package org.wiley.kotlin.user

data class User(var email: String, var firstName: String, var lastName:
String, var type: UserType) {
    companion object {
        const val ADMIN = "Admin"
        const val MANAGER = "Manager"
        const val END_USER = "End User"
        const val DEFAULT = END_USER

        fun createAdmin(email: String, firstName: String, lastName:
    String): User {
            return User(email, firstName, lastName, UserType.ADMIN)
        }

        fun createManager(email: String, firstName: String, lastName:
    String): User {
            return User(email, firstName, lastName, UserType.MANAGER)
        }
    }

    fun isAdmin(): Boolean {
        return type.equals(UserType.ADMIN)
    }

    override fun toString(): String {
        return "$firstName $lastName with an email of $email has a user
type of $type"
    }
}
```

你现在已经删除了任何使用过的偏离类型(stray type)，并消除了其他代码随机提供 String 的可能性。

代码清单 9.14 是测试类的更新版本，其中使用了 UserType 枚举。

代码清单 9.14　使用特定的 UserType 创建用户

```
import org.wiley.kotlin.user.User
import org.wiley.kotlin.user.UserType

fun main() {
    val users = mutableListOf<User>()
    users.add(User("bardia@gmail.com","Bardia", "Dejban", UserType.ADMIN))
    users.add(User("shawn@gmail.com", "Shawn", "Khorrami", UserType.ADMIN))

    users.add(User.createAdmin("bahar@gmail.com", "Bahar", "Dejban"))
    users.add(User.createManager("bastion@email.com", "Bastion", "Fennell"))

    for (user in users) {
        if (user.isAdmin()) {
            println("${user.firstName} ${user.lastName} is frothing
with power!")
        } else {
            println("${user.firstName} ${user.lastName} is still
working at it... maybe one day!")
        }
    }
}
```

创建具有类型的 User 如以上代码所示，User 的伴生对象中的工厂方法仍适用于代码清单 9.13 中引入的更改。

9.3.2　枚举类仍然是类

虽然枚举通常用于为你提供类型安全的常量，但它们仍然是类。这意味着它们可以覆盖方法并定义行为。例如，假设你要定义 toString() 的自定义实现。你可以这样做，如代码清单 9.15 所示。

代码清单 9.15　覆盖枚举中的方法

```
package org.wiley.kotlin.user

enum class UserType {
    ADMIN,
    MANAGER,
    END_USER;

    override fun toString(): String {
        return "User type of ${name}";
    }
}
```

重要的是要注意，这看起来像任何其他类一样会覆盖从 Any 类隐含继承的行为。但有一个妙招：使用名为 name 的属性。

1. 枚举为你提供常量的名称和位置

name 是你在所有枚举中获取的属性。它将报告所选对象(在本例中是 ADMIN、MANAGER 或 END_USER)的具体名称。因此，你可以这样使用：

```
println(user.type);
```

你会得到类似下面的结果：

```
User type of MANAGER;
```

也可以访问 ordinal，它将返回该常量的索引数值。这似乎很奇怪，其实你只需要把枚举看作一个常量对象的列表。

因此，对于 UserType 来说，这是一个简单的声明，并没有任何覆盖的函数：

```
enum class UserType {
    ADMIN,
    MANAGER,
    END_USER;
}
```

ADMIN 的 ordinal 为 0，MANAGER 的为 1，END_USER 的为 2。

你也许不会经常使用 ordinal，但 name 是非常有帮助的。

2. 枚举中的每个常量都是一个对象

除了枚举本身是一个类，每个常量基本上是一个匿名对象。这意味着它们也可以定义函数和行为。

代码清单 9.16 仅对 ADMIN 常量添加了自定义的 toString()实现。

代码清单 9.16　在特定常量对象中覆盖函数

```
package org.wiley.kotlin.user

enum class UserType {
    ADMIN {
        override fun toString(): String {
            return "Administrator"
        }
    },
    MANAGER,
    END_USER;
```

```
    override fun toString(): String {
        return "User type of ${name}"
    }
}
```

下面执行以下代码：

```
println(UserType.ADMIN)
println(UserType.MANAGER)
```

第一行打印：

```
Administrator
```

这是使用了 UserType.ADMIN 特定的覆盖版本的 toString()。

第二行打印：

```
User type of MANAGER
```

这里使用了在枚举中覆盖的 toString()版本，但不是 MANAGER 的特定版本(除了该常量的 name 属性)。

3. 每个常量都可以覆盖类级行为

在学习抽象定义之前(很快会介绍)，我们先查看一下代码清单 9.17。

代码清单 9.17　定义要被常量对象覆盖的函数

```
package org.wiley.kotlin.user

enum class UserType {
    ADMIN {
        override fun toString(): String {
            return "Administrator"
        }

        override fun isSuperUser() = true
    },
    MANAGER {
        override fun isSuperUser() = false
    },
    END_USER {
        override fun isSuperUser() = false
    };

    override fun toString(): String {
```

```
        return "User type of ${name}";
    }

    abstract fun isSuperUser(): Boolean
}
```

在这里，该枚举定义了函数 isSuperUser()，并将其声明为抽象的(abstract)。这需要枚举中定义的每个常量对象都实现该功能。

因此，现在你可以在任何 UserType 实例上调用 isSuperUser()：

```
if (users.first().type.isSuperUser()) {
    println("The first user has super user access")
}
```

至此，你有了一个应用广泛且可配置的工具：枚举，以表示常量值。你不必依赖无法提供类型安全的常量，也不必担心伴生对象的命名。

还可以获得实际类，具有可以定义自身行为的常量对象(不是字符串或其他数据类型)，甚至覆盖继承树上的函数。

但如果你想要的不只是一个常量呢？如果你想要同样级别的类型安全，并希望它是处于一个类的层次结构？这正是密封类的用处。

9.4 密封类是类型安全的类层次结构

假设你想在 Kotlin 中为豪华汽车建立模型。也许你正在建立一个网站，允许豪华车通过在线流程进行交易，你需要一个基于对象的系统来代表可以交易的不同类型的汽车。

你可以从非常简单的 Auto 类开始，如代码清单 9.18 所示。

代码清单 9.18   一个非常简单的 Auto 类

```
package org.wiley.kotlin.auto

data class Auto(var make: String, var model: String) {

}
```

此类是一个数据类，这很棒。在此，你可能希望使用一个枚举。你可以添加枚举来表示主流的制造商，如代码清单 9.19 所示。

代码清单 9.19　汽车制造商的枚举

```
package org.wiley.kotlin.auto

enum class Make {
    ALFA_ROMEO,
    AUDI,
    BMW,
    CADILLAC,
    JAGUAR,
    LAND_ROVER,
    LEXUS,
    MASERATI,
    MERCEDES
}
```

警告：
对于那些豪华车迷来说，这个 Auto 的枚举是如此的不尽如人意，细分起来仍要花很多时间来细数哪些品牌下的哪些车型、配置是属于豪华车的，哪些不属于。因此，请把此列表当作是代表，而不是详尽无遗的列表！

现在，可以修改 Auto 的主构造函数，使用此枚举作为制造商：

```
data class Auto(var make: Make, var model: String) {
```

这并没有对 Auto 类做太多的改动，但它现在确保了类型安全，而且这使得 Auto 实例不会缺失制造商，或是出现拼写错误，或是制造商不在豪华车的清单中。到目前为止，使用枚举和数据类似乎已经足够。

9.4.1　枚举和类层次结构用于共享行为

现在，你可以扩展 Auto，添加一个 drive()函数，也许还可以添加一个 fetureList() 函数返回该型号的功能列表，以及一个包含其他行为的数组。然后，你可以扩展该类的行为。其中一些将被共享：不必每个型号都有不同的 drive()函数，有些可能会存在于 Model 中的常量对象中。

也可以用类的层次来建模。你可以不使用 Make 枚举，而是创建一个 Auto 基类，然后扩展该类创建 Lexus、Jaguar 和 Maserati 子类。每个子类都扩展 Auto 并且覆盖任何需要的行为。

这种方法没有错。事实上，这可能是正确的方法，因为它对更基本的类型 Auto 以及更具体的类型 Lexus、Jaguar 等之间的层次结构准确地建立了模型。基本类型具有一些共享行为，如 drive()和 toString()，子类可按需添加或覆盖 Auto 的特定行为。

此外，你可以添加其他子类。当 Genesis 制造商出现时，你只需要添加一个新的子类，或者将其作为 Make 枚举中的新常量。

但在某些情况下，这种方法的效果并不好，这就需要使用密封类了。

9.4.2 密封类解决了固定选项和非共享行为

是时候重温一下高中数学了：你有一组值，然后有一组运算符，这些运算符可以应用于值。基本运算符是加、减、乘、除，还有幂和方根(尽管不太常见)，总共六个。

一旦你知道了这六种运算符，基本上就能完成一些简单的运算。尽管实际运算可能会变得复杂，但运算符就是这么简单不会发生变化。所以假设你想用 Kotlin 创建一个计算器程序，你需要表示这些运算。

> **注意：**
>
> 如果你花了很多时间在网上或书本上学习 Kotlin，就会发现几乎每次介绍密封类时，用的都是数学运算的例子。这是密封类的一个完美示例，事实证明，并没有太好的其他密封类示例。
>
> 你可以用其他方式构建密封类：事实证明在大多数情况下，密封类并不是真的必要。因此，我们都觉得与其编造一个不适合密封类的例子，不如使用一个完美的例子来说明密封类，即使你可以在其他资源中看到相同例子。

当然，你得从一个基类开始，也可以称之为 Operation。它模仿了之前示例中的 Auto 类，然后所有的类都从 Operation 继承。Operation 类也不是枚举，你不会想要 Divide、Add 或其他常量，你想要的是具有特定行为的实际子类。

因此，你可能会有类似代码清单 9.20 所示的 Operation。

代码清单 9.20　构建可用于继承的简单的 Operation 类

```
package org.wiley.kotlin.math

open class Operation {

}
```

代码清单 9.21 展示了一个空的继承类 Add。

代码清单 9.21　继承了 Operation 的空的 Add 类

```
package org.wiley.kotlin.math

class Add : Operation() {

}
```

1. 密封类没有共享行为

乍一看，这没什么大不了的。但关键是要考虑不同运算具有的共同行为。Add、Subtract、Multiply、Divide 和其他运算之间共有的行为到底是什么？

换一种问法，在 Operation 中可以定义哪些适用于所有运算的函数？有吗？即使只有一个？

答案是"真的没有"。每个运算确实都是一种运算，但它们的运算方式都完全不同。至于如何很好地使用密封类，下面给出两项指导意见。

标准 1：密封类可以用来代表不共享行为的公共子类。

2. 密封类有固定数量的子类

第二个标准更微妙，可用一句话简单表述。

标准 2：密封类可以代表选项固定的类层次结构，对象只能是其中一个选项。

微妙之处在于，乍一看任何的类层次结构都符合这一标准。比如 Auto 的层次结构，只有一定数量的子类(Maserati、Mercedes 等)，并且 Auto 实例只能是其中之一。但细微差别在于：子类列表之所以固定，仅仅是因为只有这些子类被定义了，而不是因为子类列表是真的很完整。如之前所述，以后可能会增加其他子类。

Operation 类则大不相同：所有的子类确实是固定的，并且是已知的。不会随着时间的推移而增加(除非有人能想出一种新的代数方法来结合两个数字)或减少。

在这种情况下，你最好使用关键字 sealed 来声明密封类，通常在这里你会使用 open 或 data 关键字。代码清单 9.22 定义了一个新的密封类 Operation。

代码清单 9.22　作为密封类的 Operation

```
package org.wiley.kotlin.math

sealed class Operation {

}
```

警告：
如果你想继续按照示例操作，需要将代码清单 9.20 中显示的代码替换为代码清单 9.22 中所示的代码。Kotlin(几乎任何语言)不会允许你在同一个包中定义两个不同的 Operation 类。

如果你创建了代码清单 9.21 中显示的 Add 类，则需要完全删除该文件，因为 Kotlin 将报告以下错误：

```
Kotlin: Cannot access '<init>': it is private in 'Operation'
```

这是因为密封类不是按照你所习惯的方式子类化的。相反，它们会位于密封类所在的文件中。代码清单 9.23 展示了 Operation 的可编译版本。

代码清单 9.23　作为密封类并具有子类的 Operation 类

```
package org.wiley.kotlin.math

sealed class Operation {
    class Add(val value: Int) : Operation()
    class Subtract(val value: Int) : Operation()
    class Multiply(val value: Int): Operation()
    class Divide(val value: Int): Operation()
    class Raise(val value: Int): Operation()
}
```

现在，删除 Add 后，就可以正常地编译此代码。

注意:
如果你对某数取方根的运算感兴趣，就会发现它由 Raise 运算来呈现。Raise 在这个模型中实际上是处理幂运算(5 的 2 次方是 25)以及方根运算(9 的½次方实际上等同于 9 的平方根，也就是 3)。这种方法使代码更简单一些，而且由于我们实际上并没有在这里构建一个完整的计算器，因此仍将注意力放在对概念的理解上。

3. 密封类的子类并不总是定义行为

代码清单 9.23 会让你觉得有点奇怪。虽然有子类，但这些子类并不定义任何行为。它们每个都定义了一个主构造函数——每个子类都接收一个 Int 值——但没有行为。

没关系，通常你不会像对对象建立模型那样使用这些类。这也是最重要的 when 控制结构重新登场之处，它自有新的妙用。

9.4.3　when 需要处理所有密封子类

你已经看到多次，经常用到如下代码:

```
when {
    (anotherNumber % 2 == 0) ->println("The number is divisible by 2!")
    (anotherNumber % 3 == 0) ->println("The number is divisible by 3!")
    (anotherNumber % 5 == 0) ->println("The number is divisible by 5!")
    (anotherNumber % 7 == 0) ->println("The number is divisible by 7!")
    (anotherNumber % 11 == 0) ->println("The number is divisible by 11!")
    else ->println("This thing is hardly divisible by anything!")
}
```

这是完全合法的 Kotlin 代码，是 when 的一个很好的用法。但是，当你使用密封类时，规则会发生变化。要理解这一点，需要继续往后看。

首先，假设目标是执行如下运算：

```
5 + 4
```

显然你希望在这里得到的结果是 9。这需要使用 Add 运算，和一个数值 4：

```
Add(4)
```

因此，我们实际上是希望创建这样一种机制，传递一个数值(如 5)和一个 Operation (如 Add)，同时它还带有一个数值(Add(4))。

这里明显会选择使用函数。让我们将此函数称为 execute()，它会接受一个输入值和一个带有值的 Operator 实例。

继续并创建一个名为 Calculator 的新类，输入代码清单 9.24 中所示的代码。

代码清单9.24　用一个函数实现非常简单的计算器

```
package org.wiley.kotlin.math

class Calculator {
    fun execute(input: Int, operation: Operation) {
        when (operation) {
            is Operation.Add-> input + operation.value
        }
    }
}
```

所以现在(理论上)可以调用 execute(5, Operation.Add(4))，并得到 9。

但如果你尝试编译 Calculator，会得到一个相当奇怪的错误，如下所示：

```
Kotlin: 'when' expression must be exhaustive, add necessary 'is Subtract',
'is Multiply', 'is Divide', 'is Raise' branches or 'else' branch instead
```

1. when 表达式必须包含密封类的全部

关键在于 when 表达式必须是"详尽无遗的"。这就是使用密封类的原因所在，回想一下，这是密封类的两个标准之一。

when 表达式使用了标准 2，知道密封类中的选项是固定的，并且要求每个子类都出现。现在仅覆盖了 Add 运算，缺失了 Substract、Multiply、Divide 和 Raise。

这很容易修复，解决方案如代码清单 9.25 所示。

代码清单 9.25　在 when 表达式中添加额外的密封类子类

```
package org.wiley.kotlin.math

import kotlin.math.pow

class Calculator {
    fun execute(input: Int, operation: Operation): Int =
        when (operation) {
            is Operation.Add-> input + operation.value
            is Operation.Subtract-> input - operation.value
            is Operation.Multiply-> input * operation.value
            is Operation.Divide-> input / operation.value
            is Operation.Raise-> (input.toFloat().pow(operation.
    value.toFloat())).Int()
        }
}
```

注意：
并不用在 when 和 execute() 函数如何工作的细节上花费太多时间，因为这对于理解当前的主题——密封类真的并不重要。也就是说，对于前几个选项，该函数只在 Kotlin 中执行了正确的运算。对于 Raise，则使用 kotlin.math.pow()函数，但由于它只接受并返回 Float 或 Double 类型，因此需要进行一些额外的转换。

现在该类可以正常编译，因为密封类的每个子类都包含在内。

"每个子类都必须涵盖"的规则也有一个非常关键的例外，这是一个微妙的例外。请注意，在代码清单 9.25 中，when 评估的结果将直接返回。在本例中，它作为 execute() 的返回值返回。这就是为什么在 execute()的函数定义之后，在 when 之前有一个=符号。

规则是：如果 when 评估位于表达式的右侧，或是从一个函数返回，那么 when 必须处理每个子类。如果 when 不在表达式的右侧或是返回，则该规则不适用。因此，此代码是完全合法的：

```
class Calculator {
    fun execute(input: Int, operation: Operation): Int {
        when (operation) {
            is Operation.Add -> input + operation.value
            is Operation.Subtract -> input - operation.value
        }

        return 0
    }
}
```

显然，此代码没有多大意义，因为它总是返回 0，但它确实说明了一点：when 可以不受"每个子类"规则的约束，因为它不再从 execute()返回。

```kotlin
class Calculator {
    fun execute(input: Int, operation: Operation): Int {
        val returnVal : Int = when (operation) {
            is Operation Add -> input + operation.value
            is Operation.Subtract -> input - operation.value
            is Operation.Raise -> (input.toFloat().pow(operation.value.
        toFloat())).toInt()
        }

        return returnVal;
    }
}
```

在此例中该规则适用，因为 when 在 returnVal 赋值语句的右侧。在这个 when 中缺少 Operation.Multiply 和 Operation.Divide 子类，因此编译时会出现错误。

需要注意的是，如果你确实在 Operation 中添加了另一个子类，那么每个 when 都会立即出错(除非在 when 中使用了 else，接下来将介绍)。

2. else 分支语句通常不适用于密封类

在 when 中使用 else 分支语句可以确保所有密封类的子类被处理，这在技术上是合法的。代码清单 9.26 是 Calculator 使用 else 的版本，这是完全合法的 Kotlin 代码。

代码清单 9.26　将 else 语句添加到 when 中

```kotlin
package org.wiley.kotlin.math

import kotlin.math.pow

class Calculator {
    fun execute(input: Int, operation: Operation): Int {
        val returnVal : Int = when (operation) {
            is Operation.Add -> input + operation.value
            is Operation.Subtract -> input - operation.value
            // is Operation.Multiply -> input * operation.value
            // is Operation.Divide -> input / operation.value
            is Operation.Raise ->
        (input.toFloat().pow(operation.value.toFloat())).toInt()
            else -> throw Exception("Operation not yet supported")
        }

        return returnVal;
```

```
        }
    }
```

一般来说，代码清单 9.26 中的代码几乎是唯一对密封类有意义的 else 语句。else 是一个真正的捕捉器，但与其用来引入 Operation 的多个子类的共享行为，不如抛出一个 Exception 以表明未明确涵盖的 Operation 子类的功能尚未编写完整，或者是某种方式上的不支持。

换句话说，密封类(在此例中是 Operation)的多个子类共享行为是一个相当不寻常的情况，即使该行为是未实现的行为。

标准 1 彻底阐明了观点：密封类不共享行为。它们各自独立运作，它们唯一共享的就是类的层次结构。基于此，只有当使用 else 的情况仅涉及一个密封类时才合理，但很少能合理。因为 else 的定义是 "对于任何未明确处理的内容的共享行为"，这与密封类的标准 1 矛盾。

最好是在密封类的每个子类都有清晰、明确行为的情况下使用 when 控制结构。

3. else 分支语句会隐藏未执行的子类行为

在使用密封类的 when 中使用 else 实际上并不是个好主意。参见代码清单 9.27，这可能会变成隐藏的问题。

代码清单 9.27　使用 else 捕获任何额外的子类

```
package org.wiley.kotlin.math

import kotlin.math.pow

class Calculator {
    fun execute(input: Int, operation: Operation): Int {
        val returnVal : Int = when (operation) {
            is Operation.Add -> input + operation.value
            is Operation.Subtract -> input - operation.value
            is Operation.Multiply -> input * operation.value
            is Operation.Divide -> input / operation.value
            is Operation.Raise ->
        (input.toFloat().pow(operation.value.toFloat())).toInt()
            else -> {
                // Catch all
                0
            }
        }

        return returnVal;
    }
}
```

这是合法代码，但不是最佳代码。此代码隐藏了可能在某一时刻添加到 Operation 的任何子类。例如，假设 Operation 已经更新，如代码清单 9.28 所示。

代码清单 9.28　在 Operation 中添加子类

```
package org.wiley.kotlin.math

sealed class Operation {
    class Add(val value: Int) : Operation()
    class Subtract(val value: Int) : Operation()
    class Multiply(val value: Int): Operation()
    class Divide(val value: Int): Operation()
    class Raise(val value: Int): Operation()

    class And(val value: Int): Operation()
    class Or(val value: Int): Operation()
}
```

在这种新的情况下，有额外的 Operation 子类，And 和 Or。这当然意味着 Calculator 现在应该停止工作，并且要对这两个运算进行一些额外的处理。但如果 Calculator 的编码如代码清单 9.27 所示，那么它将愉快地继续编译，并且可用，因为有 else：

```
else -> {
    // Catch all
    0
}
```

当运算是 And() 或 Or() 时，将返回 0。因此，Calculator 不仅可能在不当的时候进行了编译，而且现在它还返回错误的值。

实际上只有一种情况适合使用 else：表示一个缺失的子类。

警告：

往往"只有一种情况"或"你永远不应该做某事"之类的话总是有点危险。因为这些话一旦出现，就会有一个不寻常的但完全合法的反例应运而生。其实要传达的信息很清晰：一般情况下，对于密封类来说 else 除了生成异常之外最好不用。

如果你想有一个类能编译 when 语句，并抵制密封类添加新的子类，可以参考代码清单 9.29。Operation 的每个子类都已处理，但 else 涵盖了可能在某个时候添加的任何新子类。然而，它通过抛出一个异常来涵盖新的子类。代码将顺利编译，但如果未明确涵盖的子类在运行时被传递，程序将会出错。

代码清单 9.29　将错误从编译时延迟到运行时

```
package org.wiley.kotlin.math

import kotlin.math.pow

class Calculator {
    fun execute(input: Int, operation: Operation): Int {
        val returnVal : Int = when (operation) {
            is Operation.Add -> input + operation.value
            is Operation.Subtract -> input - operation.value
            is Operation.Multiply -> input * operation.value
            is Operation.Divide -> input / operation.value
            is Operation.Raise ->
        (input.toFloat().pow(operation.value.toFloat())).toInt()
            else -> {
                throw Exception("Unhandled Operation: ${operation}")
            }
        }

        return returnVal;
    }
}
```

编译代码清单 9.28 中的 Operation 版本，然后运行以下测试程序：

```
var calc = Calculator()
println(calc.execute(5, Operation.Add(4)))
```

此代码可以编译，尽管 else 没有明确处理 And 和 Or 这两个 Operation 子类。此代码仍将正确返回 9。

现在尝试以下代码：

```
println(calc.execute(2, Operation.And(4)))
```

结果将会是类似下面这样的错误：

```
Exception in thread "main" java.lang.Exception: Unhandled Operation:
org.wiley.kotlin.math.Operation$And@506e6d5e
    at org.wiley.kotlin.math.Calculator.execute(Calculator.kt:14)
    at EnumAppKt.main(EnumApp.kt:32)
    at EnumAppKt.main(EnumApp.kt)

Process finished with exit code 1
```

不过，这是一个运行时错误，而不是编译时错误。它基本上是一个提醒，提醒你需要处理一个丢失的 Operation 子类。

注意：

本节侧重于在密封类的 when 中使用 else 语句。但结论对所有复杂度更小的 when 语句都有效。另外，else 很容易让你错过引入一个新的子类或匹配表达式的机会，而且不会被 when 显式捕获。

如果你不用处理密封类，而有充分的理由使用 else 语句，那么一定不要涵盖剩余子类。事实上，else 适用的情况均可考虑使用或(||)列出所有可能匹配的表达式，并尽可能地避免使用 else 语句。

在这一点上，你已经学习了很多特殊的类：数据类、枚举、密封类，以及抽象类和开放类。虽然在类的话题上还有很多内容(面向对象的语言尤其如此)，但是时候多关注一下 Kotlin 中函数的细节和灵活性了。

第10章
函　数

本章内容

- 将函数作为入参的函数
- 返回函数的函数
- 匿名函数和 Lambda 表达式
- 关于 Lambda 的警告

10.1　重温函数的语法

现在，即使你是通过本书初次了解 Kotlin，也已经见过函数上百次了。无论你是在编写一个简单的数据类，还是使用有子类的密封类，或者复杂的自定义类，它们都是构建 Kotlin 的基础。

在本章中，你将深入了解函数：包括你一直使用的语法，以及许多可用来扩展和展开语法以让你做更多有趣事情的方法。

10.1.1　函数基本公式

代码清单 10.1 所示是一个最简单的 Kotlin 文件。该文件名为 FunctionApp.kt，其中只包含一个名为 main() 的简单函数。

代码清单 10.1　一个包含简单函数的简单 Kotlin 类

```
fun main() {
    println("Here we go…")
}
```

代码清单 10.1 很简单，为了便于看到函数的构成，图 10.1 对此做了进一步分解。

图 10.1　一个函数总是具有相同的基本部分

每个函数都有相同的构成，尽管如此，你很快就将在本章中看到它会变得相当复杂。

不过，如果你了解了函数的基本部分，那么当函数变复杂时，你也有时间更轻松地去分析函数，并将这些更复杂的表现映射回那些基本部分所承担的功能上。

以下是一个典型函数的各构成部分：

- fun 关键字。向 Kotlin 以及编写代码的开发者标识此为函数。
- 函数名称。此名称通常用于调用该函数。不过，正如你很快就会看到的，许多函数没有名称。
- 参数列表。函数可以通过传递的参数或入参接收信息。你知道这是一个入参列表，因为它们被括号包围着。如果没有入参，仍需要一对空括号：()。
- 函数的返回类型。这是图 10.1 中唯一没有显示的部分。函数可以返回值，在入参列表后面由一个冒号(:)指示，然后就是返回值的类型，如：fun copy(obj: Any) : Any。
- 函数的开头。函数通常以一个花括号({})开头。这是该函数的实际内容开始的地方，也称为函数代码块，代码块用于构建该函数的行为。
- 函数体。函数体位于函数的开头({)和结尾(})之间。可以有各种各样的代码，或者函数体中也可以什么都没有。
- 函数的结尾。这是与之前的开头匹配的结尾。就像函数大多数以一个花括号开头一样，函数大多数也以花括号结尾。

注意：

请注意以上内容中的限定词，如"大多数"和"通常"。你会在本章中了解这些限定词的含义，以及例外情况。

10.1.2　函数参数也有模式

至此，函数已不是什么新鲜事物。你已经在前面章节中多次调用过函数，有些有参数，有些没有。代码清单 10.2 是第 6 章中的 Person 类，其中包含许多函数。

代码清单 10.2　第 6 章中展示过的 Person 类

```kotlin
package org.wiley.kotlin.person

open class Person(_firstName: String, _lastName: String,
                  _height: Double = 0.0, _age: Int = 0) {

    var firstName: String = _firstName
    var lastName: String = _lastName
    var height: Double = _height
    var age: Int = _age

    var partner: Person? = null

    constructor(_firstName: String, _lastName: String,
                _partner: Person) :
            this(_firstName, _lastName) {
        partner = _partner
    }

    fun fullName(): String {
        return "$firstName $lastName"
    }

    fun hasPartner(): Boolean {
        return (partner != null)
    }

    override fun toString(): String {
        return fullName()
    }

    override fun hashCode(): Int {
        return (firstName.hashCode() * 28) + (lastName.hashCode() * 31)
    }

    override fun equals(other: Any?): Boolean {
        if (other is Person) {
            return (firstName == other.firstName) &&
                    (lastName == other.lastName)
```

```
        } else {
            return false
        }
    }
}
```

这些函数通过函数名来调用，如果它们被定义为类的一部分(如 Person 类中的函数)，则函数名称位于类实例名称之后：

```
val brian = Person("Brian", "Truesby", 68.2, 33)
println(brian.fullName())
```

在这里，fullName()函数被调用，并且该特定的函数没有参数，因此在括号中什么都没有。

如果有入参，只需要放入括号中：

```
val brian = Person("Brian", "Truesby", 68.2, 33)
val rose = Person("Rose", "Bushnell", brian)

if (brian.equals(rose)) {
    println('These two people are the same.')
}
```

这里，equals()被调用并且 rose 实例被传入该函数。以下是该函数的定义，摘自代码清单 10.2：

```
override fun equals(other: Any?): Boolean {
    // code
}
```

因此，函数的参数表示为：

- 参数名称
- 冒号分隔符(:)
- 参数类型
- 修饰符，如?表明参数是可选的
- 默认值(如果有的话)

你可以在 Person 的主构造函数中看到 _height 和 _age 的默认值：

```
open class Person(_firstName: String, _lastName: String,
                  _height: Double = 0.0, _age: Int = 0) {
```

注意：
值得一提的是，"为什么我们要重新审视这些基本内容？"这是一个好问题，因为你已经使用函数、参数和默认值很长时间了。尽管如此，深入了解这些想法背后的机制还是很重要的，原因有两点：第一，你需要牢牢掌握所使用的任何语言的语法，这些语法绝对超出了你的理解范围；第二，本章将开始扩展这些概念，因此首先应掌握基础知识，这样你才能更快地接触更高级的用途。

1. 构造函数中的默认值会被继承

当继承被引入时，构造函数的默认值会产生一些小问题。Person 的主构造函数有如下默认值声明：

```
open class Person(_firstName: String, _lastName: String,
                  _height: Double = 0.0, _age: Int = 0) {
```

如果在 Person 的子类中向构造函数添加参数，要么保持这些默认值，要么重新定义这些值，要么确保你不会非法调用父类版本。

例如，以下是 Person 的子类 Child，其中的_height 和_age 使用了相同的默认值：

```
class Child(_firstName: String, _lastName: String,
            _height: Double = 0.0, _age: Int = 0, _parents: Set<Person>) :
    Person(_firstName, _lastName, _height, _age) {
```

以下是一个相同的子类,但这一次_age 被默认设置为12 而不像Person 中那样是0：

```
class Child(_firstName: String, _lastName: String,
            _height: Double = 0.0, _age: Int = 12, _parents: Set<Person>) :
    Person(_firstName, _lastName, _height, _age) {
```

现在，你可以合法地删除_height 的默认值：

```
class Child(_firstName: String, _lastName: String,
            _height: Double, _age: Int = 12, _parents: Set<Person>) :
```

但是，当前代码对父类构造函数的调用是非法的：

```
class Child(_firstName: String, _lastName: String,
            _height: Double, _age: Int = 0, _parents: Set<Person>) :
    Person(_firstName, _lastName, _height, _age) {
```

这里传入了_height，它可能是未定义的，Kotlin 不允许这样做。

2. 函数中的默认值会被继承

函数在继承上略有不同，这只是因为主构造函数必须调用父类构造函数，所以有一定的要求。构造函数以外的函数在要求上更宽松一些。

以下是一个具有一些默认值的简单函数：

```kotlin
fun add(num1: Int, num2: Int, num3: Int = 0, num4: Int = 0): Int {
    return num1 + num2 + num3 + num4
}
```

警告：

有时好代码会成为一个糟糕的示例，有时好的示例却是糟糕的生产代码。这个示例就是后者。这里使用一种可怕的方式创建了 add() 函数，但它确实使用了默认参数并且用途非常清楚。你可以用这个示例来学习这个概念，但不要尝试在 Kotlin 同行面前展示这个 add() 函数，他们可能并不赞成这样做！

如果将此函数更改为开放(open)的，就可以在子类中扩展该函数。代码清单 10.3 是 Calculator 的源代码，基于第 9 章的代码并添加了新的 add() 函数。Calculator 类和 add() 函数都被标记为 open，对子类开放。

代码清单 10.3　具有开放的 add() 函数的开放类

```kotlin
package org.wiley.kotlin.math

import kotlin.math.pow

open class Calculator {
    fun execute(input: Int, operation: Operation): Int {
        val returnVal : Int = when (operation) {
            is Operation.Add -> input + operation.value
            is Operation.Subtract -> input - operation.value
            is Operation.Multiply -> input * operation.value
            is Operation.Divide -> input / operation.value
            is Operation.Raise -> (input.toFloat().pow(operation.value
.toFloat())).toInt()
            else -> {
                throw Exception("Unhandled Operation: ${operation}")
            }
        }

        return returnVal;
    }

    open fun add(num1: Int, num2: Int, num3: Int = 0, num4: Int = 0):
Int {
        return num1 + num2 + num3 + num4
    }
}
```

> **注意：**
> 还需要在项目中加入第 9 章的 Operation 类才能编译 Calculator 类。

如果现在创建一个 Calculator 的子类，命名为 Abacus，就可以覆盖 add()函数，如代码清单 10.4 所示。

代码清单 10.4　扩展 Calculator 类并覆盖 add()函数

```
package org.wiley.kotlin.math

class Abacus : Calculator() {

    override fun add(num1: Int, num2: Int, num3: Int, num4: Int): Int {
        return super.add(num1, num2, num3, num4)
    }
}
```

此 add()函数的覆盖版本只是调用了其父类 Calculator 中的 add()函数实现。但请注意，add()函数的默认值被遗漏了：

```
override fun add(num1: Int, num2: Int, num3: Int, num4: Int): Int {
```

3. 函数中的默认值无法被覆盖

事实上，即使你想指定也无法指定这些值。例如像下面这样更新函数签名：

```
override fun add(num1: Int, num2: Int, num3: Int = 0, num4: Int = 0): Int {
```

现在编译代码，你会得到如下错误：

```
Kotlin: An overriding function is not allowed to specify default values
for its parameters
```

因此，Kotlin 不允许你指定这些参数的默认值，即使它们与父类的定义相同。最重要的是，默认值仍然适用。因此，你可以按如下方式调用 Abacus 中的 add()函数：

```
var ab = Abacus()
println(ab.add(2, 1))
```

这实际上会使代码的可读性稍差一点，因为如果你只是看了一眼 Abacus 中的 add()函数的代码签名，可能不会发现它有可用的默认值。这是一个好的 IDE 所不可估量之处。注意，图 10.2 中 IntelliJ 提供了函数签名，其中包括从基类 Calculator 继承的默认值。

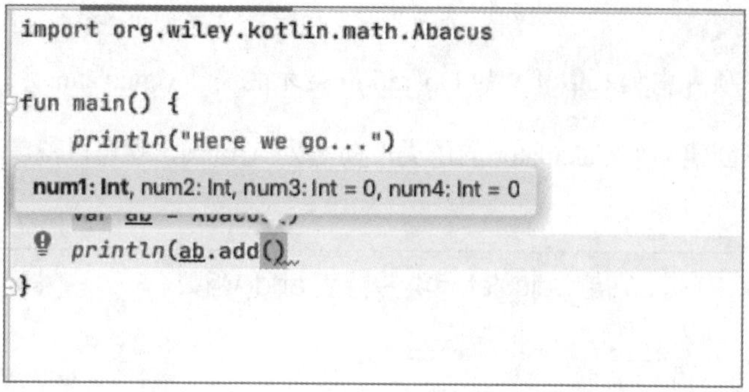

```
import org.wiley.kotlin.math.Abacus

fun main() {
    println("Here we go...")
    num1: Int, num2: Int, num3: Int = 0, num4: Int = 0
    var ab - Abacus()
 💡  println(ab.add())
}
```

图 10.2　好的 IDE 可以为函数提供默认值，即使是来自基类的默认值

4. 默认值会影响调用函数

当你为参数列表中靠前的参数提供默认值，但不为随后的参数提供默认值时，可能会产生另一个小问题。在 Calculator 中更新 add()，如下所示：

```
open fun add(num1: Int, num2: Int = 0, num3: Int = 0, num4: Int): Int {
    return num1 + num2 + num3 + num4
}
```

注意，现在 num2 和 num3 具有默认值，但 num4 没有。

> **警告：**
> 你必须对 Calculator 中的 add()版本进行此更改，而不是对 Abacus 中的覆盖版本进行更改。Abacus 中的版本无法更改默认值，因此之前的代码无法编译。

每当你有一些没有默认值的其他参数在有默认值的参数后面时，就会产生一些特殊规则。如果你没有在调用函数的代码(并不是函数代码本身而是调用该函数的代码)中命名参数，则不会假设有默认值。这意味着以下代码将产生编译错误：

```
println(ab.add(1, 2))
```

有一个参数组合可以让这个调用变得有效。如果将 1 赋给 num1，将 2 赋给 num4，那么 num2 将被赋予默认值 0，num3 也将被赋予默认值 0。然而，Kotlin 不愿意做出这样的假设。

除非有任何具体的信息，否则 Kotlin 会假设你的值是按顺序、从第一个参数开始，从左到右提供给入参的。这意味着 1 被赋给 num1，2 被赋给 num2，而不会考虑 num2 和 num3 是具有默认值的。

如果你想利用这些默认值，那么要使用以前介绍过的命名参数。因此，你可以按如下方式调用 add()函数：

```
println(ab.add(num1 = 1, num4 = 3))
```

此代码是可以编译的,因为现在假设 num2 和 num3 都使用它们的默认值。也可以跳过第一个参数的名称,因为 Kotlin 已经假设第一个值是赋给 num1 的:

```
println(ab.add(1, num4 = 3)
```

有了 IDE,这一切都会变得更容易,如图 10.3 所示。大多数 IDE 都会执行类似的操作,显示所接受的参数及其默认值(如果有的话)。

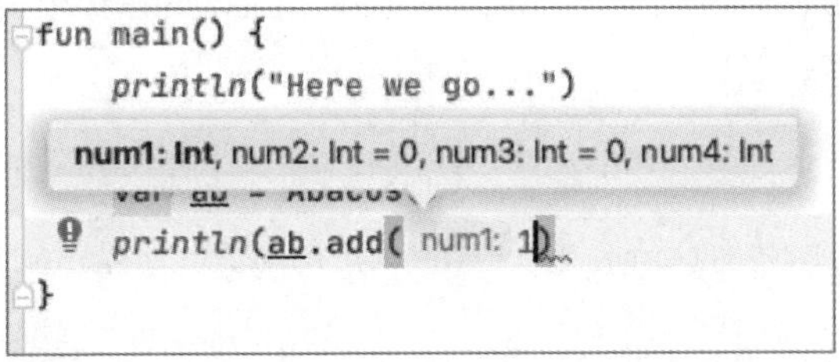

```
fun main() {
    println("Here we go...")
    num1: Int, num2: Int = 0, num3: Int = 0, num4: Int
    var ab = Abacus
    println(ab.add( num1: 1)
}
```

图 10.3　IDE 有助于指定入参,尤其是在命名参数或是显示参数顺序时很有帮助

5. 使用命名参数调用函数是灵活的

在调用函数时,你不仅可以使用命名入参来处理默认值,还有更多选择。还可以更改入参的顺序:

```
println(ab.add(num4 = 3, num1 = 1, num2 = 8))
```

刚才的代码与如下代码的效果相同:

```
println(ab.add(num1 = 1, num2 = 8, num4 = 3))
```

事实上,以下所有函数的功能都相同:

```
println(ab.add(num4 = 3, num1 = 1, num2 = 8))
println(ab.add(num1 = 1, num2 = 8, num4 = 3))
println(ab.add(num1 = 1, num2 = 8, num4 = 3, num3 = 0))
println(ab.add(1, num2 = 8, num4 = 3))
println(ab.add(1, 8, num4 = 3))
println(ab.add(1, 8, 0, 3))
```

在每种情况下,命名入参、默认值的组合和 Kotlin 的默认顺序都可用于将相同的值传入相同的入参中。

6. 除非允许,否则函数参数不能为 null

你也看到了 Kotlin 对空值何其挑剔。默认情况下,不能将空(null)作为参数值传入函数。更新 Abacus 类,如代码清单 10.5 所示。

代码清单 10.5 将打印总和的函数添加到 Abacus 中

```
package org.wiley.kotlin.math

class Abacus : Calculator() {

    override fun add(num1: Int, num2: Int, num3: Int, num4: Int): Int {
        return super.add(num1, num2, num3, num4)
    }

    fun add_and_print(text:String, num1:Int, num2:Int, num3:Int, num4:Int)
{
        println("${text} ${add(num1, num2, num3, num4)}")
    }
}
```

此新函数使用已定义的 add() 函数，打印出 String 类型的前缀和总和。你可以轻松地调用这个新函数：

```
ab.add_and_print("The sum is:", 1, 8, 0, 3)
```

如果想要避免前缀字符串，可以使用空字符串：

```
ab.add_and_print("", 1, 8, 0, 3)
```

> **注意：**
> 这段代码演示了空值，但并未用上 add() 函数声明中的默认值。为了用上默认值，你必须将在 Calculator 的 add() 函数中定义的相同默认值添加到 add_and_print() 的函数定义中，因为它们不能在 Abacus 中再次声明。
>
> 这仍然是个糟糕的主意，因为现在如果 Calculator 的 add() 发生更改，就必须更改 add_and_print()，而且这两个类中的这两个函数之间缺乏文档关联，这同样是一种糟糕而脆弱的代码处理方法。

但是，你不能像下面这样调用此函数：

```
ab.add_and_print(null, 1, 8, 0, 3)
```

Kotlin 不会接受空值，所以会出现编译错误：

```
Kotlin: Null can not be a value of a non-null type String
```

你可以通过在函数中将 String 参数定义为可以为空来避免这种情况：

```
fun add_and_print(text: String?, num1: Int, num2: Int, num3: Int, num4:
Int) {
```

位于参数类型后面的?符号告诉 Kotlin 你已准备好接受空值。

当然，让代码可以编译与运行代码是两码事。代码现在可以编译，但是你会得到以下笨拙的输出：

```
null 12
```

尽管 add_and_print()允许空值，但它确实没有以有用的方式实际处理它们。你会希望做如下处理：

```
fun add_and_print(text:String?, num1:Int, num2:Int,num3:Int,num4:Int){
    var outputString = StringBuilder();
    if ((text != null) && (!text.isEmpty())) {
        outputString.append(text).append(": ")
    }
    outputString.append(add(num1, num2, num3, num4))

    println(outputString)
}
```

在此版本的 add_and_print()中，空值和空字符串均能被聪明地处理。现在，以下这三个函数调用都会有合理的行为：

```
ab.add_and_print("The sum is", 1, 8, 0, 3)
ab.add_and_print("", 1, 8, 0, 3)
ab.add_and_print(null, 1, 8, 0, 3)
```

第一个在总和前有前缀，第二个和第三个会忽略 String 前缀。下面是输出：

```
 The sum is: 12
12
12
```

10.2　函数遵循灵活规则

先撇开这个标题不谈，到目前为止的所有内容很大程度上是对你已学内容的回顾。函数在语法和构造方面提供了更大的灵活性。它们看似违反了规则，但实际上，这些规则比你第一次编写函数时所应用的规则更具可塑性。

下面介绍这种可塑性，并帮助你根据自己的需要进一步扩展函数。

10.2.1 函数实际上默认返回 Unit

如果你不想让函数返回任何东西，通常会编写如下代码：

```
fun add_and_print(text:String?,num1:Int,num2:Int,num3:Int,num4:Int){
```

这里并没有什么特别之处，你已经这样编写函数有一段时间了。但这些函数实际上确实有返回值：Unit。Unit 是一种你从未见过的类型，它主要针对语言语法，而不是你在代码中明确使用的东西。

因此，上述函数实际上编译的结果如下：

```
fun add_and_print(text: String?, num1: Int, num2: Int, num3: Int, num4:
Int) : Unit {
```

Unit 本身并没有值，这很奇怪，但也反映了这真的是 Kotlin 自己内部使用的。此外，与返回 String、Boolean 或其他命名类型的函数不同，标明返回 Unit 的函数不必显式地返回该类型。

所以，如果查看 add_and_print() 的整个函数体，会发现它没有一个显式的返回声明：

```
fun add_and_print(text:String?,num1:Int,num2:Int,num3:Int,num4:Int){
    var outputString = StringBuilder();
    if ((text != null) && (!text.isEmpty())) {
        outputString.append(text).append(": ")
    }
    outputString.append(add(num1, num2, num3, num4))

    println(outputString)
}
```

但是，你可以添加一个：

```
fun add_and_print(text:String?,num1:Int,num2:Int,num3:Int,num4:Int){
    var outputString = StringBuilder();
    if ((text != null) && (!text.isEmpty())) {
        outputString.append(text).append(": ")
    }
    outputString.append(add(num1, num2, num3, num4))

    println(outputString)

    return Unit
}
```

尽管最后一行看起来很奇怪，但它在 Kotlin 中是完全有效的。还可以移除 Unit 返回类型，只需要添加 return 关键字：

```kotlin
fun add_and_print(text:String?,num1:Int,num2:Int,num3:Int,num4:Int){
    var outputString = StringBuilder();
    if ((text != null) && (!text.isEmpty())) {
        outputString.append(text).append(": ")
    }
    outputString.append(add(num1, num2, num3, num4))

    println(outputString)

    return
}
```

这看起来很奇怪，而且可能会让人困惑，返回 Unit 对任何人来说都没有多大意义，除非你对 Kotlin 的内部结构有清晰的了解：Unit 是可选的，而且通常会被移除。

> **注意：**
> 如果你是一个 Java 老手，可能想知道为什么 Kotlin 不支持仅返回 void，而这正是 Java 处理类似情况的方式。这又回到了 Kotlin 语言的强类型特点。Kotlin 总是希望返回一个类型，而 void 不是一种类型。因此，Kotlin 使用 Unit 代替。这样确保了每个函数始终返回一个类型，并进一步强调了在 Kotlin 中类型是始终存在的。

10.2.2　函数可以是单一表达式

下面再看看本章前几节的主题：add()函数。以下是该函数在 Calculator 中的版本：

```kotlin
open fun add(num1: Int, num2: Int = 0, num3: Int = 0, num4: Int): Int {
    return num1 + num2 + num3 + num4
}
```

在这个函数中，只有一行。此外，该行只是一个表达式。换句话说，如果忽略参数该函数几乎等同于：

```kotlin
fun add() = num1 + num2 + num3 + num4
```

整个 add()被归结为只是进行了一次计算。用 Kotlin 的话说，这个函数是单一表达式。

1. 单一表达式函数没有花括号

当你遇到单一表达式函数时，你可以跳过开头和结尾的花括号，并将该表达式的结果分配给函数声明。代码清单 10.6 回顾了 Calculator，其中包含此 add()函数。

代码清单 10.6　将 add()更改为分配给函数的单一表达式

```
package org.wiley.kotlin.math

import kotlin.math.pow

open class Calculator {
    fun execute(input: Int, operation: Operation): Int {
        val returnVal : Int = when (operation) {
            is Operation.Add -> input + operation.value
            is Operation.Subtract -> input - operation.value
            is Operation.Multiply -> input * operation.value
            is Operation.Divide -> input / operation.value
            is Operation.Raise -> (input.toFloat().pow
            (operation.value.toFloat())).toInt()
            else -> {
                throw Exception("Unhandled Operation: ${operation}")
            }
        }

        return returnVal;
    }

    open fun add(num1: Int, num2: Int = 0, num3: Int = 0, num4: Int):
    Int = num1 + num2 + num3 + num4
```

虽然这是一个相对简单的变化，但它提供了许多有趣的可能性。

值得回顾一下函数的开头和结尾的原始定义：

- 函数的开头。函数通常以一个花括号({)开头。这是函数实质内容(也称为行为)的开端。
- 函数的结尾。这是与之前的开头匹配的结尾。正如函数大多数以一个花括号开头，结尾也是一个花括号。

注意，函数"通常以一个花括号开头"。现在你看到了，虽然这是真的，但也可以以一个等号(=)开始。通常也会有一个花括号来结尾，但仅仅是为了匹配开头的花括号(如果有的话)。

2. 单一表达式函数不使用 return 关键字

此外，请注意，在此表达式中没有 return。函数返回的是表达式的结果。再进一步，该结果必须与指定类型匹配，对于 add()函数来说就是 Int 类型。

现在，你已清楚地看到，对于本章的其余部分来说，最重要的是表达式可以代表各种各样的东西，而一个函数实际上就可以是一个表达式。虽然将一个函数视为一个声明和一个主体是有好处的，并且该主体中充满了可执行的语句，但你可以进一步精简它。函数就是一个表达式(可能不止一个)，并且函数的部分结果至少是执行该表达式的部分或全部后得到的。

为什么这很重要？请继续阅读，这很快带来灵活性。但首先来看下面基于表达式函数的最后一点说明。

3. 单一表达式函数可以推断出返回类型

实际上，当对一个表达式进行评估时，可以稍微对函数进行一些简化。你可以删除返回类型，Kotlin 将从表达式类型中找出返回类型。因此，你可以从 add()中删除 Int 返回类型：

```
open fun add(num1: Int, num2: Int = 0, num3: Int = 0, num4: Int) =
    num1 + num2 + num3 + num4
```

在这里，对表达式进行评估得到 Int，因此 add()被解释为返回 Int 类型。因此，如果你将结果赋给 Float 类型，就会出现如下问题：

```
var returnVal: Float
returnVal = ab.add(num4 = 3, num1 = 1, num2 = 8)
```

此代码将产生如下错误：

```
Kotlin: Type mismatch: inferred type is Int but Float was expected
```

你可以将 returnVal 改回 Int 类型，代码将可以再次成功编译。

现在，尽管这个推断很有用，但它并非没有缺点。正如你多次所见，Kotlin 天生就具有类型安全性。无论是拒绝接受 null 值(除非在参数列表中使用?符号显式声明)，还是拒绝执行基本类型转换(除非给出指示)，Kotlin 都不喜欢推断类型。

在这种情况下，如果你不能谨慎处理推断类型的代码，那么这个推论就可能有问题。看看代码清单 10.7，这是上一章的 Calculator 类。

代码清单 10.7　重温 Calculator 中的类型推断

```
package org.wiley.kotlin.math

import kotlin.math.pow

open class Calculator {
    fun execute(input: Int, operation: Operation): Int {
        val returnVal : Int = when (operation) {
            is Operation.Add -> input + operation.value
            is Operation.Subtract -> input - operation.value
            is Operation.Multiply -> input * operation.value
            is Operation.Divide -> input / operation.value
```

```
        is Operation.Raise -> (input.toFloat().pow(operation.value.
    toFloat())).toInt()
        else -> {
            throw Exception("Unhandled Operation: ${operation}")
        }
    }
}

    return returnVal;
}

open fun add(num1: Int, num2: Int = 0, num3: Int = 0, num4: Int) =
    num1 + num2 + num3 + num4
}
```

特别要注意，在 execute()中只有一个表达式：when。这意味着你可以更改此函数以使用=符号而不是花括号，如：

```
fun execute(input: Int, operation: Operation): Int =
    when (operation) {
        is Operation.Add -> input + operation.value
        is Operation.Subtract -> input - operation.value
        is Operation.Multiply -> input * operation.value
        is Operation.Divide -> input / operation.value
        is Operation.Raise ->
    (input.toFloat().pow(operation.value.toFloat())).toInt()
        else -> {
            throw Exception("Unhandled Operation: ${operation}")
        }
    }
```

> **注意:**
> 如果此更改令你感到困惑，只需要将整个函数视为一个单一表达式，其结果被赋给 returnVal，然后 returnVal 被返回。这是一个很好的迹象，表明你可以有一个单一表达式函数。通过删除 returnVal，并且简单地将其直接赋值给函数本身，这样就得到了一个有效的转换。

现在，你可以更进一步，从整个函数中删除返回类型(当前设置为 Int)，并让 Kotlin 推断返回类型：

```
fun execute(input: Int, operation: Operation) =
    when (operation) {
        is Operation.Add -> input + operation.value
        is Operation.Subtract -> input - operation.value
        is Operation.Multiply -> input * operation.value
        is Operation.Divide -> input / operation.value
```

```
is Operation.Raise -> (input.toFloat().pow(operation.value
.toFloat())).toInt()
else -> {
    throw Exception("Unhandled Operation: ${operation}")
}
}
```

这段代码仍将顺利编译和运行。

4. 类型扩大导致最宽泛的类型被返回

但请注意 Calculator 类的 execute()函数中处理 Operation.Raise 的分支。

```
is Operation.Raise -> (input.toFloat().pow(operation.value.
toFloat())).toInt()
```

此分支的代码最初如下所示：

```
is Operation.Raise -> input.toFloat().pow(operation.value.toFloat())
```

但在编译时，Kotlin 抛出了一个错误。因为 execute()声明它返回一个 Int(请记住，这是在该函数使用=替换{、}和 returnVal 之前)，此分支被拒绝了。因为它返回了一个 Float，而不是 Int，而其他所有分支都返回 Int。

现在更改代码如下：

```
is Operation.Raise -> input.toFloat().pow(operation.value.toFloat())
```

如果 execute()不声明它返回 Int，那么编译时就不会产生错误。但看一下现在发生了什么：

```
fun execute(input: Int, operation: Operation) =
    when (operation) {
        is Operation.Add -> input + operation.value
        is Operation.Subtract -> input - operation.value
        is Operation.Multiply -> input * operation.value
        is Operation.Divide -> input / operation.value
        is Operation.Raise ->
    (input.toFloat().pow(operation.value.toFloat())).toInt()
        else -> {
            throw Exception("Unhandled Operation: ${operation}")
        }
    }
```

对于 Operation.Add、Operation.Subtract、Operation.Multiply 和 Operation.Divide，返回值将是 Int 类型，因为通过 input 传入的是一个 Int，而 operation.value 永远是 Int。两个 Int 的运算也都返回 Int，除法也不例外。

但是，使用 math.pow()函数会返回一个 Float。它也只能对 Float 或 Double 类型进行运算，所以你需要将它们都转换成 Float 值(或 Double 值)。

这只是产生了一个错误，导致被显式地设置为返回 Int 的 execute()需要你将返回值转换回 Int(使用 toInt())。要查看潜在问题，请尝试如下代码：

```
var calc = Calculator()
var result: Int
result = calc.execute(5, Operation.Add(5))
```

编译这段代码，会得到一个令人惊讶的错误：

```
Kotlin: Type mismatch: inferred type is Any but Int was expected
```

那么这里发生了什么？Kotlin 被迫从 execute()所附的表达式中推断出一个类型，但它不能对 when 中的不同分支推断出不同类型。换句话说，Kotlin 不能说"好吧，如果是 Operation.Add 和 Operation.Subtract，推断出 Int 将被返回，但如果是 Operation.Raise 的话，推断出 Float 将被返回"。

相反，Kotlin 会做一个类型扩大(type widening)。它必须给出一个足够宽的类型来支持所有可能的返回类型。因此，对于 execute()，可能的返回值类型是 Int 和 Float。在 Kotlin 中支持这两种类型的最窄类型是 Any(这确实是一个相当宽泛的类型)。

如果你想避免类型扩大并且控制所返回的特定类型，你必须避免类型推断。可指定函数的返回类型，然后让编译器在返回类型不正确时警告你。

10.2.3　函数可以有可变数量的入参

还记得 Calculator 中较早定义的 add()函数，还有在 Abacus 中继承和覆盖的函数吗？以下是 Calculator 中的定义：

```
open fun add(num1: Int, num2: Int = 0, num3: Int = 0, num4: Int) =
    num1 + num2 + num3 + num4
```

注意：

这实际上是一个涵盖你所学内容的很好的例子。Add()使用单一表达式和=以返回值，并对返回值做类型推断。

这个函数虽然可以工作，但有点笨拙。如果要累加五个数字怎么办？六个呢？

在这种情况下，你真正想要的是支持可变数量的参数。你希望将一些未定义数量的 Int 传入 add()，并将它们全部累加。Kotlin 认为这些是可变参数。它们由 vararg 关键字表示。

创建名为 sum()的新函数，Calculator 的完整代码如代码清单 10.8 所示。

代码清单 10.8　在 Calculator 的新函数中使用 vararg

```
package org.wiley.kotlin.math

import kotlin.math.pow

open class Calculator {
    fun execute(input: Int, operation: Operation) : Int =
        when (operation) {
            is Operation.Add -> input + operation.value
            is Operation.Subtract -> input - operation.value
            is Operation.Multiply -> input * operation.value
            is Operation.Divide -> input / operation.value
            is Operation.Raise -> (input.toFloat().pow(operation.value.
    toFloat())).toInt()
            else -> {
                throw Exception("Unhandled Operation: ${operation}")
            }
        }

    open fun add(num1: Int, num2: Int = 0, num3: Int = 0, num4: Int) =
            num1 + num2 + num3 + num4

    open fun sum(num1: Int, vararg numbers: Int): Int {
      var sum = num1
      for (num in numbers)
        sum += num
      return sum
    }
}
```

sum()现在带有两个参数：

- num1，Int 型
- numbers，vararg 型，其中每个类型都是一个 Int

提供两个参数是因为一个总和实际上总会涉及两个数字，这在定义上就很清晰。

注意：
一个 vararg 实际上可以有 0 个入参，所以只传入一个数字仍然可以调用 sum()。如果你想确保始终有两个输入值，可以扩展 sum()以接收 num1、num2 和 numbers。这一点涉及偏好问题。

1. vararg 参数可以像数组一样对待

numbers 可以被视为一个 Array，这使得可以执行迭代：

```
for (num in numbers)
        sum += num
```

还可以访问其他 Array 方法，如 size()、get()和 iterator()。
现在你可以这样调用 sum()函数：

```
println(calc.sum(5, 2))
```

但也可以这样调用它：

```
println(calc.sum(5, 2, 4, 6))
```

以下代码也是合法的：

```
println(calc.sum(5, 2, 4, 6, 8, 10, 12, 14, 18, 200))
```

但入参不是一个 Array。换句话说，以下代码不合法：

```
println(calc.sum(10, IntArray(5) { 42 }))
```

在这里，第二个参数是一个通过 IntArray 创建的快速数组，IntArray 是一个辅助函数，可以像工厂那样创建数组。但这将导致一个错误：

```
Kotlin: Type mismatch: inferred type is IntArray but Int was expected
```

因此，虽然 sum()函数的输入 vararg 可以在该函数中被视为数组，但一个数组不能作为实参传递给 sum()函数。

从许多方面看，这就是 vararg 存在的原因：避免必须传入值的数组。你可以轻松地重写 sum()为以下代码：

```
open fun sum2(num1: Int, numbers: Array<Int>): Int {
    var sum = num1
    for (num in numbers)
        sum += num
    return sum
}
```

这行得通，但现在你必须在调用该函数时提供该数组：

```
println(calc.sum2(10, Array<Int>(5) { 42 }))
```

这并不一定比使用 vararg 的 sum()更好或更差，但是调用该函数的语法不再那么简单和直接。

10.3 Kotlin 的函数具有作用域

除了管理如何编写函数的规则，Kotlin 的函数还具有作用域。函数有三种不同的作用域：

- 局部(Local)
- 成员(Member)
- 扩展(Extension)

10.3.1 局部函数是函数内部的函数

局部函数表示该函数是在其他函数的内部。在 Kotlin 中，如果某函数是在其他函数的上下文中，通常意味着该函数是其他函数的局部函数。

下面是一个可以工作(尽管相当愚蠢)的示例：

```
open fun sum(num1: Int, vararg numbers: Int): Int {
    var sum = num1

    fun add(first: Int, second: Int) =
            first + second
    for (num in numbers)
        sum = add(sum, num)

    return sum
}
```

在这里，函数 add()是在函数 sum()中声明，并且只能被 sum()中的代码使用。局部函数的有趣之处在于它们可以访问外部作用域内的变量。换句话说，它们可以访问容纳它的函数中的变量。因此，你可以重写代码如下：

```
open fun sum(num1: Int, vararg numbers: Int): Int {
    var sum = num1

    fun add(toAdd: Int) {
        sum += toAdd
    }
    for (num in numbers)
        add(num)

    return sum
}
```

在这里，add()函数使用了 sum，即使 sum 并没有被声明和传入 add()函数。这是典型的局部函数，因为它们可以访问未直接传递给它们的变量。

> **注意：**
> 容纳局部函数的函数被称为闭包。闭包内部的变量都可以被局部函数以及闭包本身使用。

10.3.2　成员函数在类中定义

从第 1 章开始使用 Kotlin 以来，你就一直在使用成员函数。Calculator 的 execute()、add()和 sum()函数都是成员函数。但是，sum()有一个局部函数也叫作 add()。

这表明，在局部函数的闭包之外，函数名称可以重复。换句话说，Calculator 的 add()成员函数与 sum()函数内的 add()本地函数之间没有冲突，而 sum()也是成员函数。

10.3.3　扩展函数可以扩展现有行为而无须继承

如果你有一个类，如 Calculator，你想扩展或重建该类的行为，你可能会创建 Calculator 的子类，并添加一个新的函数或覆盖现有的函数。这正是 Abacus 类所做的。然而这种情况太简单，因为你同时可以控制 Calculator 和 Abacus 类。你可以将 Calculator 设置为开放的，然后继承它。

在这种情况下，继承 Calculator 类很容易。类本身是开放的，没有很多抽象的行为需要定义，也没有理由不继承 Calculator 并创建 Abacus 子类。

不过，继承或添加一个类的行为并不总是那么容易。有时你可能想将行为添加到一个你无法访问的类中，并且该类本身并不是开放的。或者，拥有你想要添加行为的类有很多其他行为，你不想继承，甚至无法继承。

对于这些情况，扩展函数可允许你添加或覆盖行为，而不必使用继承和子类。

> **注意:**
> 如果你很难想到扩展函数的适用场景,那么试想一下每次使用代码库时,你使用的代码并不开放继承,所以你无法创建子类,而这正是扩展函数的使用场景。

1. 使用点符号扩展现有的封闭类

假设你有一个类似代码清单 10.9 所示的 Person 类。为了更逼真一点,此版本删除了允许 Person 类创建子类的 open 关键字。它现在是一个无法添加行为的类。

代码清单 10.9　Person 类的封闭版本

```
package org.wiley.kotlin.person

class Person(_firstName: String, _lastName: String,
             _height: Double = 0.0, _age: Int = 0) {

    var firstName: String = _firstName
    var lastName: String = _lastName
    var height: Double = _height
    var age: Int = _age

    var partner: Person? = null

    constructor(_firstName: String, _lastName: String,
            _partner: Person) :
        this(_firstName, _lastName) {
      partner = _partner
    }

    fun fullName(): String {
        return "$firstName $lastName"
    }

    fun hasPartner(): Boolean {
        return (partner != null)
    }

    override fun toString(): String {
        return fullName()
    }

    override fun hashCode(): Int {
        return (firstName.hashCode() * 28) + (lastName.hashCode() * 31)
    }

    override fun equals(other: Any?): Boolean {
```

```
    if (other is Person) {
        return (firstName == other.firstName) &&
               (lastName == other.lastName)
    } else {
        return false
    }
}
}
```

假定你在代码库中下载了这段代码。那么你拥有的只能是此版本的编译版本(从代码清单 10.9 所示的代码可以获得一个编译版本)。

现在假设你想添加一个 marry()函数以接受另一个 Person，设置两个 Person 实例的 partner 属性指向对方，并确保 hasPartner()函数为双方返回 true。那可真是太简单了，但前提是你可以更新 Person 的源代码，或者，如果你可以创建一个 Person 的子类。但是在这个例子中，你没有任何选择：你有一个不能修改的 Person 类，你无法继承。

在这种情况下，要扩展类，你可以添加扩展函数，并使用点符号，你可以有限地访问该类——就好像扩展函数那样在所扩展的类中有相同的作用域。这就是为什么它的作用域是该函数所在的类。它不是一个局部函数，也不是一个成员函数，但它仍然有一个特定的作用域。

代码清单 10.10 是一个新的测试类，名为 ExtensionFunctionApp。除了创建一些 Person 实例，它还添加了一个名为 printPartnerStatus()的辅助函数，便于快速打印并指示 Person 实例是否有伴侣。

代码清单 10.10　使用扩展函数的测试程序

```
import org.wiley.kotlin.person.Person

fun main() {
    val brian = Person("Brian", "Truesby", 68.2, 33)
    val rose = Person("Rose", "Bushnell")

    printPartnerStatus(brian)
    printPartnerStatus(rose)
}

fun printPartnerStatus(person: Person) {
    if (person.hasPartner()) {
        println("${person.fullName()} has a partner named
${person.partner?.fullName()}")
    } else {
        println("${person.fullName()} is single")
    }
}
```

注意:

大部分代码应当都很容易理解。唯一需要说明的是位于 printPartnerStatus()辅助函数中 person.partner 之后的?符号,该符号表示 partner 可能为空,如果为空则干脆停止操作。实际上,从表达式返回空值就表示已遇到了空值。

还要注意的是,即使这个函数先调用了 hasPartner(),你仍然需要使用?运算符才可以安全地调用到潜在的可空属性(partner)上的函数。

再次,记住这种(虚构的)情况:你想给 Person 添加一个 marry()函数,但是无法改变 Person 类。你可以使用类名称(Person)、一个点(.)以及新的函数名称来定义一个函数。

下面是 marry()函数的一个代码示例:

```
fun Person.marry(spouse: Person) {
    this.partner = spouse
    spouse.partner = this
}
```

这种不起眼的简单,却是 Kotlin 的一个特别酷的特点。

2. 通过 this 访问扩展类

除了函数的点符号,在类被扩展之后,还有另外一点需要补充: this 关键字。这正是让扩展函数的作用域变得有点不寻常的地方。在扩展函数中 this 允许你访问正在扩展的类(通常称为扩展类)。

因此,this.partner 引用了扩展类的 partner 属性,也将成为运行时 marry()函数调用涉及的 Person 实例。

你可以在具有更多上下文的实战中通过更新 ExtensionFunctionApp 看到这一点,如代码清单 10.11 所示。

代码清单 10.11　向 Person 类添加扩展函数

```
import org.wiley.kotlin.person.Person

fun main() {
    val brian = Person("Brian", "Truesby", 68.2, 33)
    val rose = Person("Rose", "Bushnell")

    fun Person.marry(spouse: Person) {
        this.partner = spouse
        spouse.partner = this
    }

    printPartnerStatus(brian)
    printPartnerStatus(rose)
    brian.marry(rose)
```

```
    printPartnerStatus(brian)
    printPartnerStatus(rose)
}

fun printPartnerStatus(person: Person) {
    if (person.hasPartner()) {
        println("${person.fullName()} has a partner named
${person.partner?.fullName()}")
    } else {
        println("${person.fullName()} is single")
    }
}
```

当调用 brian.marry() 时，marry() 中的 this 是指向 brian 这个 Person 实例。如果你调用 rose.marry()，那么 this 将指向 rose 实例。

如果运行这段代码，会看到 Kotlin 对待 marry() 函数就像对待任何其他函数一样，没有将它和直接编码到 Person 中的函数区别对待：

```
Brian Truesby is single
Rose Bushnell is single
Brian Truesby has a partner named Rose Bushnell
Rose Bushnell has a partner named Brian Truesby
```

10.4 函数字面量：Lambda 和匿名函数

以下是一个 Kotlin 函数的典型声明。函数定义通常会有一个名称，在大多数情况下作用域被限定在一个类中。下面是典型的 Person 实例的成员函数，你可以使用其名称 fullName() 来调用它：

```
fun fullName(): String {
        return "$firstName $lastName"
}
```

下面也是一个函数声明，一个扩展函数。你可以通过某个 Person 实例和函数的名称，即 marry() 来调用它：

```
fun Person.marry(spouse: Person) {
        this.partner = spouse
        spouse.partner = this
}
```

这里没什么特殊之处。

10.4.1　匿名函数没有名称

但函数也可以不这样声明。你基本上可以在任何地方(即使是其他代码的中间)放入一个函数。创建一个新的测试类，可以命名为 LambdaApp，并添加代码清单 10.12 所示的代码。

代码清单 10.12　创建匿名函数

```
fun main() {

    // Anonymous function
    fun(){println("Here we go!") }
}
```

这看起来有点奇怪，因为它没有用名称来声明，它也不可能以任何方式复用。这只是一个位于另一个函数(main()函数)中的函数。更奇怪的是，如果你运行这段代码，你将不会得到任何输出。通过将代码放入花括号({})中，你告诉 Kotlin 你正在定义一个函数。而函数必须运行才能执行函数体，因此由于此函数并没有执行所以你将不会获得任何输出。

这是一个匿名函数的例子，顾名思义，就是指一个没有名称的函数。它看起来像一个函数，它的作用像一个函数，而且 Kotlin 将其视为一个函数。它只是没有提供一个便于被调用的名称。

还可以为该函数添加参数和返回类型，如代码清单 10.13 所示。

代码清单 10.13　将参数和返回值添加到匿名函数中

```
fun main() {

    // Anonymous function
    fun(input: String) : String {
        return "The value is ${input}"
    }
}
```

然而，这仍然相当无用。事实上，大多数 IDE 都会指出这一点，如图 10.4 所示：匿名函数未被使用。

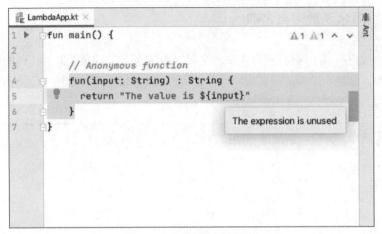

图 10.4　未使用的匿名函数

1. 可以将函数赋给变量

虽然有些函数是匿名的，有些是带名称声明的，但 Kotlin 中的所有函数都被认为是第一类对象。这意味着它们实际上可以被存储在变量中。因此，更新测试类如下：

```
var funVar = fun(input: String) : String {
    return "The value is ${input}"
}
```

现在你有一个变量 funVar，它的"值"是一个函数。需要注意的是，此变量不是函数的运行结果，而是对函数本身的引用。

尝试打印变量：

```
var funVar = fun(input: String) : String {
  return "The value is ${input}"
}
```

```
println(funVar)
```

你会得到如下结果：

```
(kotlin.String) -> kotlin.String
```

要弄清楚上面代码的含义，请更改函数定义：

```
var funVar = fun(input: Int) : String {
  return "The value is ${input}"
}
```

现在运行测试程序，看看打印结果：

```
(kotlin.Int) -> kotlin.String
```

现在，你可以确切地明白 Kotlin 正在打印的内容：存储在 funVar 中的函数的极简表示。这是一个函数，它接受一个 Int(或在之前的版本中是 String)，并返回(通过->表示)一个 String。

2. 可执行代码造就"可执行"变量

当你给 funVar 赋值时，其实是在创建一个关于该函数的命名引用——在此，名称就是 funVar。如果你输入 funVar 和一个左括号 "("，你的 IDE 实际上会建议输入一个入参——就像任何其他函数那样，如图 10.5 所示。

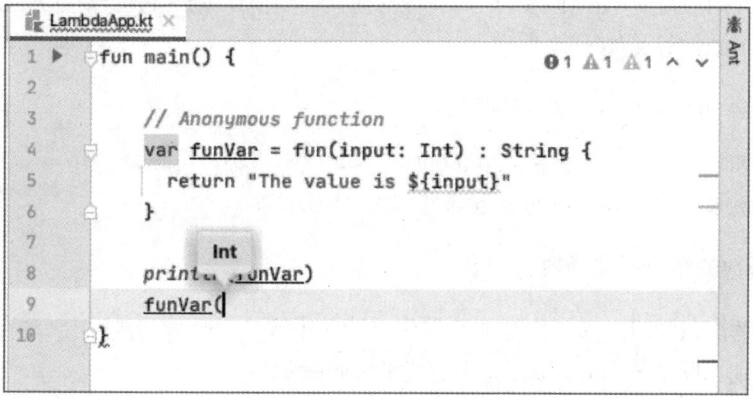

图 10.5　赋给变量的函数与函数本身的处理方式相同

你可以编写如下代码：

```
var funVar = fun(input: Int) : String {
  return "The value is ${input}"
}

println(funVar)
funVar(2)
```

现在运行此代码，你仍然获得了相同的输出。这是因为 funVar 返回了一个值，但是没有用这个值做任何事。你能做的就是通过一个函数来使用该值，如 println()：

```
println(funVar(2))
```

现在你会得到一些输出：

```
println The value is 2
```

10.4.2　高阶函数接收函数作为入参

再看下面这一小行代码，可以发现一些非常重要的地方：

```
println(funVar(2))
```

println()在 Kotlin 中是一个高阶函数。高阶函数就是可以将其他函数作为入参的函数。所以在这里，你实际上是在将一个函数(由 funVar 引用)传入 println()函数中。该函数将像其他值一样被对待，并被 println()接受而不会出现任何问题。

请注意 Kotlin 本身的 println()定义：

```
fun println(message: Any?)
```

因为此函数接受 Any(或空，因为?符号而允许空值)，因此它可以接收函数作为入参。如果函数的签名如下：

```
fun println(message: String?)
```

那么你将函数作为入参传入 println()时，此代码将不再可编译。

任何接收函数作为入参的函数都被称为高阶函数。

1. 函数的结果不是函数

在继续深入学习之前，你需要确保你已清楚了解一个函数和执行一个函数的结果之间的区别。回顾一下 Calculator 中定义的 sum()函数：

```
open fun sum(num1: Int, vararg numbers: Int): Int {
```

现在假设你定义了另一个匿名函数，并将该函数传入 add()中：

```
calc.add( { 5 - 2 }, 3, 5, 3)
```

这不能编译。你会得到如下错误：

```
Kotlin: Type mismatch: inferred type is () -> Int but Int was expected
```

add()需要一个 Int 类型的值，虽然执行匿名函数的结果是一个 Int 值，但以上代码实际上是在传递函数本身。如果将语句拆开，就可以更清楚地明白这一点：

```
var calc = Calculator()
var intFunction = { 5 - 2 }
calc.add(intFunction, 3, 5, 3)
```

intFunction 是一个函数，而不是一个 Int 值。你会得到同样的错误，原因也很清楚：你给了 add()函数错误的入参类型。

需要实际执行该函数时，你可以用正常的函数符号"()"执行该函数。在这里，intFunction 是一个函数的引用，而 intFunction() 将运行该引用函数。你可以使用它使代码工作：

```
var calc = Calculator()
var intFunction = { 5 - 2 }
calc.add(intFunction(), 3, 5, 3)
```

现在该函数的运行结果将被传入，这样是可以正常工作的，因为结果是一个 Int 值，正是 add() 所期望的。

2. 函数表示法仅关注输入和输出

如果你回到错误消息显示之前，在还没有调用 intFunction 之前仅仅是传递函数本身，通过错误信息你会得到一个提示，关于如何声明函数作为入参。以下为错误信息：

```
Kotlin: Type mismatch: inferred type is () -> Int but Int was expected
```

在你之前打印出引用函数的变量时，你也看到了类似的：

```
(kotlin.Int) -> kotlin.String
```

一般来说，这种表示法包含一对括号(括号内有入参类型)、一个箭头(->)以及返回类型。因此，一个接受一个 Int 值和一个 String 值，并返回 Boolean 值的函数将看起来如下：

```
(kotlin.Int, kotlin.String) -> kotlin.Boolean
```

你可以通过在测试代码中添加以下语句来验证：

```
println(fun(input: Int, input2: String) : Boolean =
    if (input> input2.length)
        true
    else
        false
)
```

现在假设你实际上想定义一个函数，该函数接受一个函数作为参数。例如，假设你需要一个函数来打印列表中的所有 String 项，但需要过滤掉某些列表项。于是，你编写的函数可以接受另一个函数，而该函数可以决定哪些列表项被过滤掉。

首先，利用此特点编写此函数的主体。假设要打印的 String 列表名为 input，而提供过滤的函数名为 filterOut()。如果列表项应该被过滤掉(而不是打印)，则该函数将返回 true：

```
for (str in input)
```

```
if (!filterOut(str))
    println(str)
```

现在你知道你需要什么了，那么如何定义函数本身就更容易了：

```
fun printList(input: List<String>, filterOut: [FUNCTION])
```

因此，虽然还不是合法的 Kotlin 代码，但这确实接受了 input 列表和名为 filterOut 的函数。对于 filterOut 的实际类型，可以使用类似于 Kotlin 提供的表示法：

```
fun printList(input: List<String>, filterOut: (a: String) -> Boolean)
```

因此，filterOut 将接受一个函数，该函数有一个 String(由 a 引用)作为入参并返回 Boolean 值。符合此标准的任何函数都有效。

因此，以下是一个你可以传递的函数示例：

```
var filterA = fun(input: String) : Boolean =
    if (input.startsWith("A"))
        true
    else
        false
```

此函数过滤掉任何以大写字母 A 开头的 String。以下是另一个筛选器函数：

```
var filterLong = fun(input: String) : Boolean =
    if (input.length> 6)
        true
    else
        false
```

现在声明是相同的——都接受一个 String 并返回一个 Boolean——但每个筛选器函数是不同的。

如果你把它们放在一起，会得到代码清单 10.14 所示的代码。

代码清单 10.14　测试将函数传入高阶函数

```
import org.wiley.kotlin.math.Calculator

fun main() {

    // Anonymous function
    var funVar = fun(input: Int) : String {
      return "The value is ${input}"
    }

    println(funVar)
    println(funVar(2))
```

```
    var calc = Calculator()
    var intFunction = { 5 - 2 }
    calc.add(intFunction(), 3, 5, 3)

    var filterA = fun(input: String) : Boolean =
            if (input.startsWith("A"))
                true
            else
                false

    var filterLong = fun(input: String) : Boolean =
            if (input.length> 6)
                true
            else
                false

    var strings = listOf<String>("Apple", "Carrot", "Horseradish",
                                 "Apricot", "Tomato", "Tangerine")

    println("Filtering out with filterA: ")
    printList(strings, filterA)

    println()
    println("Filtering out with filterLong: ")
    printList(strings, filterLong)
}

fun printList(input: List<String>, filterOut: (a: String) -> Boolean) {
    for (str in input)
        if (!filterOut(str))
            println(str)
}
```

这里，printList()是一个高阶函数，接受一个函数，而该函数接受一个 String 值并输出一个 Boolean 值。如果编译并运行此代码，那么将从这两个筛选器获得不同的输出：

```
Filtering out with filterA:
Carrot
Horseradish
Tomato
Tangerine

Filtering out with filterLong:
Apple
```

```
Carrot
Tomato
```

> **注意：**
> 在前面的示例中，有一些来自测试代码的早期部分的额外输出被省略了。

3. 可以定义函数内联

虽然你可以将匿名函数赋给变量，但也可以将该函数定义为函数调用本身的一部分。你之前已学习了如何使用花括号定义函数的示例：

```
{5-2}
```

> **注意：**
> 这实际上与匿名函数略有不同。这被称为 Lambda 表达式，稍后将更详细地介绍。

当调用 printList 时，也可以做同样的事——但你需要一种方法来定义入参。你可以通过提供变量名称和类型作为表达式的第一部分来做到这一点：

```
{ str: String -> false}
```

这是一个函数，接受一个 String 值(由 str 引用)并返回 Boolean 值，此处总是返回 false。然后，将此函数扩展至实际逻辑并不难。这里有一个以同样的方式声明的函数，它接受一个 String，如果该 String 以 t 或 T 开头，则返回 true：

```
{ str: String -> if (str.toUpperCase().startsWith("T")) true else false}
```

10.4.3 Lambda 表达式是语法精简的函数

本节介绍的不是"内联函数"，而是 Kotlin 所谓的 Lambda 表达式。这只是编写函数的另一种方式，甚至比匿名函数更特别。

下面是一个匿名函数：

```
fun(str: String) : Boolean = if (str.toUpperCase().startsWith("T"))
    true
else
    false
```

若去掉 fun 关键字和参数列表，它就会变得更加简单。以下是一个 Lambda 表达式：

```
{ str: String -> if (str.toUpperCase().startsWith("T")) true else false}
```

> **注意：**
>
> 　　将匿名函数称为函数，而 Lambda 表达式称为表达式(而不是函数)在很大程度上只是一个惯例。唯一真正的语法差异在于，很多时候 Lambda 更短，甚至通常在一个合理的编辑器中只占一行(80 个字符左右)。
>
> 　　你偶尔也会看到术语：Lambda 函数。从技术上讲这确实不正确，尽管 Lambda 表达式可以用作函数，但通常不被称为函数。这点足以将 Lambda 表达式和匿名函数区分开来。

　　从技术上讲，Lambda 表达式不只是这样。以下是刚刚展示的 Lambda 表达式的"更完整"版本：

```
val filterT = { str: String -> if (str.toUpperCase().startsWith("T"))
true else false}
```

　　然而，Lambda 使用时通常不加 val，而只是被传递到另一个内联函数，如下：

```
printList(strings, { str: String -> if (str.toUpperCase().startsWith("T"))
true else false})
```

　　代码清单 10.15 是当前完整版本的 LambdaApp，它使用 Lambda 表达式以及匿名函数，所有这些都被传入一个高阶函数中。

代码清单 10.15　匿名函数和内联函数的测试

```
import org.wiley.kotlin.math.Calculator

fun main() {

    // Anonymous function
    var funVar = fun(input: Int) : String {
      return "The value is ${input}"
    }

    println(funVar)
    println(funVar(2))

    var calc = Calculator()
    var intFunction = { 5 - 2 }
    calc.add(intFunction(), 3, 5, 3)

    var filterA = fun(input: String) : Boolean =
            if (input.startsWith("A"))
                true
            else
```

```
                    false

    var filterLong = fun(input: String) : Boolean =
            if (input.length> 6)
                true
            else
                false

    var strings = listOf<String>("Apple", "Carrot", "Horseradish",
                                 "Apricot", "Tomato", "Tangerine")

    println("Filtering out with filterA: ")
    printList(strings, filterA)

    println()
    println("Filtering out with filterLong: ")
    printList(strings, filterLong)

    val filterT = { str: String -> if (str.toUpperCase().startsWith("T"))
true else false}

    println()
    println("Filtering out with inline lambda: ")
    printList(strings, { str: String -> if (str.toUpperCase().
startsWith("T")) true else false})
}

fun printList(input: List<String>, filterOut: (a: String) -> Boolean) {
  for (str in input)
    if (!filterOut(str))
        println(str)
}
```

1. 可以完全忽略参数

你已经看到了 Lambda 表达式实际上不需要参数或返回类型：

```
{ 5 - 2 }
```

当然，这对很多人来说并不是特别有用，所以你不会经常看到这样的表达式。理论上，如果你想始终返回相同的值，可以使用这样的表示法。下面是一个筛选出所有输入字符串的示例：

```
println()
println("Filtering out everything: ")
printList(strings, { true })
```

请注意，即使 printList() 期待的是(a: String) -> Boolean，它也会接受 Lambda 表达式，因为其返回值的类型正确。

但是，如果你的参数不匹配，则不适用。因此，虽然忽略参数是可以的，但你不能添加额外的参数。下面试着添加参数，然后编译此代码：

```
println()
println("Filtering out everything: ")
printList(strings, { true })
```

你会得到如下错误：

```
Kotlin: Expected one parameter of type String
```

这是因为 printList() 设置了一个期望，即传递的函数将具有单个 String 参数：

```
fun printList(input: List<String>, filterOut: (a: String) -> Boolean) {
```

这实际上很合理。如果一个参数被忽略，就像 Lambda 表达式总是返回 true 的情况一样，有可能代码会继续运行。从本质上讲，这个：

```
{ true }
```

相当于：

```
{ str: String -> true }
```

如果你试图将两个参数传入一个只期望一个参数的 Lambda 表达式中，或者将一个参数传入一个期望两个参数的 Lambda 表达中，那么情况就不一样了。

2. Lambda 表达式用 it 代替单个参数

Lambda 的另一个习惯用法是使用一个名为 it 的参数。如果你有一个 Lambda 表达式，想接收一个单一参数，可以省略参数并用 it 替代而不需要任何声明。

> **注意：**
> 你可能已经注意到了，Lambda 表达式和 Lambda 这两个术语通常可互换使用。它们在 Kotlin 中的用处是一样的，所以 Lambda 表达式经常简称为 Lambda。

在当前的 filterOut 定义中，Lambda 只接收一个参数。所以，你实际上可以在输入时省略它。下面是 Lambda 的一个版本，表明了它所接收的参数：

```
{ str: String -> if (str.toUpperCase().startsWith("T")) true else false}
```

这里有一个使用 it 的等价 Lambda：

```
{ if (it.toUpperCase().startsWith("T")) true else false}
```

由于这个 Lambda 只需要一个参数，因此它被省略了。

然后，it 被用于表示该参数的名称。这个 Lambda 被传递到一个高阶函数：原则上高阶函数会控制该参数的类型。由于 printList()声明了它接受的 Lambda 需要 String，因此，当使用 printList()时 Lambda 表达式基本上只能接收 String 输入。

3. it 使 Lambda 工作更顺利

现在你已经明白了 it 的工作原理，便可更好地了解为什么一个没有声明输入参数的 Lambda 表达式可以被传递到一个高阶函数(该高阶函数期待一个接收单个输入的函数)。

例如，以下 Lambda 表达式：

```
{ str: String -> true }
```

接收单个参数，但在实际表达式中会忽略。这是完全合法的。现在回顾一下，如果你有一个参数，你无须声明。你可以使用 it：

```
{ if (it.length> 5) true else false }
```

由于不必使用输入参数，因此可以同样轻松地将所有这些简化为：

```
{ true }
```

现在对于任何接收单个参数的函数的高阶函数来说，这都是一个合法的 Lambda 表达式。

4. Lambda 表达式返回最后的执行结果

再看看到目前为止用于过滤的一些 Lambda 表达式：

```
{ if (it.toUpperCase().startsWith("T")) true else false}
```

其实，这可以变得更加简洁。函数或 Lambda 可以明确返回值。如果没有 return 关键字，表达式会被评估，评估结果为 true。这实际上是前一段代码中发生的事：该表达式被评估为 true 或 false，即使没有明确的 return，该值也会被返回。

尽管如此，代码还可以更简洁。如果在 Lambda 表达中使用 if，你可能只需要 if 条件本身。如果条件被评估并返回 true，则可以将其作为 Lambda 的结果传递出去；如果条件被评估为 false，则也可以返回。

以下是简化后的表达式：

```
{ it.toUpperCase().startsWith("T") }
```

通过使用 it，并且只有 if 的条件部分，这个 Lambda 表达式变得相当简洁，实际上更清晰，更方便阅读。

5. 作为其他函数的参数的尾随函数

正如在 Kotlin 中 Lambda 是习惯用法一样，用所谓的尾随 Lambda(trailing lambda) 摆脱括号的用法也是如此。再看一下 printList() 的定义：

```
fun printList(input: List<String>, filterOut: (a: String) -> Boolean) {
```

此函数的最后一个入参是一个输入函数。在这种情况下，你经常会看到调用此高阶函数的一种不同表示法。以下是目前使用 Lambda 表达式作为输入，调用 printList() 的一种方式：

```
printList(strings, { it.toUpperCase().startsWith("T") })
```

但是，你可以在括号中包括除尾随函数外的所有参数，然后将尾随的 Lambda 表达式留在括号之外：

```
printList(strings) { it.toUpperCase().startsWith("T") }
```

这可能看起来有点奇怪，但经验丰富的 Kotlin 程序员经常这样编写代码。它没有任何特别的优势，这只是一种表示法的变化，在看其他人的 Kotlin 代码时你应该知道这一点。

> **注意：**
> 这确实是一个编码风格和偏好的问题。你可能会发现你喜欢这种风格，或者你可能倾向于不使用尾随 Lambda，保持所有参数都在括号中。这没有对错，甚至没有好坏之分。

10.5　功能越多，出现问题的可能性就越大

强大的功能，也为糟糕的代码提供了巨大的空间。虽然这不是一种普遍现象，但它却是可能的。有了匿名函数、Lambda 表达式、高阶函数以及你在本章之前学到的一切，你就会发现几乎 Kotlin 中的所有任务都可以通过多种方式达成。

此外，特别是有了 Lambda，你可以开始快速定义函数——甚至不需要将它们赋给变量——并将它们传入其他函数中。当你使用 Lambda 越来越多时，会发现所编写的程序比以往越来越灵活。

但是，当使用这些定义函数的不同方法时，需要注意如下两点：

- 通过使用 it、未声明的参数以及将表达式的结果作为返回值，代码的可读性会越来越差。应多写注释并小心地使用快捷方式，避免让你的代码变得混乱和不可读(不光别人，也包括你自己，都有可能再次回顾几天或几个星期前编写的代码)。
- 不要草率地使用匿名函数和 Lambda。有时快速输入一个 Lambda 确实更容易，但有时创建实际函数、声明它并通过它的名称使用它可能是一个更好的实践。编写函数的目的实际上是为了重用。

无论你使用这些函数工具的频次和语义程度如何，你都要学会使用它们。下一章中，你的工具包中将添加更多 Kotlin 特有的习惯用法和模式。

第 **11** 章

编写地道的 Kotlin 代码

本章内容

- 使用 let、run、with、apply 和 also
- 将代码连接到作用域
- 使用上下文对象
- 使用作用域函数改善可读性和样式

11.1 作用域函数为代码提供上下文

如第 10 章所述，可以通过一些方法调用 Lambda，从而形成一种 Kotlin 特有的习惯用法。如果某个函数的最后一个参数是一个 Lambda(一个尾随 Lambda)，那么你可以不把它放在括号中。

这是一种习惯用法，这个术语你已经看到过几次了。习惯用法在语言中是指成语或俗语的用法，在这里是指特定语言的语法，通常不能单纯从字面上解释。在英语中，你可能会说 "get off my back!"，其真实意思却与你的后背没啥关联。但是，透过这个成语可加深对语言的理解，并且借此可以区分出母语者或训练有素者与那些对语言不太熟悉或只是浅尝辄止的人。

Kotlin 中有许多习惯用法，其中之一是尾随 Lambda。本章还将涵盖其他几个，特别是 Kotlin 的作用域函数(scope function)。作用域函数允许你在特定上下文(通常是特定对象实例)中执行代码块。

> **注意:**
> 需要说明的是，其中一些函数和概念，如 let 和 Lambda，也出现在其他语言中。它们并非 Kotlin 所独有的，但它们通常以特定的方式在 Kotlin 中使用，以反映出使用

者是更高级更有经验的程序员。

并不是说，你必须在代码中使用惯用结构，如尾随 Lambda 或作用域函数。但如果你花时间去学习它们，通常会更好地了解 Kotlin 语言的特长，并因此充分利用 Kotlin 真正的特点编写更好的代码。

11.2 使用 let 提供对实例的即时访问

代码清单 11.1 是一段普通的代码，在此看起来应该很容易编写和理解。它使用了第 9 章和第 10 章中的 Calculator 类和 Operation 类。

代码清单 11.1 创建和使用 Calculator 实例

```
import org.wiley.kotlin.math.Calculator
import org.wiley.kotlin.math.Operation

fun main() {
    var calc = Calculator()
    var intFunction = { 5 - 2 }
    println(calc.add(intFunction(), 3, 5, 3))
    println(calc.execute(5, Operation.Add(4)))
    println(calc.execute(2, Operation.Add(4)))
}
```

这段代码没有问题，但是有点冗长，特别需要注意的是，calc 变量的存在实际上只是为了运行几个函数。换句话说，calc 变量本身并不具有价值，只是需要创建它才可以运行 add() 和 execute() 函数。

代码清单 11.2 是使用 let 后的代码。

代码清单 11.2 使用 let 提供函数调用的作用域

```
import org.wiley.kotlin.math.Calculator
import org.wiley.kotlin.math.Operation

fun main() {
    Calculator().let{
        var intFunction = { 5 - 2 }
        println(it.add(intFunction(), 3, 5, 3))
        println(it.execute(5, Operation.Add(4)))
        println(it.execute(2, Operation.Add(4)))
    }
}
```

这是一个作用域函数(let 函数)的教科书式的示例。你可以在对象实例上使用 let 作为后缀。在这里，我们创建一个 Calculator 实例：

```
Calculator()
```

然后添加点符号，接着是 let。之后，引入带有花括号的代码块：

```
Calculator().let{
```

该代码块中所有代码的上下文或作用域，就是之前创建的实例。换句话说，你可以将此代码块视为一个类似下面的函数：

```
fun theFun(calc: Calculator) {
    var intFunction = { 5 - 2 }
    println(calc.add(intFunction(), 3, 5, 3))
    println(calc.execute(5, Operation.Add(4)))
    println(calc.execute(2, Operation.Add(4)))
}
```

然后，创建新的 Calculator 实例并传入该函数：

```
var calc = Calculator()
theFun(calc)
```

现在，该函数可以在 Calculator 实例上进行操作。

而使用 let 作用域函数，你就不需要再定义一个函数，甚至不需要变量来存储 Calculator 实例。这一切都是通过此作用域函数做到的：

```
Calculator().let{
    var intFunction = { 5 - 2 }
    println(it.add(intFunction(), 3, 5, 3))
    println(it.execute(5, Operation.Add(4)))
    println(it.execute(2, Operation.Add(4)))
}
```

11.2.1　let 提供 it 来访问实例

当你创建了基本的 let 作用域函数和关联代码块之后，就可以通过 it 访问 let 所依附的实例：

```
println(it.add(intFunction(), 3, 5, 3))
println(it.execute(5, Operation.Add(4)))
println(it.execute(2, Operation.Add(4)))
```

这种方式你应该很熟悉。它正是当你没有声明单个参数时，Lambda 表达式的工作方式：

```
{ if (it.length> 5) true else false }
```

这里的作用域，就是实例被创建后传入 let 并可以通过 it 访问的区域。需要注意的是，此实例仅存在于此作用域也就是代码块中。因此，在如下代码中：

```
Calculator().let{
    var intFunction = { 5 - 2 }
    println(it.add(intFunction(), 3, 5, 3))
    println(it.execute(5, Operation.Add(4)))
    println(it.execute(2, Operation.Add(4)))
}
```

在花括号结束之后，就不能再使用 Calculator 实例了。

也可以用其他名称重命名 it：

```
Calculator().let{ calc ->
    var intFunction = { 5 - 2 }
    println(calc.add(intFunction(), 3, 5, 3))
    println(calc.execute(5, Operation.Add(4)))
    println(calc.execute(2, Operation.Add(4)))
}
```

这里的 calc ->表示在代码块中可以通过 calc 引用作用域的实例。此新名称覆盖了 it，而不是额外的引用。换句话说，以下代码将无法编译：

```
Calculator().let{ calc ->
    var intFunction = { 5 - 2 }
    println(it.add(intFunction(), 3, 5, 3))
    println(it.execute(5, Operation.Add(4)))
    println(it.execute(2, Operation.Add(4)))
}
```

一旦你提供自定义名称，it 就不再可用。只有通过自定义名称(在这里是 calc)才可以访问实例。

11.2.2　作用域代码块实际上就是 Lambda

你已经看到，用于 let(很快你会看到其他作用域函数)的代码块看起来很像 Lambda 表达式。你的观察很准确——就是 Lambda 表达式。

这也更清楚地说明了为什么 it 会那样工作，以及如何提供一个自定义名称来引用传入 Lambda 的对象实例。这些并不是新功能，也不是作用域函数所特有的。它们只是 Kotlin 处理 Lambda 表达式的一部分。

大多数作用域函数(包括 let)都会返回与 Lambda 表达式相同的值。所以通常是评估 Lambda 最后一行的结果。

以如下代码为例：

```
var result = Calculator().let{
    var intFunction = { 5 - 2 }
    println(it.add(intFunction(), 3, 5, 3))
    println(it.execute(5, Operation.Add(4)))
    println(it.execute(2, Operation.Add(4)))

    it.execute(5, Operation.Multiply(5))
}

println(result)
```

变量 result 被赋了值，在这里就是 let 代码块的最后一行的执行结果：

```
it.execute(5, Operation.Multiply(5))
```

如果打印 result，你将得到 25。

11.2.3　let 和其他作用域函数主要是为了方便

重要的是要认识到，像 let 这样的作用域函数以及你将在本章其余部分学习的作用域函数不会引入新的功能。到目前为止，你在本章中看到的代码与你没有用 let 编写的代码并没有什么不同。

通过 let 或任何作用域函数，你所能获得的主要好处是减少那些没有价值的"额外"代码。如果你真的不需要 calc 变量，而只需要调用 add()一次和 execute()两次，那么使用 let 的代码可读性更高，并且代码更少一些杂乱。

但是，如果你使用 let 是为了减少杂乱，你可能需要利用重命名 it 的优势，正如你之前看到的。

1. 可以链式调用作用域函数

一旦你开始使用作用域函数，你就会开始大量地使用它们。一个常见的例子是将一个表达式的结果链接在一起，在一个作用域函数(比如 let)内再次使用 let。代码清单 11.3 提供了一个示例。

代码清单 11.3　链式调用作用域函数

```
import org.wiley.kotlin.math.Calculator
import org.wiley.kotlin.math.Operation
```

```
fun main() {
  var result = Calculator().let{ calc ->
    var intFunction = { 5 - 2 }
    println(calc.add(intFunction(), 3, 5, 3))
    println(calc.execute(5, Operation.Add(4)))
    println(calc.execute(2, Operation.Add(4)))

    calc.execute(5, Operation.Multiply(5)).let{
        println("Inner result: ${calc.execute(it, Operation.Add(12))}")
    }
  }
}
```

这并不难理解，特别是因为外部的 let 函数使用了自定义变量名称 calc 替代 it。于是就可以像之前的示例那样使用 calc。

然后，calc.execute()被调用，但它的结果通过另一个额外的 letLambda 处理。内部的 Lambda 做了一些打印，使用从外部调用得到的值作为内部调用的输入：

```
calc.execute(5, Operation.Multiply(5)).let{
    println("Inner result: ${calc.execute(it, Operation.Add(12))}")
}
```

如果你愿意，当然可以重写为如下代码：

```
var result = calc.execute(5, Operation.Multiply(5))
println("Inner result: ${calc.execute(result, Operation.Add(12))}")
```

这在功能上没有任何好处。然而，与以前的情况一样，你保存了一个你并不真正需要的变量，而只要阅读代码的人理解 let 和作用域函数，此流程明显更清晰。

它还再次强调了作用域函数主要出于便利性的考虑。尽管存储可能不需要的额外变量只需要很小的内存空间，但可读性更强且不同代码部分之间的联系更紧密。

2. 外部的 it "隐藏了" 内部的 it

需要注意的是，以前的代码之所以可以正常工作，是因为外部的 it 使用了自定义名称：

```
var result = Calculator().let{ calc ->
    var intFunction = { 5 - 2 }
    println(calc.add(intFunction(), 3, 5, 3))
    println(calc.execute(5, Operation.Add(4)))
    println(calc.execute(2, Operation.Add(4)))

    calc.execute(5, Operation.Multiply(5)).let{
        println("Inner result: ${calc.execute(it, Operation.Add(12))}")
```

```
        }
    }
```

如果你改动了 Lambda 开头的 calc ->，程序就会开始出错。可以将它删除，并用
it 替换 calc 引用：

```
var result = Calculator().let{
    var intFunction = { 5 - 2 }
    println(it.add(intFunction(), 3, 5, 3))
    println(it.execute(5, Operation.Add(4)))
    println(it.execute(2, Operation.Add(4)))

    it.execute(5, Operation.Multiply(5)).let{
        println("Inner result: ${it.execute(it, Operation.Add(12))}")
    }
}
```

如果你尝试运行此代码，则会遇到编译错误：

```
Kotlin: Unresolved reference: execute
```

这是因为最终的 execute() 是在内部的 let 中：

```
println("Inner result: ${it.execute(it, Operation.Add(12))}")
```

问题是，现在在这个最内层的 Lambda 中 it 是模棱两可的。它可能引用的是外部
let 或是内部 let。外部 let 用 it 来引用 calc 实例，而内部 let 用 it 来引用数字，这个数字
是调用 execute() 的结果(在外部的 Calculator 实例上)。

> **注意：**
> 请花点时间融会贯通此小节。当你遇到嵌套作用域函数并要处理作用域变量时，
> 事情就会变得混乱。你甚至可能想要打印出代码，或在本子上中做笔记，以确保你可
> 以将每个 it 引用重新连接到正确的 let 和实例。

当可能存在冲突时，大多数 IDE 都会给你一些反馈。图 11.1 向你展示了 IntelliJ
的警告内容。

图 11.1　好的 IDE 会对作用域函数变量上的冲突给出警告

这个信息确实为解决实际问题提供了一个更清晰的想法："嵌套 Lambda 的隐式参
数 'it' 被隐藏了"。这说明是在内部 let 的上下文中，其 Lambda 的 it 被外部的 it 引用
掩盖(或隐藏)了。

遗憾的是，这个警告可能会一闪而过，所以你最终往往会依靠编译器(它会给出一个稍微不那么清晰的信息)来追踪问题。作为最佳实践，如果你打算在外部作用域函数内使用内部作用域函数，不妨自定义变量名称，从而使作用域更清晰。

11.2.4　链式作用域函数和嵌套作用域函数不一样

在代码清单 11.3 所示的代码中，要注意以下两点：

- 一个初始 let 作用域函数，其内部具有第二个 let 作用域函数。这是一个作用域函数中嵌套另一个作用域函数的示例。
- 一个函数调用(execute())的输出值被传入作用域函数。这是将作用域函数链接到其他函数的示例。

重要的是，要从代码语法的角度和使用的角度来理解这两种用途之间的区别。

1. 嵌套作用域函数在命名时要小心

当你嵌套作用域函数时，会遇到所提及的问题：it 所引用的外部作用域函数将掩盖或隐藏内部作用域函数的 it 引用。为了避免这种情况，你至少需要在其中一个作用域函数中使用自定义变量，正如你之前在第一个 let 函数中自定义名为 calc 的变量那样。

一些开发者会更进一步，尝试始终为 Lambda 表达式提供自定义名称的变量，并将此作为一项规则。以下代码与你之前看到的代码相同，但在内部 Lambda 中使用 result 替代了 it：

```
var result = Calculator().let{ calc ->
var intFunction = { 5 - 2 }
println(calc.add(intFunction(), 3, 5, 3))
println(calc.execute(5, Operation.Add(4)))
println(calc.execute(2, Operation.Add(4)))

calc.execute(5, Operation.Multiply(5)).let{ result ->
    println("Inner result: ${calc.execute(result, Operation.Add(12))}")
}
}
```

这不是一个坏主意，而且确实让你的代码很清晰。然而，事实证明这种做法可能有点过了。比如你有一个非常短的 Lambda，那么实际上它的"短"(某种程度上这就是它的价值)所带来的好处都不复存在：

```
var finalVal = calc.execute(5, Operation.Multiply(5)).let{ result ->
calc.execute(result, Operation.Add(12) )
```

> **注意：**
> 恰如这个例子，示例中的代码甚至无法做到只占本书的一行！

在这些情况下，尤其是当你使用 Lambda 完成一件非常简单的事时——使用 it 是可行的：

```
var finalVal = calc.execute(5, Operation.Multiply(5)).let{ calc.execute
(it, Operation.Add(12) )
```

这样要短得多，也很清晰。

2. 链式作用域函数更简单、更简洁

简单地对作用域函数进行链式调用则要容易得多。记住，这取决于 Lambda 表达式和作用域函数的一个关键特性：返回值是执行最后一个表达式的结果。以此代码为例：

```
var bigResult = Calculator().let{ calc ->
    calc.execute(8, Operation.Add(4)).let{
        calc.execute(12, Operation.Multiply(it))
    }.let{
        calc.execute(it, Operation.Divide(18))
    }.let{
        calc.execute(16, Operation.Subtract(it))
    }.let{
        calc.execute(it, Operation.Raise(2))
    }
}

println("Big result is ${bigResult}")
```

在这里，多个表达式被链接在一起。每个表达式也是每个 Lambda 交给 let 的最后一个(也是唯一的)表达式。因此，评估结果返回后被传递给下一个 let。

还可以进一步缩减代码：

```
calc.execute(8, Operation.Add(4)).let{ calc.execute(12,
Operation.Multiply(it))
    }.let{ calc.execute(it, Operation.Divide(18))
    }.let{ calc.execute(16, Operation.Subtract(it))
    }.let{ calc.execute(it, Operation.Raise(2))
    }
```

你甚至可以进一步缩减，将其变为很长的一行。

这里的目标不是编写最短的版本，也不是最长的代码行，而是避免变量散乱无章，确保每个变量只使用一次：

```
var calculator = Calculator()
var one = calc.execute(8, Operation.Add(4))
var two = calc.execute(12, Operation.Multiply(one))
var three = calc.execute(two, Operation.Divide(18))
var four = calc.execute(16, Operation.Subtract(three))
var five = calc.execute(four, Operation.Raise(2))
```

这里除了结果(存储在 five 中)，没有一个值需要一直存在。甚至对于 calc，当所有的 execute()调用完成后，它也没必要存在了。

这就是作用域函数的核心价值主张：使代码更方便、更有条理、更易于阅读。

13. 链式比嵌套更好

真正重要的是要适应使用链式和嵌套的想法，在大多数情况下，更偏向使用链式而非嵌套。例如你可以将之前的代码写成嵌套表达式：

```
var nestedResult = Calculator().let{ calc ->
    calc.execute(8, Operation.Add(4)).let{
        calc.execute(12, Operation.Multiply(it)).let{
            calc.execute(it, Operation.Divide(18)).let{
                calc.execute(16, Operation.Subtract(it)).let{
                    calc.execute(it, Operation.Raise(2))
                }
            }
        }
    }
}
```

不过，这里存在一些明显的问题。虽然这些问题都不会阻碍你编译代码，但它们都值得研究。

首先，此代码的可读性要低得多，因为在每个结尾处你都需要花括号来匹配。你必须确保每个语句都被正确缩进，否则代码也会变得一团糟。

> **注意：**
> IDE 也不是特别喜欢这种嵌套形式。我要一直不停地删除结尾的花括号并移动它，就好像 IDE 知道有更好的方法似的！

第二个问题是，it 的使用可能会变得可怕。很明显，虽然 it 适用于当前的 Lambda，但随着嵌套的不断加深，实际上 it 所引用的对象是在变化的。这可能会让人感到困惑。

然而，你可能注意到的是，这种嵌套的情况并没有导致 it 引用的隐藏。当你立即将 let(或其他作用域函数)连接到最后的 Lambda 表达式时，可以毫无顾虑地使用 it。

4. 许多链式函数始于嵌套函数

以下示例是另一种常见模式：

```
var bigResult = Calculator().let{ calc ->
    calc.execute(8, Operation.Add(4)).let{
        calc.execute(12, Operation.Multiply(it))
    }.let{
        calc.execute(it, Operation.Divide(18))
    }.let{
        calc.execute(16, Operation.Subtract(it))
    }.let{
        calc.execute(it, Operation.Raise(2))
    }
}

println("Big result is ${bigResult}")
```

这是一个单一嵌套，其中包含大量的链式作用域函数。最初的 let 调用是在 Calculator 实例上，其中有很多嵌套作用域函数，但每个函数都被连接在一起。

这很常见，一旦你认为作用域函数是一种方法，可用来避免创建变量(仅用于单一目的)时，通常会创建一个初始实例，然后就可以一遍又一遍地链接操作结果。

11.2.5 可以通过作用域函数得到非空结果

let 和其他作用域函数的另一个重要用途是解决实例或变量可能为空的情况。

> **注意：**
> 你可能已经注意到本章的大部分内容都同时谈到了 let 和其他作用域函数。虽然并非所有作用域函数都以相同的方式执行，但大多数都遵循相同的基本规则。本节让你熟悉这些规则，接下来的章节将详细说明 let 以外的特定作用域函数，以及每个函数与 let 的相似之处与不同之处。

代码清单 11.4 是一个新程序。输入并调用它，你可以将它命名为 NonNullApp。

代码清单 11.4　一个允许使用空值的简单程序

```
fun main() {
    var someString: String? = getRandomString(10)
    println(someString)
}

fun getRandomString(len: Int) : String? =
    when {
```

```
            len < 0-> null
            len == 0 -> ""
            len> 0-> (1..len).map{ "ABCDEFGHIJKLMNOPQRSTUVWXYZabcdefghi
    jklmnopqrstuvwxyz".random() }.joinToString("")
            else -> null
    }
```

此代码为帮助你理解作用域函数中可空变量的上下文，做了两件重要的事：

- 定义一个允许为空的 String 变量，someString。
- 定义一个函数，getRandomString()，该函数会创建给定长度的随机 String，并且有可能返回 null。

关键是要明白，println()接受 someString 作为输入的唯一原因是它可以接受空值。它接受 Any?作为参数。

但很多时候，你会因为类型安全和相关原因，而不愿意将空值传入你的函数。因此，这里有一个非常愚蠢的示例函数，它接受一个 String，并对该 String 进行一些基本的格式化：

```
fun formatString(str: String) : String =
    "\n>>> ${str} <<<\n"
```

可以大致知道这个函数的实际功能，但关键是它像大多数函数一样，仅能接受一个不可为空的输入参数。要看到这个效果可以尝试传入 someString，如代码清单 11.5 所示。

代码清单 11.5　具有待修复的空值问题且无法编译的程序

```
fun main() {
    var someString: String? = getRandomString(10)
    println(someString)

    println(formatString(someString))
}

fun getRandomString(len: Int) : String? =
    when {
        len < 0-> null
        len == 0 -> ""
        len> 0-> (1..len).map{ "ABCDEFGHIJKLMNOPQRSTUVWXYZabcdefghijk
    lmnopqrstuvwxyz".random() }.joinToString("")
        else -> null
    }

fun formatString(str: String) : String =
    "\n>>> ${str} <<<\n"
```

尝试编译此代码，会得到一个错误：

```
Kotlin: Type mismatch: inferred type is String? but String was expected
```

这个问题以前见过。formatString()不接受 "String?"，只接受 "String"。换句话说，它需要一个 String，但这个 String 必须是非空的，Kotlin 编译器将确保这一点。

1. 接受空值不是个好主意

这里的一个简单的解决方法是，简单地更改 formatString()以具有如下签名：

```
fun formatString(str: String?) : String =
    "\n>>> ${str} <<<\n"
```

这是合法的，并将解决编译错误。这样修改后，formatString()将接受 someString，someString 可能为空，但没关系，因为 formatString()接受 String?类型。

然而，这确实不是一个好的做法。Kotlin 最强的特点之一是强类型和编译时类型安全性，每当你有意编写接受空值的代码时，都会降低强类型和类型安全的性能。

虽然你不可能彻底删除?运算符，以及与 null 交互的函数和变量，但应该尽量避免这种情况。

2. 作用域函数为你解决空值问题

你希望保持类型安全并避免大量可以为空的值，但有时确实会出现一种情况，你可能会得到 null 并且需要针对该情况做处理，这时该怎么办呢？值得庆幸的是，可以使用作用域函数。

你可以在可能为 null 的变量后面添加一个?运算符，然后添加一个作用域函数(如 let)。如果变量为 null，则忽略作用域函数；如果不为 null，则作用域函数将被执行。代码清单 11.6 为相应的实战代码。

代码清单 11.6 使用作用域函数解决潜在的 null 值

```
fun main() {
    var someString: String? = getRandomString(10)
    println(someString)

    someString?.let{println(formatString(someString))}
}

fun getRandomString(len: Int) : String? =
    when {
        len < 0-> null
        len == 0 -> ""
        len> 0-> (1..len).map{ "ABCDEFGHIJKLMNOPQRSTUVWXYZabcdefghijk
```

```
    lmnopqrstuvwxyz".random() }.joinToString("")
        else -> null
    }

fun formatString(str: String) : String =
    "\n>>> ${str} <<<\n"
```

此代码现在将愉快地被编译和运行。以下是关键代码:

```
someString?.let{println(formatString(someString))}
```

输出结果正是你所期望的:

```
qbttNxelxV
```

```
>>> qbttNxelxV <<<
```

someString 的值首先被打印(显示它不是 null),然后通过 formatString()格式化后再次打印。

但现在改变 someString 的初始化:

```
var someString: String? = getRandomString(-2)
```

查看一下 getRandomString(),会发现如果输入参数是负值将导致返回 null:

```
fun getRandomString(len: Int) : String? =
    when {
        len < 0-> null
        len == 0 -> ""
        len> 0-> (1..len).map{ "ABCDEFGHIJKLMNOPQRSTUVWXYZabcdefghijkl
    mnopqrstuvwxyz".random() }.joinToString("")
        else -> null
    }
```

因此 someString 现在是 null。第一行代码可以正常工作:

```
println(someString)
```

那是因为 println()接受 Any?。但有趣的是下面这行代码:

```
someString?.let{println(formatString(someString))}
```

someString?向 Kotlin 表示,变量(someString)可能是 null。如果是,代码停止执行,否则执行 formatString()和 println()。

在本例中,someString 为空,你不期望该作用域函数运行。而且它确实没有运行!所以没有额外的输出:

```
null
```

你看到了 null，这是第一个 println(someString)的输出，然后没有额外的输出。这也验证了使用 formatString()的第二个 println()没有被执行。当你有一个变量可能为 null 时，可以使用作用域函数来指定该变量上的活动，而不会有编译器错误风险。

3. 作用域函数适用于其他函数

所以，现在你知道接受一个 null 变量并通过作用域函数应用一个 Lambda 是可行的，如果涉及 null 你甚至可以避免执行该 Lambda：

```
someString?.let{println(formatString(someString))}
```

但请记住，作用域函数最大的好处是代码更方便阅读和更清晰。它们将删除你不需要的变量，避免混乱的代码和内存开销。

不过，在前一个例子中，仍有一些无用的变量。下面是完整的部分：

```
var someString: String? = getRandomString(-2)
someString?.let{println(formatString(someString))}
```

虽然使用 let 是很好，但 someString 除了保存 getRandomString()的调用结果以外没有什么用。这正是作用域函数要清理的。

你还可以更进一步！你可以将 let(或任何作用域函数)应用于函数，如果该原始函数返回 null，则作用域函数不会运行。代码清单 11.7 是在你编写的代码基础上，展示了这个想法。

代码清单 11.7 将作用域函数应用到可能返回 null 的函数上

```
fun main() {
    // var someString: String? = getRandomString(10)
    var someString: String? = getRandomString(-2)
    println(someString)

    someString?.let { println(formatString(someString)) }

    getRandomString(12).let {
        println(formatString(it))
    }
}

fun getRandomString(len: Int) : String? =
    when {
        len < 0-> null
        len == 0 -> ""
        len> 0-> (1..len).map {
    "ABCDEFGHIJKLMNOPQRSTUVWXYZabcdefghijklmnopqrstuvwxyz".random()
```

```
    }.joinToString("")
        else -> null
    }
```

```
fun formatString(str: String) : String =
    "\n>>> ${str} <<<\n"
```

通过以上代码总结一下我们目前学到的知识：

1. 与其将 getRandomString() 的结果分配给仅使用一次的变量，不如直接调用。

2. getRandomString() 可以返回 null，因此应用了一个作用域函数。

3. 传入作用域函数的 Lambda 使用 it 引用可以操作传入函数的对象。

现在，根本不需要 someString 变量 (它仅在上一个示例代码清单 11.7 中出现过)。
然而，仍存在一个问题：以上代码实际上不会被编译。你会得到如下错误：

```
Kotlin: Type mismatch: inferred type is String? but String was expected
```

这个错误是由以下语句触发的：

```
println(formatString(it))
```

虽然 getRandomString() 是由 let 处理——即使该函数会返回 null——但这里的消息
反馈有点奇怪。虽然 getRandomString() 上的 let 只有在非 null 时才会运行，函数的返回
值仍然是 String?。这意味着，从非常严格的角度来看，it 在 Lambda 中引用的是 String?，
而不是 String。

这带来了一个问题，因为 formatString() 接受的是 String。请记住，此练习的要点是
避免将 formatString() 修改为可以接收 String? (接受 String 或 null 值) 的代码。

要真正地深入探索到底发生了什么，请将代码更改为：

```
getRandomString(-2).let {
    println("In here")
}
```

将一个负值传递给 getRandomString()，你会得到一个返回值 null：

```
fun getRandomString(len: Int) : String? =
    when {
        len < 0-> null
        len == 0 -> ""
        len> 0-> (1..len).map{ "ABCDEFGHIJKLMNOPQRSTUVWXYZabcdefghijk
    lmnopqrstuvwxyz".random() }.joinToString("")
        else -> null
    }
```

现在，null 被传递给 let。所以 let 代码应该不会执行，对不对？你应该编译代码并查看结果，但得到的输出令人惊讶：

```
In here
```

那么，到底发生了什么？问题是语法的关键部分(?符号)缺失了。let 和其他作用域函数不会自动仅在非 null 值上执行。该功能——或者说是有条件的执行——只有在你明确指示输入可能是 null 才起作用。这超出了 getRandomString()方法的声明范围，而声明清楚地表明它可能会返回一个 null：

```
fun getRandomString(len: Int) : String? =
```

因此必须应用?操作符。将?符号添加到函数调用的结尾。这实际上是告诉 Kotlin 只有条件满足时才执行 Lambda，而不执行作用域函数本身：

```
getRandomString(-2)?.let {
    println("In here")
}
```

这是一个非常重要的区别。作用域函数可被设置为仅在输入为非 null 的情况下才执行，但触发器为?符号，而不仅仅是作用域函数的原因。

如果你编译并执行这段代码，将看不到 println("In here")语句的结果，这是你所期望的。此外，正如你在图 11.2 中所见，一个好的 IDE 也会表明，现在它指的是 String 而不是 String?。

```
getRandomString( len: -2)?.let { it: String
```

图 11.2　区分 String 和 String?

一旦你在函数调用后添加了?符号，就可以将代码返回原始状态，如代码清单 11.8 所示。

代码清单 11.8　使用?操作符应用作用域函数

```
fun main() {
    // var someString: String? = getRandomString(10)
    var someString: String? = getRandomString(-2)
    println(someString)

    someString?.let { println(formatString(someString))}

    getRandomString(-2)?.let {
        println(formatString(it))
    }
```

```
}

fun getRandomString(len: Int) : String? =
    when {
        len < 0-> null
        len == 0 -> ""
        len> 0-> (1..len).map
    { "ABCDEFGHIJKLMNOPQRSTUVWXYZabcdefghijklmnopqrstuvwxyz".random(
    ) }.joinToString("")
        else -> null
    }

fun formatString(str: String) : String =
        "\n>>> ${str} <<<\n"
```

如此修改之后，如果 getRandomString() 的结果是 null，将不会得到输出；如果结果是一个 String，将得到正确的输出。

11.3　with 是用于处理实例的作用域函数

在继续深入挖掘另一个作用域函数 with 之前，要认识到所有的作用域函数在使用上都非常类似。虽然有一些语法上的差异，但你会很快发现，你学到的关于 let 的几乎所有内容都适用于 with。

你可以接受一个对象并使用 with 操作它。以下是一个基本示例，再次使用 Calculator 实例：

```
with(Calculator()) {
    println(execute(8, Operation.Add(4)))
    println(execute(12, Operation.Multiply(12)))
}
```

只看一眼代码，就可以快速了解它的作用。

1. 首先，提供作用域函数：with()。

2. 提供给 with 一个上下文对象。该上下文对象是一个 Calculator 实例，通过 Calculator() 创建，成为整个 Lambda 的引用。

3. 在 with 的 Lambda 中进行的任何操作都假定是在该上下文对象上操作。

由于上下文对象是 Calculator 的实例，因此该实例的所有方法都可以运行，包括 execute()、add() 和 sum()。

警告：

此代码示例和文本假定你在阅读各个章节时已将 Calculator 更新为最新版。否则，你需要下载代码示例，以便继续学习并获得本节和后续各节中引用的所有函数。

11.3.1　with 使用 this 作为其对象引用

let 与 with 之间的一大区别在于引用上下文对象的方式不同。在 let 中你可以用 it，这在 Lambda 表达式中是通用的：

```
getRandomString(-2)?.let {
    println(formatString(it))
}
```

而 with 用 this 代替。知道了这一点，你可以更明确地重写 with 代码块：

```
with(Calculator()) {
    println(this.execute(8, Operation.Add(4)))
    println(this.execute(12, Operation.Multiply(12)))
}
```

然而，这有些笨拙，并且远离本章的重点：编写地道的 Kotlin。因为任何时候你想调用连接到当前 this 对象的函数，你都可以忽略 this，因此编写如下代码要干净得多：

```
with(Calculator()) {
    println(execute(8, Operation.Add(4)))
    println(execute(12, Operation.Multiply(12)))
}
```

你的 IDE 也会给你有用的提示，图 11.3 展示了 IntelliJ 在 Lambda 表达式中给你的提示。这类似于在本章之前的图 11.2 中显示的 it 引用。

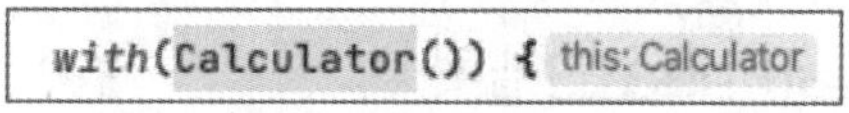

```
with(Calculator()) { this: Calculator
```

图 11.3　IDE 在 with 表达式中对 this 引用提供的帮助

使用 this 代替 it 是 with 和 let 之间的最显著区别之一。这很合理。你实际上是在代码中说："用以下对象实例，做这些事情"。如果非得表述为"用那个实例，做这个；用那个实例，做那个"，会显得很啰嗦。

相反，你只需要告诉 Kotlin 一次"用以下对象实例……"，然后在 Lambda 中说"做这个"，然后"做那个"即可。with 用于设置上下文对象，而 with 中的其他一切都关联到该上下文对象。

11.3.2　this 引用始终可用

重要的是要真正习惯在 with 块内的所有代码中都隐含 this 引用。虽然这听起来可能只是重复上一节的内容，但看以下代码：

```
with (Person("David", "Le")) {
    println("My name is ${fullName()}")
}
```

这是合法代码，并且很合理。with 块接受一个新的 Person 实例，this 引用该实例。fullName 是该实例的一个方法，可以通过 this 调用，因为你不需要明确输入 this，fullName()函数直接出现在 println()内显得似乎与任何实例不相干。

尽管如此，这个代码看起来还是有点奇怪。with 函数通常就是这样，隐含的上下文可能会让人感到困惑。因此，应小心使用 with。提供一点额外的注释可能会有所帮助，记住，作用域函数的目标是为了方便和清晰：

```
with (Person("David", "Le")) {
    // Print out user's name
    println("My name is ${fullName()}")
}
```

> **注意：**
> 好的 IDE 会为 with 提供有用的帮助。大多数 IDE 将提供语法高亮显示、代码补全和悬停工具提示。所有这些都使得通过 this 能更轻松地使用可用的上下文对象和函数。但你应该记住，查看你代码的人可能不会使用与你相同的编辑器(甚至不使用编辑器)，因此注释和自文档化仍然很重要。

这一切说明，with 是 Kotlin 中的一种重要的惯用编程技术，因此不要回避它。

11.3.3　with 返回 Lambda 的结果

类似 let 和大多数作用域函数，with 会返回所关联的 Lambda 函数的执行结果。这意味着将返回 Lambda 的最后一行的执行结果。查看以下代码：

```
var result = with (Person("David", "Le")) {
    // Print out user's name
    println("My name is ${fullName()}")
}
```

这里 with 的结果实际上是 println()，是一个指向输出字符串的 Unit 对象实例。然而，与 let 不同，with 如果作为一个值的生产者并不适合。with 在 Kotlin 中的常

见用法是在上下文对象上调用多个函数，而不是返回或使用结果。换句话说，with 是
一个很好用的快捷方式或便利函数，适用于多次使用某个对象的情况，并不是很适用
于执行返回单一值的操作。

11.4　run 是一个代码运行器和作用域函数

run 提供了另一个作用域函数，它同时具有 let 和 with 的特点。在许多方面，run
的行为就像 let。它接受一个上下文对象并使用该上下文对象进行操作，与 let 一样，它
可以直接在上下文对象上执行操作。

下面是一个简单的示例，即上一节中使用 with 的代码：

```
with(Calculator()) {
    println(execute(8, Operation.Add(4)))
    println(execute(12, Operation.Multiply(12)))
}
```

以下是使用 run 的相同代码：

```
Calculator().run{
    println(execute(8, Operation.Add(4)))
    println(execute(12, Operation.Multiply(12)))
}
```

两段代码的输出结果相同：

```
12
144
```

11.4.1　选择作用域函数是风格和偏好的问题

虽然看起来奇怪，但编程至少也算半门艺术。作用域函数就是一个很好的例子：
你可以使用 with、run 甚至 let 做同样的事。事实上，下面是与刚才的代码功能相同的
代码，使用了 let：

```
Calculator().let{
    println(it.execute(8, Operation.Add(4)))
    println(it.execute(12, Operation.Multiply(12)))
}
```

那么，有什么区别呢？真的只取决于个人风格。使用 let 和 run，你可以将作用域
函数直接附到上下文对象上。let 用 it 来引用上下文对象，run 使用 this(也就意味着你

可以在代码中省略 this，因为 this 对编译器是隐含的)。with 看起来更像一个 when 控制流，也是使用 this。

但每个看起来又都有点与众不同。当你有一个对象如 Calculator 时，run 可能是最常用的，你只想针对该对象执行操作。run 还会返回 Lambda 的值，这使得它既可用于初始化对象实例，又可用于存储对象实例的操作(某函数调用)结果。

以下是一个既初始化对象实例又存储结果的示例：

```
var product = Calculator().run{
    execute(20435, Operation.Multiply(12042))
}
println(product)
```

同样，可以说这个代码也没什么特别，用 let 来编写也行：

```
// Example of run but using let
Calculator().let{
    it.execute(20435, Operation.Multiply(12042))
}
```

这里的代码没有什么不对，但它确实引入了 it 引用，这真的没有必要。run 的上下文对象使用的是 this，这使得 run 的使用更易读且更自然。

同样的示例也可以用 with 实现：

```
// Example of run but using with
with (Calculator()) {
    execute(20435, Operation.Multiply(12042))
}
```

哪个最好？没有最好。这真的取决于你希望你的代码如何呈现。然而，如果你仍不确定的话，Kotlin 文档实际上提供了一些指导。图 11.4 显示的 Kotlin 官方文档中有关于 run 作用域函数用法的摘录。

---

run

The context object is available as a receiver (`this`). **The return value** is the lambda result.

`run` does the same as `with` but invokes as `let` - as an extension function of the context object.

`run` is useful when your lambda contains both the object initialization and the computation of the return value.

图 11.4　Kotlin 建议使用 run 来初始化实例并获得结果

这是关于如何使用 run 的最清楚的说明，因为最符合代码要做的事：运行某些函数并获取结果。

11.4.2　run 不必对对象实例进行操作

关于 run，有一点是独一无二的，那就是它可以不要上下文对象。以下是该用法的示例：

```
// run without a context object
val hexNumberRegex = run{
    val digits = "0-9"
    val hexDigits = "A-Fa-f"
    val sign = "+-"

    Regex("[$sign]?[$digits$hexDigits]+")
}

for (match in hexNumberRegex.findAll("+1234 -FFFF not-a-number")) {
    println(match.value)
}
```

run 的 Lambda 的结果存储在 hexNumberRegex 中，并用于随后的 for 语句。

> **注意：**
> 此代码示例可以从线上的 Kotlin 作用域函数文档(kotlinlang.org/docs/reference/
> scope-functions.html)中获取。这是一个有点不寻常的 run 用法，因为其中不包括上下文
> 对象。这样使用 run 没有什么优势，因为它在可读性方面没有太多贡献，只是为一些
> 仅存在于作用域函数内的变量节省了微不足道的内存开销。

11.5　apply 具有上下文对象但没有返回值

apply 是另一个作用域函数，它延续了在方便性和可读性上提供小便利的模式。
apply 与 let、run 以及 with 的主要区别是，它不会从 Lambda 表达式返回值。

与 run 和 with 一样，apply 使用 this 作为作用域对象。因此，apply 成为可以在实
例上完成操作并无须返回值的完美函数。这很方便，因为你无须一遍又一遍地键入实
例名称。

以下代码适合使用 apply：

```
// Examples without using apply
val brian = Person("Brian", "Truesby")
brian.partner = Person("Rose", "Elizabeth", _age = 34)
// For some reason, all we know is that Brian is two years younger than
// his partner
brian.age = brian.partner?.let{ it.age - 2 } ?: 0
```

```
println(brian)
println(brian.partner)
```

此时，你可能会注意到实例变量 brian 出现了多少次。它确实出现了很多次！

11.5.1 apply 对实例进行操作

这里的关键是，在创建 Person 实例后，所生成的实例 brian 会被操作多次。这正是 apply 的用途。

以下是重写后的代码：

```
// Rewriting this code with apply
val brian = Person("Brian", "Truesby").apply{
    partner = Person("Rose", "Elizabeth", _age = 34)
    age = partner?.let{ it.age - 2 } ?: 0
    println(this)
    println(partner)
}
```

与使用其他作用域函数一样，代码在功能上没有变化。但是，代码更干净、更清晰。partner 和 age 都是通过 this 引用的，并清楚地附加到了初始的 Person 实例。

11.5.2 apply 返回的是上下文对象，而不是 Lambda 的结果

关于 apply 的另一件需要注意的重要事项是，从函数返回的是正在操作的实例：上下文对象。因此，在此代码中，上下文对象是一个 Person 实例：

```
// Rewriting this code with apply
val brian = Person("Brian", "Truesby").apply{
    partner = Person("Rose", "Elizabeth", _age = 34)
    // For some reason, all we know is that Brian is two years younger
than his partner
    age = partner?.let{ it.age - 2 } ?: 0
    println(this)
    println(partner)
}
```

这意味着 brian 在最后持有创建的 Person 实例，并具有 applyLambda 代码块内的更新值。

在某些方面，你可以将 apply 视为扩展的 init 代码块。如果你需要创建某个对象的新实例并配置该对象，而且所有配置都可以在实例内完成，那么 init 代码块适用。然而，在这个例子中，brian 实例之外还有一些数据(如 partner 的年龄)，以及一些对所有 Person 实例来说都毫无意义的打印。

每当你有此类只针对当前实例或者不适合放入 init 代码块的配置或实例操作时，apply 是一个很好的替代解决方案。

另外请注意此行：

```
println(this)
```

虽然不常见，但你的确可以使用 this 引用直接访问上下文对象。这里需要这样做，是因为 println()不会默认将 this 引用作为输入参数，因此需要明确地将 this 引用传入 println()函数中。

11.5.3　?:是 Kotlin 的 Elvis 运算符

这里有一点值得一提，虽然不是作用域函数的内容。下面的代码在你看来可能有点奇怪：

```
age = partner?.let{ it.age - 2 } ?: 0
```

首先，为了确保你了解此范围函数。此行可以更明确地加上 this 引用：

```
this.age = this.partner?.let{ it.age - 2 } ?: 0
```

上下文对象(brian，一个 Person 实例)正在获得 age 属性的值。在这个(有点笨拙)例子中，brian 实例的年龄需要设定为比伴侣的年龄小 2 岁。

这立即变得棘手，因为即使你已将另一个 Person 实例分配给上一行中的 partner 属性，但作为属性的 partner 也可能为 null。因为它在 Person 中是这样声明的：

```
var partner: Person? = null
```

Kotlin 知道这一点，所以你需要使用一个 let 函数，以确保从 partner 获取年龄不会由于 null 的安全问题而导致编译失败。

然后，在 let 的 Lambda 中，it 用于引用 partner。partner 的 age 被检索，并从中减去 2，而这种表达式的结果最终被放入 this.age，这就是 brian 实例的年龄。

但还是有一个问题。只有当 partner 不是 null 时，表达式的这一部分才会被处理：

```
partner?.let{ it.age - 2 }
```

很容易会认为这样就已经完成了，因为你知道那个 partner 已经分配了值。但 Kotlin 同任何好的编译器一样，必须假设其他线程可能会改变 partner 属性的值。从理论上讲，在将 Person 实例分配给 partner 和此行代码的间隙，partner 有可能会被重新设置为 null。

因此，如果 partner 为 null 而 let 未执行，那么必须提供非 null 值来分配给 age(此行代码的接收者)。你可以把这整个内容变成一个大的 if 语句，但实际上这非常棘手，并且不值得费心思，因为 Kotlin 给了你一个更好的选择：Elvis 运算符。该运算符是一个问号?后跟一个冒号:，如下：

```
?:
```

它允许你指明一个要评估的表达式，如果前面的表达式为空，则返回评价结果。下面是完整的代码，在上下文中使用了 Elvis 运算符：

```
age = partner?.let{ it.age - 2 } ?: 0
```

如果 this.partner 评估值为非 null，则 let 运行并分配其 Lambda 的结果给 age。如果 partner 为 null，则 Elvis 运算符会启动并返回 0。也可以在 Elvis 运算符的右侧使用表达式。

> **注意：**
> Elvis 运算符不是以著名的计算机科学家或数学家的名字命名的。相反，它以摇滚之王 Elvis Presley 的名字命名。许多人认为问号(?)紧接着冒号(:)从侧面看像"猫王"，有两只眼睛和一个巨大的刘海。没错，谁说程序员不时髦?

11.6　also 在返回实例前先在实例上进行操作

最后一个作用域函数是 also。与其他作用域函数一样，also 顾名思义"也"只做一些事。它需要一个动作(这种情况下是一个赋值)，并且 also 还会做一些其他的事。

以下是一个 also 的实战示例，展示了它的一些关键功能：

```
// Using also to perform actions before assignment
println(Person("David", "Le").also{
    println("New person created: ${it.fullName()}")
    it.partner = Person("Chloe", "Herng Lee").apply{
        println("New partner created: ${fullName()}")
    }
    println("${it.firstName}'s partner is ${it.partner?.fullName()}")
})
```

以上代码的输出如下：

```
New person created: David Le
New partner created: Chloe Herng Lee
```

```
David's partner is Chloe Herng Lee
David Le
```

11.6.1 also 只是又一个作用域函数

首先需要注意的是，also 以你所看到的基本方式工作，并且与 let 和 run 特别相似。它应用于上下文对象时要加点号：

```
println(Person("David", "Le").also{
```

与其他作用域函数一样，也需要提供 Lambda 表达式。作用域函数具有一个 it 引用，引用了上下文对象，也就是 also 所依附的对象。因此在这里，上下文对象是一个新的 Person 实例：

```
println(Person("David", "Le").also{
```

图 11.5 显示了 IDE 给出的提示，指示了 it 引用的内容。

```
// Using also to perform actions before assignment
println(Person( _firstName: "David", _lastName: "Le").also { it: Person
```

图 11.5 also 函数提供了一个 it 引用

Lambda 函数中有一些打印语句和另一个作用域函数，主要作用是为了显示函数执行的顺序：

```
println(Person("David", "Le").also{
    println("New person created: ${it.fullName()}")
    it.partner = Person("Chloe", "Herng Lee").apply{
        println("New partner created: ${fullName()}")
    }
    println("${it.firstName}'s partner is ${it.partner?.fullName()}")
})
```

Lambda 使用 also 提供的 it 引用来执行打印。在此，it 指向了一个新的 Person 实例，其中 firstName 是 David，lastName 是 Le。因此，第一行将打印该名字：

```
println("New person created: ${it.fullName()}")
```

这里的关键是，Person 实例的初始化首先执行，然后执行 also 代码块。很明显是这样，但执行顺序很快就会变得更重要。

然后使用另一个作用域函数——这一次是 apply：

```
it.partner = Person("Chloe", "Herng Lee").apply{
    println("New partner created: ${fullName()}")
}
```

apply 使用 this 引用，因此两个作用域函数之间没有冲突，it 仍然引用第一个 Person 实例 DavidLe。在 apply 代码块中，this 引用指向的是第二个 Person 实例 Chloe Herng Lee。因此，调用附加到 this 的 fullName()，应该会打印出她的名字。

> **注意：**
> 一旦你开始更频繁地使用作用域函数，就会越来越离不开它们，在一个作用域函数内使用另一个将很常见。由于大多数作用域函数相近并且可互换，因此你可能会因为一个函数使用 it 而其他函数使用 this 便选择这个作用域函数而不是那个，反之亦然。避免引用冲突是选择 apply 而不选择 let、run 甚至 also 的完美理由。
>
> 这种潜在的引用冲突也可能导致你要重命名作用域变量。但作为一项规则，你应该尽量避免重命名 this 引用。这不是一个好的做法，应尽量避免。

apply 完成后，会有更多打印：

```
println("${it.firstName}'s partner is ${it.partner?.fullName()}")
```

此行代码位于 also 之内，但在 apply 之外。it 引用了 Person 实例 DavidLe，它现在有一个新的 partner，即 Chloe Herng Lee 实例(在之前的 apply 中创建和使用)。

当然，最终的这个 println() 也是最后执行的语句，对吧？

11.6.2 also 在赋值前执行

请再次查看此代码：

```
println(Person("David", "Le").also{
    println("New person created: ${it.fullName()}")
    it.partner = Person("Chloe", "Herng Lee").apply{
        println("New partner created: ${fullName()}")
    }
    println("${it.firstName}'s partner is ${it.partner?.fullName()}")
})
```

显然，据你所学，可能认为代码的输出如下所示：

```
David Le
New person created: David Le
New partner created: Chloe Herng Lee
David's partner is Chloe Herng Lee
```

换句话说，代码按顺序从第一行执行到最后一行。在本例中，also 函数如代码所示在其所附实例初始化后运行。

编译此代码并运行它。你会得到一些不同的输出：

```
New person created: David Le
New partner created: Chloe Herng Lee
David's partner is Chloe Herng Lee
David Le
```

输出反映了 also 和其他作用域函数之间的主要区别：also 代码块的执行要先于上下文对象的赋值(分配给任何变量或传递给任何函数)。

然而，这违反直觉，特别是在此作用域函数被称为"also"时。很容易将 also 想象为"初始化(或使用)此对象实例，然后 also(也)执行此代码"，但 also 并非如此。相反，你应该将 also 代码块视为"执行此代码块，并在完成后将上下文对象分配给变量(或将其传递给函数)"。

> **警告：**
>
> 坦率地说，also 这个命名并不理想。甚至 Kotlin 的官方文档也承认可将 also 理解为"并对对象执行以下操作(and also do the following with the object)"。但该句子中的"并(and)"仍然意味着一种顺序，意味着"执行(do)"(Lambda 中的代码块)是在对象赋值之后。
>
> 在这种情况下，你不用在意函数的名称是否是自描述的，而应专注于记住它的实际作用。

基于此，你可以更了解代码的执行顺序。例如以下代码：

```kotlin
println(Person("David", "Le").also{
    println("New person created: ${it.fullName()}")
    it.partner = Person("Chloe", "Herng Lee").apply{
        println("New partner created: ${fullName()}")
    }
    println("${it.firstName}'s partner is ${it.partner?.fullName()}")
})
```

以下是实际执行顺序：

(1) 初始化一个新的 Person 实例(DavidLe)。

(2) 该实例被传入 also 代码块：

    a. 打印 Person 实例(David)的 fullName()函数。

    b. 创建一个新的 Person 实例(Chloe Herng Lee)。

    c. 在此新 Person 实例(Chloe)上调用 apply 代码块：

        i. 打印 Person 实例(Chloe)的全名。

    d. 新的 Person 实例(Chloe)被分配给第一个 Person 实例(David)的 partner 属性。

    e. 继续进行打印，显示第一个 Person 实例(David)，然后显示该实例的 partner 属性，即较新的 Person 实例(Chloe)。

(3) 最后，最初的 Person 实例(David)，包含更新的 partner 属性(Chloe)，被传入整个代码示例第一行的 println()中。

所有这些操作都很快执行，在许多情况下，这个顺序并不引人关注，但重要的是要明白在编译和执行层面，有一个顺序存在。

11.7 作用域函数总结

现在你已经学习了所有这些作用域函数，也已经意识到了最重要的一点：它们非常相似，几乎可以互换。使用哪个作用域函数主要与风格和偏好有关，而非限于特定用例。

有几个关键差异，将有助于你区分各个作用域函数：
- 引用变量的名称，it 或 this(即使你可以覆盖作用域函数的名称)。
- 返回的内容：上下文对象或 Lambda 函数的结果。
- 作用域函数是否为扩展函数，是否附加到带有点符号的上下文对象上。

一旦你了解了每个作用域函数及其三项特点，就会真正拥有一个全景图，可以随心挑选。表 11.1 总结了作用域函数之间的各差异。

表 11.1　作用域函数之间的差异

作用域函数	上下文对象引用	函数的返回值	用途
let	it	Lambda 表达式结果	扩展函数(在上下文对象上使用点符号)
with	this	Lambda 表达式结果	传入上下文对象
run	this (或省略)	Lambda 表达式结果	扩展函数或没有上下文对象
apply	this	上下文对象	扩展函数
also	it	上下文对象	扩展函数

代码清单 11.9 有助于展示各差异。这是本章中使用的各种作用域函数示例的完整代码清单。

代码清单 11.9　作用域函数的完整示例集

```
import org.wiley.kotlin.math.Calculator
import org.wiley.kotlin.math.Operation
import org.wiley.kotlin.person.Person
import org.wiley.kotlin.user.SimpleUser
import org.wiley.kotlin.user.User
```

```kotlin
fun main() {
    var result = Calculator().let{ calc ->
        var intFunction = { 5 - 2 }
        println(calc.add(intFunction(), 3, 5, 3))
        println(calc.execute(5, Operation.Add(4)))
        println(calc.execute(2, Operation.Add(4)))

        calc.execute(5, Operation.Multiply(5)).let{ result ->
            println("Inner result: ${calc.execute(result,
Operation.Add(12))}")
        }
    }

    println(result)

    var calc = Calculator()
    theFun(calc)

    var bigResult = Calculator().let{ calc ->
        calc.execute(8, Operation.Add(4)).let{
            calc.execute(12, Operation.Multiply(it))
        }.let{
            calc.execute(it, Operation.Divide(18))
        }.let{
            calc.execute(16, Operation.Subtract(it))
        }.let{
            calc.execute(it, Operation.Raise(2))
        }
    }

    println("Big result is ${bigResult}")

    var nestedResult = Calculator().let{ calc ->
        calc.execute(8, Operation.Add(4)).let{
            calc.execute(12, Operation.Multiply(it)).let{
                calc.execute(it, Operation.Divide(18)).let{
                    calc.execute(16, Operation.Subtract(it)).let{
                        calc.execute(it, Operation.Raise(2))
                    }
                }
            }
        }
    }

    println("Nested result is ${bigResult}")

    var calculator = Calculator()
```

```kotlin
var one = calc.execute(8, Operation.Add(4))
var two = calc.execute(12, Operation.Multiply(one))
var three = calc.execute(two, Operation.Divide(18))
var four = calc.execute(16, Operation.Subtract(three))
var five = calc.execute(four, Operation.Raise(2))

println(five)

with(Calculator()) {
    println(execute(8, Operation.Add(4)))
    println(execute(12, Operation.Multiply(12)))
}

var withResult = with (Person("David", "Le")) {
    println("My name is ${fullName()}")
}
println(withResult)

// run example
Calculator().run{
    println(execute(8, Operation.Add(4)))
    println(execute(12, Operation.Multiply(12)))
}

// run example but using let
Calculator().let{
    println(it.execute(8, Operation.Add(4)))
    println(it.execute(12, Operation.Multiply(12)))
}

// "Typical" example of run
var product = Calculator().run{
    execute(20435, Operation.Multiply(12042))
}
println(product)

// Example of run but using let
Calculator().let{
    it.execute(20435, Operation.Multiply(12042))
}

// Example of run but using with
with (Calculator()) {
    execute(20435, Operation.Multiply(12042))
}

// run without a context object
```

```kotlin
    val hexNumberRegex = run{
        val digits = "0-9"
        val hexDigits = "A-Fa-f"
        val sign = "+-"

        Regex("[$sign]?[$digits$hexDigits]+")
    }

    for (match in hexNumberRegex.findAll("+1234 -FFFF not-a-number")) {
        println(match.value)
    }

    // Examples without using apply
    /*
    val brian = Person("Brian", "Truesby")
    brian.partner = Person("Rose", "Elizabeth", _age = 34)
    // For some reason, all we know is that Brian is two years younger
than his partner
    brian.age = brian.partner?.let { it.age - 2 } ?: 0
    println(brian)
    println(brian.partner)
     */

    // Rewriting this code with apply
    val brian = Person("Brian", "Truesby").apply{
        partner = Person("Rose", "Elizabeth", _age = 34)
        // For some reason, all we know is that Brian is two years younger
    than his partner
        age = partner?.let{ it.age - 2 } ?: 0
        println(this)
        println(partner)
    }

    // Using also to perform actions before assignment
    println(Person("David", "Le").also{
        println("New person created: ${it.fullName()}")
        it.partner = Person("Chloe", "Herng Lee").apply{
            println("New partner created: ${fullName()}")
        }
        println("${it.firstName}'s partner is ${it.partner?.fullName()}")
    })
}

fun theFun(calc: Calculator) {
    var intFunction = { 5 - 2 }
    println(calc.add(intFunction(), 3, 5, 3))
    println(calc.execute(5, Operation.Add(4)))
```

```
    println(calc.execute(2, Operation.Add(4)))
}
```

如果说这一切都与选择作用域函数的风格有关有点夸大其词，那么事实是很大程度上确实如此。特别是 also 的操作有点不同，因为它在赋值之前执行，你也可以认为一些函数返回上下文对象和其他函数返回 Lambda 结果是一个很大的区别。

重要的是并没有硬性规定的"使用作用域函数的合适时机"。你越早接受这一点，就能越自由地使用它们编写代码。

第12章

再次体会继承

本章内容

- 抽象类
- 接口(Interface)用于定义行为
- 实现接口
- 实现与扩展
- 委托模式(Delegation Pattern)
- 委托与实现

12.1 抽象类需要延迟实现

你已经花了大量时间来学习类和继承,已经创建了很多开放的类,并且扩展了这些类。现在是时候再复习一遍类、继承和一些你只是简单了解的概念,以及一些你还没有见过的概念。

首先是抽象类。你在第 8 章中了解到数据类不能是抽象的,尽管当时对抽象类的了解还不多。你还在第 9 章中简单学习了一个抽象的方法:

```
abstract fun isSuperUser(): Boolean
```

从许多方面来说,抽象在 Kotlin 中是一个表示延期的术语。换句话说,它定义了以后必须实现的函数。如果是抽象方法的话,需要另一个类来扩展该类从而覆盖该方法。如果是抽象类的话,意味着该类不能直接实例化。

12.1.1 抽象类无法实例化

代码清单 12.1 回顾了前几章中的 User 类。这是一个数据类,并且有一个明确定义的函数。由于它是一个数据类,它还将处理对 email、firstName 和 lastName 属性的访问。

代码清单 12.1　User 数据类是用于扩展的类

```
package org.wiley.kotlin.user

data class User(var email: String, var firstName: String, var lastName:
String) {

    override fun toString(): String {
        return "$firstName $lastName with an email of $email"
    }
}
```

注意:

你可能还记得数据类不能是抽象的。正如你所看到的,在许多方面,数据类与抽象类正好相反。数据类都是行为的具体实现,抽象类主要是定义行为但不实现。

如果你想到了 User,那么它很适合作为一个基类。由此可以想到许多扩展:Administrator、SuperUser、GuestUser,等等。这些扩展中的每一个都可以扩展 User 并添加特定类型的行为。

前几章中定义并使用的 Band 类也是如此,Person 类也是。这些类都非常适合被扩展,然后再覆盖行为或添加特定类型的行为。

然而,特别重要的一点是,这些基类(User、Band 和 Person)都是独立的。实际上,绝对有一个普遍意义的 User、Band 或 Person 概念。而在许多上下文中,实例化 User、Band 和 Person 也都是有意义的。

相比之下,请查看代码清单 12.2,这是一个新的类 Car。

代码清单 12.2　一个基础的 Car 类

```
package org.wiley.kotlin.car

class Car {

    fun drive(direction: String, speed: Int) : Int {
        // drive in the given direction at the given speed
        // return the distance driven — fix later
        return 0
    }
}
```

乍一看，这似乎是同一个主题的另一个变化：一个基类，可以扩展出 Porsche、Audi、Ford、Honda 等子类，每个子类都有自己独特的行为，并同时可能有一定数量的共享行为。

然而，Car 与 Band 或 User 之间有一个重要的区别。真的没有"通用的"Car。每辆车都是特制的(如果你愿意，你可以将此扩展至型号)。然而，乐队(Band)是一个独立的概念。Band 的实例是有意义的，因为它是自定义(self-defining)的。RockBand 实例可以是某类型音乐中的一种，但普通的旧 Band 实例也是有效的。

Car 就不一样，汽车必须有具体内容。如果是这样的话，你不会想要一个 Car 的实例。因为这是不完整的。在 Kotlin 中你可以通过创建一个抽象类而不是非抽象类来禁止直接创建 Car 实例——不管该类是否开放。

代码清单 12.3 将 Car 类转换为抽象版本。

代码清单 12.3　Car 类的抽象版本

```
package org.wiley.kotlin.car

abstract class Car {

    fun drive(direction: String, speed: Int) : Int {
        // drive in the given direction at the given speed
        // return the distance driven - fix later
        return 0
    }
}
```

简直难以置信，只需要在类定义的第一行前面添加 abstract 即可创建抽象类。你可以通过创建一个新的示例程序(如代码清单 12.4 所示)来查看此效果。

代码清单 12.4　测试一个抽象类

```
import org.wiley.kotlin.car.Car

fun main() {
```

```
    var car = Car()
}
```

你将立即得到一个编译器错误：

```
Kotlin: Cannot create an instance of an abstract class
```

错误信息相当清楚，你不能实例化一个抽象的类。更重要的是，它让你了解了抽象类的真正目的：要定义必须具有的行为，而不定义行为本身。

12.1.2 抽象类定义了与子类的契约

Car 与所有子类之间定义了一种契约。然而，现在该契约是空的。你不能将 Car 实例化，但是如果你要创建子类，那么不必满足任何要求。这就让 Car 成了一个相当无用的抽象类。

更好的方法是定义抽象类中的行为，然后将实现延迟到子类。如代码清单 12.5 所示，drive()函数同样是抽象的。

代码清单 12.5 使 Car 中的单一函数变成抽象的

```
package org.wiley.kotlin.car

abstract class Car {

    // Subclasses need to define how they drive
    abstract fun drive(direction: String, speed: Int) : Int
}
```

在本例中，即使 Car 类整体上是抽象的，它仍然有效果。抽象类的效果在于至少有一个抽象函数。理解这一点很重要：必须具体地扩展抽象类，以便这些抽象类中的抽象函数可以被覆盖并赋予行为。

这就是你经常听到的契约，它是定义类(抽象类，例如 Car)和任何/所有 Car 的子类之间的契约。本示例中的抽象类表明此方法必须使用以下签名(必须完全一致)来定义：

```
// Subclasses need to define how they drive
abstract fun drive(direction: String, speed: Int) : Int
```

现在，扩展自 Car 的类知道它们需要什么。代码清单 12.6 是 Car 类的一个简单的扩展(极其"简单")，以履行此契约。

代码清单 12.6 履行 Car 制定的契约

```
package org.wiley.kotlin.car

class Honda : Car() {

    override fun drive(direction: String, speed: Int) : Int {
        // Demo only. Super simple: just return speed / minutes in an hour
        return speed / 60
    }
}
```

代码清单 12.7 在一个同样简单的示例中使用了 Honda 类。

代码清单 12.7 实例化 Honda 类并使用 drive()函数

```
import org.wiley.kotlin.car.Honda

fun main() {
    var car = Honda()
    println("The car drove ${car.drive("W", 60)} miles in the last
minute.")
}
```

输出结果正如你所期望的:

```
The car drove 1 miles in the last minute.
```

> **警告:**
> 本章中实现的函数可能既不惊喜，也不惊艳。没关系，本章目标并不是编写特别
> 棘手的代码，而是真正关注 Kotlin 提供的各种继承方法，首先是抽象类和抽象函数，
> 然后是接口和这些接口的实现。不要过分注重函数代码，而是要注意这些类和构造是
> 如何交互的，以及为什么继承在 Kotlin 中是这样工作的。不过，抽象类通常不仅仅定
> 义一个抽象函数。通常可以看到一些函数是抽象类所制定的契约的一部分。

抽象类还可以定义需要由子类处理的属性。代码清单 12.8 是一个稍加改进的 Car
版本，增加了一个抽象属性和一些额外的抽象函数。

代码清单 12.8 添加更多细节到 Car 定义的契约

```
package org.wiley.kotlin.car

abstract class Car {
```

```
    abstract var maxSpeed: Int

    // Start the car up
    abstract fun start()

    // Stop the car
    abstract fun stop()

    // Subclasses need to define how they drive
    abstract fun drive(direction: String, speed: Int) : Int
}
```

警告：

如果你一直遵照示例来操作并尝试编译，那么这里对 Car 的修改将会破坏 Honda 类。该类不再符合 Car 所制定的契约，因为它没有处理新的 maxSpeed 属性，以及 start() 或 stop() 函数。

12.1.3 抽象类可以定义具体属性和函数

到目前为止，Car 中的一切都是抽象的，包括它的属性和函数。但这没有具体要求。事实上，这正是抽象类和接口(interface)的一个关键区别，你将在本章后面的内容中了解到这一点。抽象类可以有完全实现(有时称为"具体")的函数和属性，且与抽象的函数混在一起。

将 Car 的第一行更改为：

```
abstract class Car(val model: String, val color: String) {
```

现在，每个 Car 的子类都有一个 model 和 color 属性。这些也可以在抽象类中使用，即使它们要到编译时(在具体子类中)才定义。代码清单 12.9 向 Car 添加了一个简单的 toString()函数，这是具体的实现。现在这个方法在 Car 的所有子类上都是可用的。

代码清单 12.9　在 Car 中设置一些具体的函数和属性

```
package org.wiley.kotlin.car

abstract class Car(val model: String, val color: String) {

    abstract var maxSpeed: Int

    // Start the car up
    abstract fun start()
```

```
    // Stop the car
    abstract fun stop()

    // Subclasses need to define how they drive
    abstract fun drive(direction: String, speed: Int) : Int

    override fun toString() : String {
        return "${this::class.simpleName} ${model} in ${color}"
    }
}
```

注意:
在这里 toString()使用了你熟知的 this 引用，以及::class 符号来访问(处于运行时的)当前类。然后，simpleName 属性访问该类的名称。这是获取在运行时实际实例化的任何类的一种方法，无论它是 Honda、Porsche 还是其他。

代码清单 12.10 是 Honda 的更新版本，实现了 Car 所需的所有函数和属性，代码清单 12.11 是示例代码的更新，用来更新和测试这一切。

代码清单 12.10 更新 Honda 履行 Car 设定的契约

```
package org.wiley.kotlin.car

class Honda(model: String, color: String) : Car(model, color) {

    override var maxSpeed : Int = 128

    override fun start() {
        println("Starting up the Honda ${model}!")
    }

    override fun stop() {
        println("Stopping the Honda ${model}!")
    }

    override fun drive(direction: String, speed: Int) : Int {
        println("The Honda ${model} is driving!")
        return speed / 60
    }
}
```

代码清单 12.11 一个用来演示 Honda 的简单程序

```
import org.wiley.kotlin.car.Honda
```

```
fun main() {
    var car = Honda("Accord", "blue")
    car.start()
    car.drive("W", 60)
    car.stop()
}
```

12.1.4 子类履行通过抽象类编写的契约

现在你可以看到，一个抽象的类是没有实际价值的，直到它被子类化。但它确实有用：大多数抽象类都是为了用多个子类来子类化。除非你打算只创建 Honda 子类，否则你不会不创建 Car 类。

1. 子类应该改变行为

但是，当你开始看到多个子类时，有一些事情需要注意。首先，你应让子类具有不同的行为。要明白这点，请先看反例。代码清单 12.12 创建了另一个 Car 的子类，名为 Porsche。

代码清单 12.12　建造另一个 Car 的子类

```
package org.wiley.kotlin.car

class Porsche(model: String, color: String) : Car(model, color) {

    override var maxSpeed : Int = 212

    override fun start() {
        println("Starting up the Porsche ${model}!")
    }

    override fun stop() {
        println("Stopping the Porsche ${model}!")
    }

    override fun drive(direction: String, speed: Int) : Int {
        println("The Porsche ${model} is driving!")
        return speed / 60
    }
}
```

这实际上是一个糟糕的子类示例，不是因为 Porsche 类本身，而是要结合 Honda 类一起看。Honda 和 Porsche 在 start()、stop()和 drive()函数中做了完全相同的事。

实际上，你可以重构这些函数，并在 Car 中具体化以下函数：

```
// Start the car up
fun start() {
    println("Starting up the ${this::class.simpleName} ${model}!")
}

// Stop the car
fun stop() {
    println("Stopping the ${this::class.simpleName} ${model}!")
}
```

此时，基类(无论抽象与否)负责打印与启动、停止每个特定实例类型相关的通用消息。

试想一下，为了示例需要，这些不同的汽车如何启动的细节是不同的。这其实并不牵强，而且你越是基于车辆实际启动的行为来建模，就越接近真实。所以 Honda 的启动可能会以如下方式：

```
override fun start() {
    println("Inserting the key, depressing the brake, pressing the
    ignition, starting.")
}
```

然后你可能会在 Porsche 中有如下代码：

```
override fun start() {
    println("Remote starting, depressing the brake, shifting into drive")
}
```

可以试想在各种车辆的函数中，可使用其他函数调用来替换这些 println()语句。

一般来说，如果你的子类中都有相同的行为，那么你就应该重新审视如何使用继承。

2. 契约允许对子类进行统一处理

在发展你的继承树的同时，你应该看到越来越多的子类，以及这些子类如何覆盖基本抽象类的行为的多样化需求。

关键在于其共同处：所有子类都起源于同一个基类。这意味着你可以将所有子类视为基类，并根据契约而不是特定子类来操作。现在有很多相应的代码，所以有必要一看究竟。

首先，你还需要几个 Car 的子类。代码清单 12.13 和代码清单 12.14 添加了 Infiniti 和 BMW。

代码清单 12.13　Car 的子类 Infiniti

```kotlin
package org.wiley.kotlin.car

class Infiniti(model: String, color: String) : Car(model, color) {

    override var maxSpeed : Int = 167

    override fun start() {
      println("Starting the Infiniti ${model}: Inserting the key,
starting the engine")
    }

    override fun stop() {
        println("Stopping the Infiniti ${model}!")
    }

    override fun drive(direction: String, speed: Int) : Int {
        println("The Infiniti ${model} is driving!")
        return speed / 60
    }
}
```

代码清单 12.14　Car 的子类 BMW

```kotlin
package org.wiley.kotlin.car

class BMW(model: String, color: String) : Car(model, color) {

    override var maxSpeed : Int = 182

    override fun start() {
        println("Starting the BMW ${model}: Depressing the brake, pushing
the starter button")
    }

    override fun stop() {
        println("Stopping the BMW ${model}!")
    }

    override fun drive(direction: String, speed: Int) : Int {
        println("The BMW ${model} is driving!")
        return speed / 60
    }
}
```

> **注意：**
> 如前所述，这些是汽车子类的一些微不足道的例子，在更现实的应用中，没有你想要的那么多变化。这里的重点是小小的打印差异，这样很容易看到是哪个子类在测试类中被调用，如代码清单 12.15 所示。

现在，你可以构建一个程序，加载一堆 Car 的子类，然后对它们继续迭代，以通用方式处理每个子类……即使每个子类都有独特的行为。这正是代码清单 12.15 所做的。

代码清单 12.15　对一个 Car 的列表进行迭代

```kotlin
import kotlin.random.Random
import org.wiley.kotlin.car.BMW
import org.wiley.kotlin.car.Car
import org.wiley.kotlin.car.Honda
import org.wiley.kotlin.car.Infiniti
import org.wiley.kotlin.car.Porsche

fun main() {
    var car = Honda("Accord", "blue")
    car.start()
    car.drive("W", 60)
    car.stop()

    println("\nLoading fleet of cars…")
    var cars : MutableList<Car> = loadCars(10)
    for (car in cars) {
        car.start()
        car.drive("E", Random.nextInt(0, 200))
        car.stop()
    }
}

fun loadCars(numCars: Int) : MutableList<Car> {
    var list = mutableListOf<Car>()

    for (i in 0..numCars) {
        when (Random.nextInt(0, 3)) {
            0 -> list.add(Honda("CRV", "black"))
            1 -> list.add(Porsche("Boxster", "yellow"))
            2 -> list.add(BMW("435i", "blue"))
            3 -> list.add(Infiniti("QX60", "silver"))
        }
    }
    return list
}
```

这里的关键是行为或者说是输出。从该程序的角度来看，汽车列表中的每一项都只是一个 Car。这就是契约的重要之处：每个 Car 的子类都有一个 drive()、一个 start() 和一个 stop()函数。这些函数是如何实现的并不重要。

12.2　接口定义行为但没有主体

你已经看到抽象类有几个特定属性：
- 它们通过为行为定义契约，要求以后实现某些函数和属性
- 它们可以添加具体属性和函数，可以被子类继承

接口与此类似，但只能定义行为和属性。它们无法定义任何其他内容，具体而言，就是可定义任何用于状态或者可以被类的其余部分访问的属性。

> **注意：**
> 最后一句话有点奇怪。"任何用于状态或者可以被类的其余部分访问的属性"意味着什么？如果这很难理解，也没关系，因为接口是很不寻常的。继续阅读就会明白，即使仍没有完全明白也不必担心。

代码清单 12.16 是 Vehicle 接口，看起来与你已有的 Car 抽象类非常相似。

代码清单 12.16　构建 Vehicle 接口

```
package org.wiley.kotlin.vehicle

interface Vehicle {
    val maxSpeed: Int

    fun start()
    fun stop()
    fun drive(direction: String, speed: Int) : Int
}
```

显然，这和代码清单 12.9 中的 Car 抽象类还是有一些区别：
- 接口使用 interface 关键字而不是 class，而抽象类使用 class 关键字并冠以 abstract。
- 接口的函数和属性不必冠以 abstract 关键字，而抽象类的函数和属性则需要冠以 abstract 关键字。
- 接口不能有构造函数或将属性作为初始化的一部分，而抽象类可以。

一个类可以实现一个接口，如代码清单 12.17 所示。

代码清单 12.17　实现 Vehicle 接口

```
package org.wiley.kotlin.car

import org.wiley.kotlin.vehicle.Vehicle

class Volkswagen : Vehicle {
    override val maxSpeed = 190

    override fun start() {
        println("Starting the VW: Turning the key, shifting into drive")
    }

    override fun stop() {
        println("Stopping the VW")
    }

    override fun drive(direction: String, speed: Int) : Int {
        println("The VW is driving!")
        return speed / 60
    }
}
```

注意：
这里的术语有点不同。类是在"实现"接口，而不同于"子类化"或"扩展"一个类。正如你很快就会看到的，这两种方法可以同时进行，所以正确使用术语很重要。

很明显，Volkswagen 是在实现 Vehicle 而不是子类化 Car，这看起来与其他的 Car 类非常相似。事实上，Car 和 Vehicle 真的很相似。

12.2.1　接口和抽象类相似

这些相似绝不是偶然的。在许多情况下，无论你使用接口还是抽象类，这完全是个人喜好。有时也可以两者同时使用。例如，你可以重新定义 Car，如代码清单 12.18 所示。

代码清单 12.18　实施了接口的抽象类

```
package org.wiley.kotlin.car

import org.wiley.kotlin.vehicle.Vehicle

abstract class Car(val model: String, val color: String) : Vehicle {
```

```
// abstract var maxSpeed: Int

// Start the car up
// abstract fun start()

// Stop the car
// abstract fun stop()

// Subclasses need to define how they drive
// abstract fun drive(direction: String, speed: Int) : Int

override fun toString() : String {
    return "${this::class.simpleName} ${model} in ${color}"
}
}
```

大多数代码被注释了，你可以看到在 Car 中的主要改变是删除代码。它现在实现了一个 Vehicle 接口，添加了与 model 和 color 相关的细节，并定义了一个 toString()函数。不再需要在 Car 抽象类中重复定义属性和函数，因为 maxSpeed 属性以及 start()、stop()和 drive()现在都在 Vehicle 中定义了。

这是一个非常常见的模式：定义一个非常通用的接口，然后通过使用抽象类细分实现。例如，图 12.1 展示了可视化的继承层次结构。

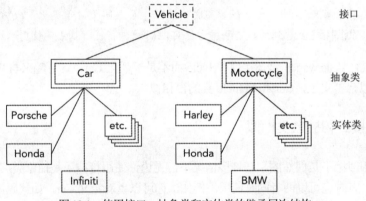

图 12.1　使用接口、抽象类和实体类的继承层次结构

在层次结构的顶部是一个非常通用的接口，Vehicle。它定义了一个广泛的类——车辆所需的行为。然后是两个抽象类，Car 和 Motorcycle，两者都实现了接口，然后添加特异性并改善所需要的实现。然后，许多子类扩展抽象类(这意味着它们是 Vechicle 接口的实现)，并填充所有必需的行为。

这堪称是继承树的经典之作。它从树的顶部开始，具有一般功能。自上而下在每一个级别，类变得更加具体并且更加明确。但是，所有这些类最终都是 Vehicle 的实现。

你可以有很多 Vehicle 实例，其中的每一项可以是 Car 的子类或 Motorcycle 的子类，并且你可以在列表中的每一项上调用 Vehicle 中定义的任何函数，因此 Vehicle 创建的契约得以履行。

还可以创建一系列 Motorcycle 的子类，并调用 Motorcycle 特有的函数。你可能会让 Motorcycle 添加 Car 所没有的 kickstand 属性，而 Motorcycle 的任何子类现在都会支持该属性。

12.2.2 接口无法保存状态

在开始介绍接口时曾提过：接口可以定义属性，但它们不能定义状态或在类的其余部分中使用。要理解这一点，请仔细查看 Vehicle 是如何定义 maxSpeed 属性的：

```
interface Vehicle {
    val maxSpeed: Int

    // other code
}
```

maxSpeed 实际上是抽象的。如果回顾一下它在 Car 中的定义，就知道它被标记为抽象的：

```
abstract class Car(val model: String, val color: String) : Vehicle {

    abstract var maxSpeed: Int

    // other code
}
```

在这两种情况下，maxSpeed 的实际处理都推迟到具体类中。正因为如此，maxSpeed 可以在函数中使用，如 Car 中的 toString()：

```
override fun toString() : String {
    return "${this::class.simpleName} ${model} in ${color} with a max
speed of ${maxSpeed}"
}
```

这是合法的，因为 Kotlin 编译器明白，当这个函数被调用时，某个具体类中的代码将确保 maxSpeed 被填充。

1. 类的状态是属性值

像 BMW 这样的类的属性值中存储着状态。型号状态、颜色状态等都存储在 model、color 和 maxSpeed 属性中：

```
class BMW(model: String, color: String) : Car(model, color) {

    override var maxSpeed : Int = 182
```

BMW 的特定实例将有不同于其他特定实例的状态。一个可能是蓝色的 435i，另一个是白色的 M3。

但是，接口无法存储状态。这必须由具体实例处理。但是接口可以做一些略显奇怪的事：它可以为那些不"延期"实现的属性定义访问器(getter)。

2. 接口可以具有固定值

在接口中，你可以定义一个属性，然后立即提供自定义的 getter 实现。参见代码清单 12.19。

代码清单 12.19　在 Vehicle 上添加一个带 getter 的属性

```
package org.wiley.kotlin.vehicle

interface Vehicle {
    val maxSpeed: Int

    val purpose: String
     get() = "This interface models vehicles of all kinds"

    fun start()
    fun stop()
    fun drive(direction: String, speed: Int) : Int
}
```

这不是状态。它本质上是一个固定值，现在可用于 Vehicle 的所有实现。Car 和 Motorcycle 的每个实例都包含 purpose 属性，当调用时得到的属性值就是 Vehicle 中定义的字符串：

```
println(car.purpose)
```

这些具有固定值的属性定义并不常见，因为你通常希望属性是有状态的，能够随着每个实例的变化而变化。这有点像所有接口实现的常数，结果证明在大多数情况下都是没有用的。

12.2.3　接口可以定义函数体

Kotlin 中的接口可以做一件令人惊讶的事，那就是定义一个函数以及该函数的行为。这似乎有点奇怪：接口没有定义状态的属性，那么函数会做什么呢？你实际上已经看到了一个很好的例子，例如，抽象 Car 类中的 toString() 的以下版本：

```
override fun toString() : String {
    return "${this::class.simpleName} ${model} in ${color}"
}
```

你可以在没有 Vehicle 接口的 model 属性的情况下想出类似的代码：

```
fun stats(): String {
    return "This vehicle is a ${this::class.simpleName} and has a maximum
speed of ${maxSpeed}"
}
```

现在，这可能看起来有点奇怪。乍一看，这不是打破了接口不能维护状态的规则吗？不，因为实际上在维护状态的不是接口，而是继承链下某个地方的具体实现。实际实例会有自己的 maxSpeed 必须处理——因为 maxSpeed 属性是在 Vehicle 接口中定义的，但在其他地方实现。

事实上，回到你的示例代码(最终如代码清单 12.15 所示)，并将阴影所示的代码添加到遍历 Car 实例列表的循环中：

```
var cars : List<Car> = loadCars(10)
for (car in cars) {
    println(car.stats())
    car.start()
    car.drive("E", Random.nextInt(0, 200))
    car.stop()
}
```

这实际上是一个非常重要的观点：接口(以及抽象类)可以以这种方式快速向所有继承类添加函数。即使有多个 Car 的子类、Car 本身，甚至 Motorcycle 和 Motorcycle 的多个子类，向 Vehicle 添加函数也能为所有这些实现类提供新的行为。

12.2.4 接口允许多种实现形式

我们都知道，一个类(即使一个抽象类)可以实现接口。但接口也可以实现接口。例如，你认为 Car 作为接口比作为抽象类更好，并修改它如代码清单 12.20 所示。

代码清单 12.20 作为接口的 Car(含有错误)

```
package org.wiley.kotlin.car

import org.wiley.kotlin.vehicle.Vehicle

interface Car(val model: String, val color: String) : Vehicle {

    override fun toString() : String {
        return "${this::class.simpleName} ${model} in ${color}"
    }
}
```

不过，这将产生许多错误。首先，接口不能有构造函数，所以你会失去 model 和 color 属性。你可以将它们声明为属性，如同 Vehicle 中声明的 maxSpeed，然后在子类中实现它们。但这样你失去了很多不错的共同行为——基本上，那就是 Car 最初是一个抽象类的原因。

下面使用代码清单 12.21，定义一个名为 Manufacturer 的新接口。然后，将其扩展为代码清单 12.22 中的 HondaManufacturer 类。

代码清单 12.21 车辆制造商的新接口

```
package org.wiley.kotlin.vehicle

interface Manufacturer {
    val name: String
}
```

代码清单 12.22 扩展 Manufacturer 实现

```
package org.wiley.kotlin.vehicle

interface HondaManufacturer : Manufacturer {
    override val name: String
```

```
        get() = "Honda"
}
```

在这两个非常简短的接口中有很多有趣的细节。首先，你看到了接口可以扩展另一个接口。其次，用例使用固定的 get()函数定义属性是有意义的：适用于已有一个接口而扩展另一个接口的情况。

> **注意：**
>
> 这里有另一个重要的命名和词汇约定。继承接口的类被称为实现接口。从另一个接口继承的接口被称为扩展接口。这是因为继承接口实际上并没有实现行为：它只是添加或扩展现有的定义，就像 HondaManufacturer 扩展 Manufacturer 一样。
>
> 说某一个类或接口继承了另一个类或接口也几乎总是安全的。如果你不确定，"继承"通常是更为稳妥的选择。

在顶层接口 Manufacturer 中，声明了一个名为 name 的属性。但 HondaManufacturer 不想让该属性留到以后定义：它想为 HondaManufacturer 的所有实施类完成设置。因此，这就是通过固定的 get()方法设置值的意义所在。现在，实施 HondaManufacturer 的类不需要再处理 name 的定义，它们都自动将"Honda"作为 name 属性。

1. 一个类可以实现多个接口

现在有一个有趣的情况。org.wiley.kotlin.car.Honda 类实现了 Car，很明显它不同于潜在的 org.wiley.kotlin.motorycle.Honda 类。但它也应该可以，也有必要实现 HondaManufacturer。这是完全合法的，如代码清单 12.23 所示。

代码清单 12.23　Honda 可以扩展类并实现接口

```
package org.wiley.kotlin.car

import org.wiley.kotlin.vehicle.HondaManufacturer

class Honda(model: String, color: String) : Car(model, color),
HondaManufacturer {

    override var maxSpeed : Int = 128

    override fun start() {
        println("Inserting the key, depressing the brake, pressing the
ignition, starting.")
    }

    override fun stop() {
        println("Stopping the Honda ${model}!")
```

```
    }

    override fun drive(direction: String, speed: Int) : Int {
        println("The Honda ${model} is driving!")
        return speed / 60
    }
}
```

从这里可以看出，Honda 现在扩展了 Car 并实现了 HondaManufacturer。但它也从技术上通过 Car 实现了 Vehicle。这个类中真是发生了很多事！

现在，你可以创建 Honda 的实例，并打印出其 name 属性，该属性是从 HondaManufacturer 获得的：

```
var honda = Honda("Odyssey", "grey")
println(honda.name)
```

2. 接口属性名称可能会变得混乱

你可能会在这里看到问题。仅仅查看 Manufacturer 接口时，能看到 name 属性的意义。但现在查看 Honda 类时一点也不清楚 name 引用的是什么。你有两个简单的选项来解决这个问题：

- 为通用属性名称(如 name)添加接口名前缀，因此应使用 manufacturerName 而不是 name。
- 避免使用通用属性名称，应使用 manufacturer 或 make，而不是 name。

无论选择哪个都可以，这就又变成了风格和偏好的问题。例如，你可以简单地更改 Manufacturer 和 HondaManufacturer 中的 name 属性名称，这为该属性的取值和目的提供了更好的上下文。

3. 接口可以装饰类

你可能注意到的另外一件事是，即使 Honda(和其他 Car 的子类，甚至虚构的抽象类 Motorcycle)现在可以实现 HondaManufacturer，也没有额外的行为必须实现。

这通常称为装饰，或装饰模式(decorator pattern)。你可以在网上阅读更多有关此设计模式的介绍，也可参考一个很好的特定于 Java(因此也与 Kotlin 密切相关)的解释：dzone.com/articles/gang-four-%E2%80%93-decorate-decorator。其理念是，一个类或接口用现有的数据或行为装饰另一个现有的类，而不必重构或影响现有的对象。

在这种情况下，HondaManufacturer 通过设定一个新属性来装饰 Honda，Honda 类只需要添加另一个继承的接口。也可以用同样的方式添加函数：你可以添加一个函数来提供有关制造商的信息。因此，Manufacturer 可能会定义一个新的函数，如代码清单 12.24 所示，然后 HondaManufacturer 可以进一步定义行为，如代码清单 12.25 所示。

代码清单 12.24　在 Manufacturer 实现中定义新函数

```kotlin
package org.wiley.kotlin.vehicle

interface Manufacturer {
    val make: String

    fun manufacturerInformation() : String
}
```

代码清单 12.25　添加对接口的所有实现都有效的行为

```kotlin
package org.wiley.kotlin.vehicle

interface HondaManufacturer : Manufacturer {
    override val make: String
        get() = "Honda"

    override fun manufacturerInformation(): String {
        return "Honda was the eighth largest automobile manufacturer in
the world in 2015." +
                "Learn more at https://www.honda.com"
    }
}
```

12.3　"委托"为扩展行为提供了另一个选项

至此，你已经掌握了 Kotlin 的大部分"日常继承"。十有八九，你会使用接口，或者用抽象或实体类来实现它们，或者用其他接口扩展它们。然后，每隔一段时间你就会实现多个接口，有时用新行为装饰一个类，有时要求该类实现新接口中定义的行为。无论如何，你有很多工具可用。

但是，你偶尔会遇到一些相当独特的案例，而这正是 Kotlin 特别感兴趣的：一个对象可能由多个接口的实现组成。这有点棘手，所以花点时间继续学习用例是值得的。

12.3.1　抽象类从通用到特定

假设你有一个 Spy 类。这代表一个间谍，其主要功能是逃避麻烦(间谍还能做什么)。与所有优秀的间谍一样，逃跑有好几种方法：驾驶汽车、摩托车或飞机。

为了实现这一点，首先调整 Vehicle 类。它需要一个更简单、更通用的名称 go()，而不是 drive()函数。代码调整如代码清单 12.26 所示。

代码清单 12.26　更改 Vehicle 接口，并让移动行为具有更通用的名称

```
package org.wiley.kotlin.vehicle

interface Vehicle {
    val maxSpeed: Int

    val purpose: String
      get() = "This interface models vehicles of all kinds"

    fun start()
    fun stop()
    fun go(direction: String, speed: Int) : Int

    fun stats(): String {
        return "This vehicle is a ${this::class.simpleName} and has a
maximum speed of ${maxSpeed}"
    }
}
```

现在，此更改似乎破坏了许多代码。突然，所有这些 Car 的子类都需要更新，因为它们都实现了 drive()，而不是新的更通用的 go()。但是，这种对 Vehicle 的更改以及它对 Car 的影响实际上是合理的——Car 是一个抽象类，因此使得这个更改相当顺利。如代码清单 12.27 所示，之前它定义了 drive()，现在它实现了 go() 并只是简单地调用了 drive()。

代码清单 12.27　更新 Car 让 go() 调用 drive()

```
package org.wiley.kotlin.car

import org.wiley.kotlin.vehicle.Vehicle

abstract class Car(val model: String, val color: String) : Vehicle {

    override fun go(direction: String, speed: Int): Int {
        return drive(direction, speed)
    }

    abstract fun drive(direction: String, speed: Int) : Int

    override fun toString() : String {
        return "${this::class.simpleName} ${model} in ${color}"
    }
}
```

此时，你应该能够编译所有类，并且代码正常工作。

> **注意：**
> 一个可能的例外是你的 Volkswagen 类，它最初(最早出现在代码清单 12.17 中)直接实现了 Vehicle。你可以修改它以扩展 Car，或改变其 drive()函数，改为实现 go()。

你刚刚也看到了继承的强大功能。一个非常通用的接口 Vehicle 定义了通用行为：go()函数。然后，再下一级，Car 实现了 Vehicle，并从通用 go()移到更具体的 drive()。最后，实体类提供了支持所有上层的行为。然而，在继承树的顶端，仍是一个引发所有行为的 go()函数。你可以在图 12.2 中看到说明。

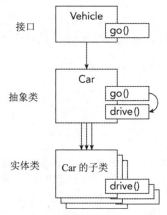

图 12.2　Vehicle 中的 go()函数最终由 Car 的实体子类中的 drive()实现来处理

12.3.2　更多特异性意味着更多的继承

总之，这是一段相当重要的代码。代码清单 12.28 定义了 Motorcycle 抽象类，代码清单 12.29 和代码清单 12.30 提供了两个实体子类：Harley 和 Honda(摩托车品种)。为了简单起见，Motorcycle 提供了 start()和 stop()的实现。这只是为了使子类更容易编写。

> **代码清单 12.28　Motorcycle 类与 Car 类非常相似**

```
package org.wiley.kotlin.motorcycle

import org.wiley.kotlin.vehicle.Vehicle

abstract class Motorcycle(model: String) : Vehicle {

    override fun start() {
        println("Starting the bike")
```

```
    }

    override fun stop() {
        println("Stopping the bike")
    }

    override fun go(direction: String, speed: Int): Int {
        return ride(direction, speed)
    }

    abstract fun ride(direction: String, speed: Int) : Int
}
```

代码清单 12.29　Motorcycle 的一个实体子类：Harley

```
package org.wiley.kotlin.motorcycle

class Harley(model: String) : Motorcycle(model) {

    override var maxSpeed : Int = 322

    override fun ride(direction: String, speed: Int) : Int {
        println("Riding off on a ${this::class.simpleName} at ${speed}
speed!")
        return speed/60
    }
}
```

代码清单 12.30　Motorcycle 的另一个子类：Honda

```
package org.wiley.kotlin.motorcycle

import org.wiley.kotlin.vehicle.HondaManufacturer

class Honda(model: String) : Motorcycle(model), HondaManufacturer {
    override var maxSpeed : Int = 190

    override fun ride(direction: String, speed: Int) : Int {
        println("Pushing the ${this::class.simpleName} to the limit at
${speed} miles per hour!")
        return speed/60
    }
}
```

　　现在，还要做一点准备工作(磨刀不误砍柴工，你可以随时通过本书的配套网站或封底的二维码下载代码示例，这样可以节省一些时间)。为新型车辆(Plane)创建类似的结构。Plane 如代码清单 12.31 所示，代码清单 12.32 和代码清单 12.33 是两个变体。

代码清单 12.31　Vehicle 的 Plane 实现

```
package org.wiley.kotlin.plane

import org.wiley.kotlin.vehicle.Vehicle

abstract class Plane(description: String) : Vehicle {

    override fun start() {
        println("Starting the plane")
    }

    override fun stop() {
        println("Stopping the plane")
    }

    override fun go(direction: String, speed: Int): Int {
        return fly(direction, speed)
    }

    abstract fun fly(direction: String, speed: Int) : Int
}
```

代码清单 12.32　Plane 的子类：B52

```
package org.wiley.kotlin.plane

class B52() : Plane("B-52") {
    override var maxSpeed : Int = 650

    override fun fly(direction: String, speed: Int) : Int {
        println("Away we go on the B52, ${speed} miles an hour to the
${direction}!")
        return speed/60
    }
}
```

代码清单 12.33　另一个 Plane 子类：悬挂式滑翔机

```
package org.wiley.kotlin.plane
```

```
class HangGlider(val wingType: String) : Plane(wingType) {
    override var maxSpeed : Int = 80

    override fun fly(direction: String, speed: Int) : Int {
        println("Off in a ${wingType} glider, headed ${direction}")
        return speed/60
    }
}
```

12.3.3　委托给属性

那么，如何处理所有这些类和接口？再来看一个 Spy 类。一个好的 Spy 真的应该能够使用所有可能的出行方式逃离。从某种角度来看，Spy 类应实现所有这些内容：一个 Car 实现、一个 Plane 实现和一个 Motorcycle 实现。

> **注意：**
> 一个好的 Spy 可能还会有一条船，但那对于本小节来说示例代码太多了！

代码清单 12.34 显示了如何创建一个 Spy 类，有几个车辆可供使用。

代码清单 12.34　Spy 类，使用几个车辆

```
package org.wiley.kotlin.person

import org.wiley.kotlin.car.Car
import org.wiley.kotlin.motorcycle.Motorcycle
import org.wiley.kotlin.plane.Plane

class Spy(val name: String, val car: Car, val bike: Motorcycle, val plane:
Plane) {
    // Needs implementation
}
```

现在，你可以编写一个类似下面的 flee()方法：

```
fun flee(vehicle: String, direction: String, speed: Int) {
    when (vehicle.toUpperCase()) {
        "PLANE" -> plane.fly(direction, speed)
        "BIKE" -> bike.ride(direction, speed)
        "CAR" -> car.drive(direction, speed)
        else ->println("I don't have that vehicle!")
    }
}
```

这很明智。它是有效的但存在一些问题：你应该设置一个枚举来处理不同的车辆名称，你正在传递一个 vehicle 字符串，这并不理想。

这就是委托的用处。首先，简化 Spy 类以执行单个 Vehicle 实现。此属性可以存储间谍逃离所需的任何车辆：

```
class Spy(val name: String, var vehicle)
```

现在，你需要一种实现 Vehicle 的方法，而无须实现 Vehicle。是的，尽管听起来很奇怪，但这正是我们所需要的。你希望将适用于 Vehicle 接口的 Spy 调用委托给 vehicle 属性。可以使用 by 关键字来执行此操作。

调整 Spy 类，如代码清单 12.35 所示。

代码清单 12.35　将 Vehicle 调用委托给属性

```
package org.wiley.kotlin.person

import org.wiley.kotlin.vehicle.Vehicle

class Spy(val name: String, var vehicle: Vehicle) : Vehicle by vehicle {

    /*
    fun flee(vehicle: String, direction: String, speed: Int) {
        when (vehicle.toUpperCase()) {
            "PLANE" -> plane.fly(direction, speed)
            "BIKE" -> bike.ride(direction, speed)
            "CAR" -> car.drive(direction, speed)
            else -> println("I don't have that vehicle!")
        }
    }
    */
}
```

注意：

原始的 flee() 函数被留下并注释掉，以便你知道要删除该代码。

上面的代码告诉 Kotlin 几件事：

- Spy 类正在实现 Vehicle 接口。
- 但是，任何适用于 Vehicle 的调用(如对 maxSpeed 或 go()函数的调用)应委托给 vehicle 属性。

现在构建一些示例代码，如代码清单 12.36 所示，看看这一切如何组合在一起。

代码清单 12.36　委托 Spy 类的测试程序

```
import org.wiley.kotlin.car.BMW
import org.wiley.kotlin.motorcycle.Harley
import org.wiley.kotlin.person.Spy
import org.wiley.kotlin.plane.HangGlider

fun main() {
    val bike = Harley("Road King")
    val plane = HangGlider("Fixed Wing")
    val car = BMW("M3", "blue")

    var spy = Spy("Black Spy", bike)
    spy.go("North", 145)
}
```

运行代码，输出显示了使用自行车代步的 Spy 实例：

```
Riding off on a Harley at 145 speed!
```

对于棘手的问题，这是一个非常优雅的解决方案。flee()方法中的 when 语句已经不见，不用担心 String 类型的车辆名称，取而代之的是，你已经得到了一个 Vehicle 的干净实现，而不会混淆 Spy 类的核心功能。

12.3.4　委托在实例化时发生

不过要小心，因为这里仍然有一些棘手的事要注意。首先，委托在传递给 Spy 类的实例时被附加到对象上。查看以下代码：

```
var spy = Spy("Black Spy", bike)
spy.go("North", 145)
spy.vehicle = plane
spy.go("West", 280)
spy.vehicle = car
spy.go("Northwest", 128)
```

你可能会认为每次调用 go()都会使用当前的 vehicle 属性。但情况并非如此。这里的输出如下所示：

```
Riding off on a Harley at 145 speed!
Riding off on a Harley at 280 speed!
Riding off on a Harley at 128 speed!
```

你必须真正重新创建 Spy 实例，代码才能正常工作：

```
var spy = Spy("Black Spy", bike)
spy.go("North", 145)

spy = Spy(spy.name, plane)
// spy.vehicle = plane
spy.go("West", 280)

spy = Spy(spy.name, car)
// spy.vehicle = car
spy.go("Northwest", 128)
```

这很混乱，你最终又得到很多非自文档化的代码。如果这是你想要的行为，可以考虑将 Plane、Motorcycle 和 Car 转换为接口，每个接口都扩展 Vehicle。

> **注意：**
> 这个转换没有示例代码，因为它是一个很好的练习。借此练习，你将更熟悉 Kotlin 的继承，以及抽象类与接口之间的关系，还有扩展与实现之间的关系。

做了这样的修改后，就可以更新 Spy，如代码清单 12.37 所示，这样做很聪明。

代码清单 12.37　委托给三个不同的接口

```
package org.wiley.kotlin.person

import org.wiley.kotlin.car.Car
import org.wiley.kotlin.motorcycle.Motorcycle
import org.wiley.kotlin.plane.Plane

class Spy(val name: String, bike: Motorcycle, plane: Plane, car: Car) :
Motorcycle by bike, Plane by plane, Car by car {
}
```

现在，Spy 通过委托使用了三种车辆，并实现了三个接口。你现在可以从 Spy 的所有三个接口调用函数。例如以下操作：

```
// Code that only works if delegating to three interfaces
spy = Spy("White Spy", bike, plane, car)
spy.ride("North", 145)
spy.fly("West", 280)
spy.ride("Northwest", 128)
```

这非常酷，并且展示了 Kotlin 如何灵活地让你有一点点远见和规划。

12.4　继承需要事前事后深思熟虑

在本章中，你已经学习了很多继承的变体：接口、抽象类、扩展、实现、装饰，以及现在的委托。在许多情况下，这些都是可选的。换句话说，很少出现只有一种类型的继承起作用的情况。从这个意义上说，继承类似于作用域函数：你将使用最适合你当时特定需求和风格的函数。

然而，继承的局限性确实有影响。你不能扩展多个类，却可以同时实现多个接口。你不能委托给一个抽象类，但可以委托给一个接口来实现。

这将导致你不断地加工和返工你的继承树。假设你总是可以通过提前计划来正确行事，这很好，但有时需要回去改变一些事情，这些改变会给你带来更多的灵活性。

无论如何，你现在已拥有构建丰富对象层次结构的工具，可以更好地为程序所依赖的对象建立模型。

第 13 章

学习 Kotlin 的下一步

本章内容

- Kotlin 用于 Android 开发
- Kotlin 与 Java 的混合开发
- 使用 Gradle 构建项目
- 开始编写自己的代码

13.1 用 Kotlin 编写 Android 应用程序

Kotlin 最常见的用途之一是编写移动应用程序，特别是 Android 平台的移动应用程序。你可能会惊讶于这并不是本书的主要内容。但是，编写移动应用程序的一切都依赖于对象、函数、实例化、继承以及本书中的其他主题。更重要的是，你要加深对 Kotlin 工作原理的了解，而不是学习一堆奇怪的类名以及构建一个你实际上不确定是什么的移动应用程序。

13.1.1 用于 Android 开发的 Kotlin 仍然只是 Kotlin

以下内容是 Google 的 Codelabs 上教你构建最简单的 Android 应用程序的先决条件概括：

此 Codelab 是为程序员编写的，并且假设你了解 Java 或 Kotlin 编程语言。如果你是一位经验丰富的程序员并且擅长阅读代码，那么即使你没有太多的 Kotlin 经验，也非常有可能能够遵循这个 Codelab。

正如你所看到的，在进入任何特定的用例(移动应用或其他)之前，你都必须大致了解 Kotlin。一旦你了解了 Kotlin，那么对任何领域的深入研究就主要集中在如下两个方面：

- 学习新的库，并尽可能地学习语法。Android 编程尤其如此：有很多移动设备特定的库需要学习并学会使用。
- 学习新的语法和习惯用法。重温第 11 章中编写地道 Kotlin 程序的想法。这以一种针对特定用例的"最佳"方式来学习库的使用。

代码清单 13.1 是源自 GoogleCodelabs 中关于 Android 开发教程的片段。

代码清单 13.1　在初始视图上加载和显示文本

```kotlin
override fun onViewCreated(view: View, savedInstanceState: Bundle?) {
    super.onViewCreated(view, savedInstanceState)

    view.findViewById<Button>(R.id.random_button).setOnClickListener {
        val showCountTextView = view.findViewById<TextView>
(R.id.textview_first)
        val currentCount = showCountTextView.text.toString().toInt()
        val action = FirstFragmentDirections.actionFirstFragmentTo-
SecondFragment(currentCount)
        findNavController().navigate(action)
    }

    // find the toast_button by its ID
    view.findViewById<Button>(R.id.toast_button).setOnClickListener {
        // create a Toast with some text, to appear for a short time
        val myToast = Toast.makeText(context, "Hello Toast!",
Toast.LENGTH_SHORT)
        // show the Toast
        myToast.show()
    }

    view.findViewById<Button>(R.id.count_button).setOnClickListener {
        countMe(view)
    }
}
```

这段代码的三分之二是在操作 Android 库和 android.view.View 对象。这是特定于构建可视化移动应用程序的，你将看到 android.widget.TextView 类也出现在此代码清单中。

这些类的操作方式与任何其他 Kotlin 类一样——尽管它们建立在面向 Android 的 Java 对象之上。大部分代码都是之前的章节中学到的内容：继承、调用基类函数、创建变量以及将 Lambda 传递到其他函数(如 setOnClickListener())。

13.1.2　从概念到示例

关于如何学习一项技能，如使用 Kotlin 编写 Android 程序，而不是学习 Kotlin 的整体技能，还有另一个重要的区别。正如你看到的那样，至少本书中对语法的解释和实际代码示例一样多。此外，本书中的示例相对较基础，因为重点是概念和基础学习。继承是如何工作的？抽象类如何工作的？

结果是示例越简单，解释所需要的时间就越长。但是，你现在已准备好进阶，并专注于更长的代码示例、教程以及数百行有时甚至数千行的代码。随着你对基础知识的了解，你现在需要的解释要少得多。最好的方法莫过于"编写代码，编写代码，还是编写代码"(重要的事情说三遍)。

以下是一些很好的侧重代码的教程网站：

- codelabs.developers.google.com：Google 的 Codelabs 已经被提到过多次了。这确实是开始学习 Kotlin 的 Android 开发的黄金标准。它仍然有相当多的解释，但确实专注于实际的示例并编写了大量代码。这是学习完本书后理想的下一站。

- developer.android.com：Android 自己的开发者网站，实际上它在很多情况下会将你链接回 Codelabs，但是它的组织方式略有不同，并且对于如何开始 Android 编程有不同的看法。

除了这两个网站，在网络上还能找到大量使用 Kotlin 进行 Android 编程的好网站。

13.2　Kotlin 和 Java 是很棒的伙伴

正如使用 Kotlin 编写 Android 应用程序是一个很棒的搭配，Kotlin 与 Java 代码的混合也是一个很棒的组合。然而，这两组之间的关系有点不同。

对于 Android，你将使用 Kotlin 与基于 Android 系统的手机进行交互。你将主要编写所有的 Kotlin 代码，并且很少需要除了 Android 提供的 Kotlin 库之外的任何东西。对于 Java，Kotlin 经常与现有的 Java 代码一起共存，你经常可以在 Java 代码和 Kotlin 代码之间切换，甚至从 Java 接收一段数据在 Kotlin 中处理，然后再将其发送回 Java。因此，除了 Kotlin，你可能需要对 Java 有相当扎实的了解。

13.2.1　IDE 是一个关键组件

对于大多数 Kotlin 应用程序——移动应用程序、桌面应用程序或其他任何应用程序——你的大量工作将位于一个本地项目中，然后部署在其他地方。

> **注意:**
> 如果你有网络编程的背景，Kotlin 会使你的本地开发技能有所提高。这与诸如开发一个 React 应用程序并与诸如 Amazon Web Services(AWS)中的 API 网关和 Lambda 交互大不相同。
>
> 虽然你可以在 Kotlin 中与 API 进行交互并部署到云平台，但你的许多应用程序将在本地编译并部署为完整的工作单元。在这些情况下，IDE 确实成了工具链的关键部分。

如果你将 Kotlin 代码和 Java 代码放入同一个项目中，它们可以毫无疑问地相互调用。这通常要告知 IDE 你想使用 JVM。不同的 IDE 其具体操作方法会有所不同，但 IntelliJ 内置了 Java 支持，你不必做任何事。代码清单 13.2 是前几章中 User 类的一个简单版本，其中毫无问题地使用了 Java 的 Date 包。

代码清单 13.2　在 Kotlin 中与 Java 互动

```
package org.wiley.kotlin.user

import java.util.Date

data class User(var email: String, var firstName: String, var lastName:
String) {

    val createdOn = Date()

    override fun toString(): String {
        return "$firstName $lastName with an email of $email created on
${createdOn}"
    }
}
```

如果你不懂 Java 或 Kotlin，那么可能不知道这个类中混合使用了 Java 和 Kotlin。但是你可以看出 java.util.Date 在很大程度上是一个 Java 包，在 toString()中存储 Date 实例的属性如同任何其他 Kotlin 属性那样：

```
return "$firstName $lastName with an email of $email created on
${createdOn}"
```

代码清单 13.3 是一个使用此类的简单程序。

代码清单 13.3　使用了 Kotlin 类，继而又使用了 Java

```
import org.wiley.kotlin.user.User
```

```
fun main() {
    var user = User("wayne.scott@example.com", "Wayne", "Scott")

    println(user)
}
```

输出也没有什么特殊之处——这本身就很有趣：

```
Wayne Scott with an email of wayne.scott@example.com created on Thu Sep
24 08:00:32 CDT 2020
```

13.2.2　Kotlin 被编译为 Java 虚拟机的字节码

Kotlin 代码被编译成可以在 Java 虚拟机(JVM)上运行的字节码并不是什么大秘密。因此，尽管可以将 Java 和 Kotlin 无缝地"编织"到同一个程序中是非常酷和独特的事，但归根结底你在编写一种可以在 JVM 上运行的代码，并且已经长达 13 章之久。

好处是，你不需要做任何特殊事情来获得与 Java 的互通性。你只需从 Java 包导入所需的类，并在 Kotlin 中使用它们。

对此，你可能需要了解得更细致些，但它们涉及相当具体的用例。如果你想深入了解 Java 的互通性，最好的办法就是在 kotlinlang.org/docs/reference/java-interop.html (在 Kotlin 中调用 Java 代码)和 kotlinlang.org/docs/reference/java-to-kotlininterop.html(在 Java 中调用 Kotlin 代码)中查看 Kotlin 关于 Java 互通性的官方文件。这两个文档将为你提供更多细节。

13.2.3　使用 Gradle 构建项目

如果你正试图在 IDE 之外构建一个项目，那么可以使用 Gradle(gradle.org)来构建一个同时引用了 Java 代码的 Kotlin 项目。Gradle 允许你指定要使用的 Kotlin 版本和可选的 Java 版本，并将你的项目锁定到这些版本。

还可以使用 Gradle 指定外部依赖，指示需要构建的平台(可能使用不同版本的 JVM)，以及设置属性以用作项目的编译和结构化的部分。再次重申，Kotlin 官方文档是一个很好的起点：kotlinlang.org/docs/reference/using-gradle.html。

13.3　有关 Kotlin 的问题仍然存在时

如果你正在寻找关于某个主题的更多细节，首先应该访问的是 Kotlin 官方参考文档(kotlinlang.org/docs/reference)，如图 13.1 所示。

你可以在左侧菜单中找到几乎每一个你能想到的话题。你还将在此文档集中找到

大量的参考代码。然而,有时示例是偏学术的而显得不够清晰。例如以下代码:

```
inline fun <reified A, reified B> Pair<*, *>.asPairOf(): Pair<A, B>? {
    if (first !is A || second !is B) return null
    return first as A to second as B
}
```

如果是这样,那么你必须花一些时间慢慢阅读文本来捕捉所有的细节。如果想要得到本书中涵盖主题的更深入的解释说明,Kotlin 官方参考文档可以提供很好的指导。

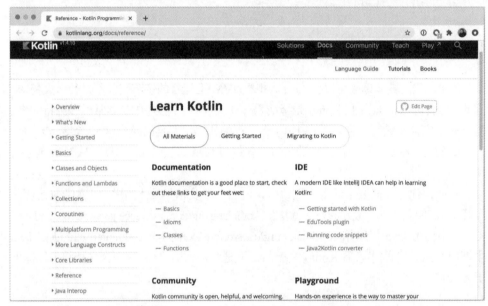

图 13.1　Kotlin 的参考文档是完整且有用的

13.4　使用互联网来补充自己的需求和学习风格

如果你想要找的不仅仅是参考文档,那么有一些久经考验的、真实的在线参考网站,它们始终会对你有所帮助:

- baeldung.com:baeldung.com 有点像一个学术网站,与参考文档一样。你会学到很多编程理论和许多泛型类型。但你也会看到一些关于设计模式和充分利用 Kotlin 的非常有趣的文章。
- medium.com:该网站是了解从文化到编程等很多主题的绝佳资源。Kotlin 的相关内容有点零散,你可能会找到三篇关于继承的文章,而根本找不到关于移动设备的任何内容。但是当你找到正在寻找的内容时,它仍然是一个很值得挖掘的网站。该网站非常实用,其中包含一些可能对计算机"科学"不太感兴趣的程序员撰写的文章。

- journaldev.com：该网站是另一个覆盖范围广的网站，但它是一个很好的网站，提供了一些附有清晰示例的实用文章。
- play.kotlinlang.org/koans/overview：Kotlin Koans 是一个相当独特的小型实验场，提供了一种互动式的学习方式。它是结构化的，但几乎完全是体验式的，所以如果你想要得到很多清晰明了的解释，那么该网站可能不适合你。尽管如此，还是值得一试。图 13.2 是 Koan 关于数据类的示例，该示例要求你填写缺失的代码，并在右侧提供了一些提示。

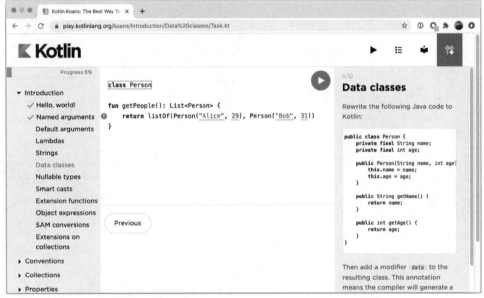

图 13.2　Kotlin Koans 并非适合所有人，但非常适合互动学习

13.5　接下来怎么办

现在，你已经读完了关于 Kotlin 的整本书，你已经准备好接受所学内容并构建自己的程序、类、对象、函数、Lambda 表达式、流程和应用程序。你还准备好了从阅读代码到编写代码的华丽转身。是的，将本书和带有 Kotlin 文档的浏览器放在手边，打开你的 IDE，你就会发现你永远停不下前进的脚步。

享受并快乐地编程吧！